U0231433

560种
野菜野果
鉴别与食用手册

张凤秋　编著

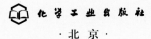

化学工业出版社

·北京·

内容简介

本书收录了比较常见的野菜、野果560种，并对它们的别名、学名、科属、识别特征、分布及生境、营养及药用功效、食用部位及方法等进行简要介绍。配有生态照片和典型特征图片1100多张，每种野菜、野果的典型识别特征都在照片中有明显的指示线标注，便于读者识别。本书还对一些有毒性及易致敏植物提供了注意事项等内容。

本书可供广大户外爱好者、植物爱好者、野菜研发人员、教学及科研人员等参考使用。

图书在版编目（CIP）数据

560种野菜野果鉴别与食用手册 / 张凤秋编著.
北京：化学工业出版社，2024.11（2025.3 重印）. -- ISBN 978-7-122-46043-1

Ⅰ. S647-62；S759.83-62
中国国家版本馆CIP数据核字第202449YR06号

责任编辑：李　丽　　　　　装帧设计：韩　飞
责任校对：田睿涵

出版发行：化学工业出版社
　　　　　（北京市东城区青年湖南街13号　邮政编码100011）
印　　装：北京缤索印刷有限公司
889mm×1194mm　1/64　印张9¾　字数509千字
2025年3月北京第1版第2次印刷

购书咨询：010-64518888　　售后服务：010-64518899
网　　址：http://www.cip.com.cn
凡购买本书，如有缺损质量问题，本社销售中心负责调换。

　　自然世界充满神奇，野生植物如同一个个可爱的小精灵遍布世界的各个角落，它们成就了世界的五彩缤纷，也为人类制造了赖以生存的氧气，满足了人们衣食住行的各种需求。我国的野生植物资源非常丰富，野菜、野果的饮食文化源远流长，无论是专业人士还是普通爱好者都有认识并了解植物的渴求，这些植物是人们对大自然的向往和对童年趣事的回忆。野菜、野果调理的不仅仅是身体，还是老一辈人心中那淡淡的乡愁，它同时赋予人们良好的营养保健价值和丰富的文化价值。

　　无论是茫茫戈壁滩、漫长的海岸线，还是高山峡谷、广袤的草原，走到哪里都会有野生植物和我们相随相伴。为了让更多的人认识、了解和分享身边植物的妙趣，在需要的时候可以规避毒性，放心地采集野菜、野果食用。进而激发人们合理利用和有效保护野菜、野果资源的兴趣和意识，一本图文并茂、装帧精美的野菜、野果手册是必不可少的。《560种野菜、野果鉴别与食用手册》应运而生，本书雅俗共赏，还能很好的满足读者野外鉴别野菜、野果的需求。

　　本书笔者在国家级自然保护区从事野生中草药、野菜、野果鉴定、普查与保护工作，经过几十年的积累，能抓住识别重点，保证本书的科学性和准确性。书中呈现了野外常见的，具有食用、药用价值的野菜、野果 560 种，包含学名、识别特征、分布及生境、营养及药用功效、食用部位及方法等信息，为每种野菜、野果提供了生境照片和具有典型识别特征标注的图片 1100 余张，另外提供科学的科属分类及别名等信息，同时对于有毒性的一些植物标明了注意事项等。

为了方便查找使用，书中把野菜、野果直观地分成六个部分：木本植物、藤本植物、草本植物、蕨类植物、禾草类植物和水生植物。又按照花色、花形和叶形为编排顺序，把众多的草本植物进一步归类，彰显了植物花朵的万紫千红和花色变异的多姿多彩，便于读者识别确认，术语图解和分类检索图更会让读者一目了然。希望本书能成为您野外识别野菜、野果的好参谋。

此外，本书仅介绍野菜、野果的相关知识，并不建议读者自行采集野菜、野果食用或药用，如有需要请在专业人员的指导下食用。请本着对大自然的敬畏之心，关心每一种野生植物的生存状况，保护生物多样性就是保护我们赖以生存的家园。

由于编者时间及精力所限，错误、疏漏之处在所难免，敬请广大读者批评指正。

编著者

2024 年 10 月

目录

CONTENTS

术语图解

一、木本植物

1. 乔木

2. 灌木

二、藤本植物

1. 木质藤本

2. 草质藤本

（1）缠绕藤本

缠绕藤本

（2）攀缘藤本

攀缘藤本

（3）匍匐藤本

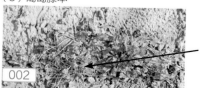

茎匍匐

三、草本植物

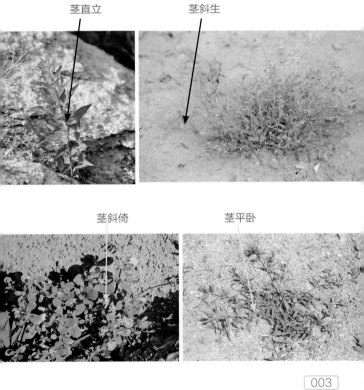

茎直立

茎斜生

茎斜倚

茎平卧

四、蕨类植物

五、禾草类植物

六、叶

1. 叶的结构

（1）一般双子叶植物的叶

叶柄　中脉　侧脉　叶片

茎　托叶

（2）禾草类植物的叶

叶片　　　　　秆

叶舌　　　　叶鞘

2. 叶形

条形叶　　　　　披针形叶

圆形叶

椭圆形叶

卵形叶

倒卵形叶

肾形叶

心形叶

三角形叶

戟形叶

鳞片状叶

针形叶

3. 叶缘

全缘

波状

不规则锯齿

规则锯齿

圆齿

芒状齿

叶缺刻

叶中裂

倒向羽裂

羽状深裂

多回羽状分裂

二回羽状分裂

掌状裂

羽状浅裂

五浅裂

4. 复叶

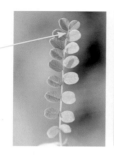

偶数羽状复叶

奇数羽状复叶

二出复叶

小叶对生

三出复叶

小叶互生

间断羽状
复叶

假掌状
复叶

掌状复叶

5. 叶序

叶对生

叶互生

叶轮生

七、花

1. 花的结构

柱头　花瓣　花药

萼片　花柱　子房　花托　花梗

2. 花的形状

唇形花

兰状花

蝶形花

有距花

辐状花

筒状花

钟状花

漏斗状花

高脚杯状花

3. 花序

复穗状花序

头状花序

复伞花序

穗状花序

总状花序

伞房花序

伞形花序

轮伞花序

蝎尾状聚伞花序 二歧聚伞花序

聚伞圆锥花序 多歧聚伞花序

八、果实

胞果

荚果

蒴果

蓇葖果

坚果

瘦果

颖果

长角果

短角果

翅果

瓠果

核果

聚合果

聚花果

浆果

梨果

本书检索图

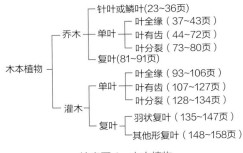

检索图 1　木本植物

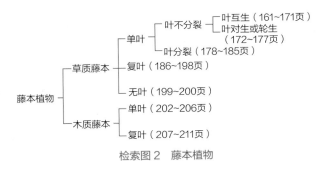

检索图 2　藤本植物

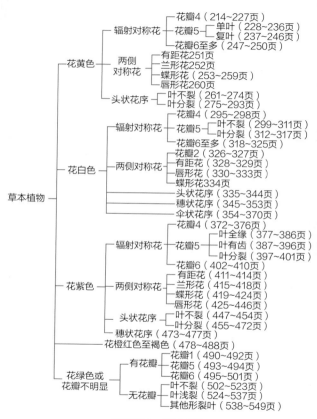

草本植物

花黄色
- 辐射对称花
  - 花瓣4（214~227页）
  - 花瓣5
    - 单叶（228~236页）
    - 复叶（237~246页）
  - 花瓣6至多（247~250页）
- 两侧对称花
  - 有距花251页
  - 兰形花252页
  - 蝶形花（253~259页）
  - 唇形花260页
- 头状花序
  - 叶不裂（261~274页）
  - 叶分裂（275~293页）

花白色
- 辐射对称花
  - 花瓣4（295~298页）
  - 花瓣5
    - 叶不裂（299~311页）
    - 叶分裂（312~317页）
  - 花瓣6至多（318~325页）
- 两侧对称花
  - 花瓣2（326~327页）
  - 有距花（328~329页）
  - 唇形花（330~333页）
  - 蝶形花334页
- 头状花序（335~344页）
- 穗状花序（345~353页）
- 伞状花序（354~370页）

花紫色
- 辐射对称花
  - 花瓣4（372~376页）
  - 花瓣5
    - 叶全缘（377~386页）
    - 叶有齿（387~396页）
    - 叶分裂（397~401页）
  - 花瓣6（402~410页）
- 两侧对称花
  - 有距花（411~414页）
  - 兰形花（415~418页）
  - 蝶形花（419~424页）
  - 唇形花（425~446页）
- 头状花序
  - 叶不裂（447~454页）
  - 叶分裂（455~472页）
- 穗状花序（473~477页）

花橙红色至褐色（478~488页）

花绿色或花瓣不明显
- 有花瓣
  - 花瓣1（490~492页）
  - 花瓣5（493~494页）
  - 花瓣6（495~501页）
- 无花瓣
  - 叶不裂（502~523页）
  - 叶浅裂（524~537页）
  - 其他形裂叶（538~549页）

检索图3 草本植物

第一部分

木本植物

一、乔木

（一）针叶或鳞叶

红松

【别名】果松

【学名】*Pinus koraiensis*

【科属】松科，松属。

【识别特征】常绿乔木；树冠圆锥形。针叶5针一束，叶鞘早落。雄球花椭圆状圆柱形，红黄色，多数密集于新枝下部呈穗状；雌球花绿褐色，圆柱状卵圆形。球果圆锥状卵圆形，种鳞菱形。种子大，倒卵状三角形，微扁。花期6月，球果第二年9~10月成熟。

【分布及生境】产于东北地区。生于气候温暖、湿润的棕色森林土地带。

【营养及药用功效】含脂肪、蛋白质、矿物质、维生素等。有滋补强壮、润肺滑肠、熄风镇咳的功效。

【食用部位及方法】种子。秋季采摘球果，晒干取种子，可炒熟后直接食用，或者去壳做蛋白饮料、制高级糖果、榨取食用油等。

雄球花椭圆状圆柱形，红黄色

球果圆锥状卵圆形，
种鳞菱形

油松

【别名】东北黑松

【学名】*Pinus tabuliformis*

【科属】松科，松属。

【识别特征】常绿乔木；小枝较粗，褐黄色。针叶 2 针一束，深绿色。雄球花圆柱形，在新枝下部聚生成穗状。球果卵形，中部种鳞近矩圆状倒卵形。种子卵圆形或长卵圆形，淡褐色有斑纹。花期 4~5 月，球果第二年 10 月成熟。

【分布及生境】产于华北及辽宁、吉林、山东、河南、陕西、甘肃、青海、四川等地区。生于山坡和干燥的沙质地。

【营养及药用功效】富含蛋白质、类黄酮、微量元素等。有燥湿、收敛、祛风、益气、止血的功效。

【食用部位及方法】花粉。春季开花前，摘掉雄花穗，阴干揉搓，过筛获取花粉。可温水送服，也可以与牛奶、蜂蜜等混合后食用。

针叶 2 针一束，深绿色

雄球花在新枝下部聚生成穗状

樟子松

【别名】海拉尔松

【学名】*Pinus sylvestris* var. *mongolica*

【科属】松科，松属。

【识别特征】常绿乔木；一年生枝淡黄褐色。针叶 2 针一束，硬直，常扭曲。雄球花圆柱状卵圆形，聚生新枝下部，雌球花淡紫褐色，下垂。球果卵圆形，种子黑褐色，长卵圆形，微扁。花期 5~6 月，球果第二年 9~10 月成熟。

【分布及生境】产于东北地区。生于山脊、沙丘、向阳山坡、较干旱的砂地及石砾砂土地区。

【营养及药用功效】富含蛋白质、类黄酮、微量元素等。有燥湿、收敛、止血的功效。

【食用部位及方法】花粉。春季开花前，摘掉雄花穗，阴干揉搓，过箩获取花粉。可温水送服，也可以与牛奶、蜂蜜等混合后食用。

雄球花圆柱状卵圆形

雌球花淡紫褐色，下垂

华山松

【别名】白松

【学名】*Pinus armandii*

【科属】松科，松属。

【识别特征】常绿乔木；一年生枝灰绿色，平滑。针叶 5 针一束，腹面两侧各具 4~8 条白色气孔线；横切面三角形。雄球花黄色，卵状圆柱形，集生于新枝下部呈穗状。球果圆锥状长卵圆形。种子黄褐色，倒卵圆形。花期 4~5 月，球果第二年 9~10 月成熟。

【分布及生境】产于西南及西北部分地区。各地有栽培。

【营养及药用功效】含脂肪、蛋白质、矿物质、维生素等。有润肺止咳、燥湿、祛风、杀虫的功效。

【食用部位及方法】种子。秋季采摘球果，晒干取出种子，可炒熟后直接食用，或者去壳后做蛋白饮料、制高级糖果、榨取食用油等。

球果圆锥状长卵圆形

针叶 5 针一束

赤松

【别名】日本赤松

【学名】*Pinus densiflora*

【科属】松科，松属。

【识别特征】常绿乔木；树皮橘红色，一年生枝淡黄色。针叶2针一束。雄球花淡红黄色，圆筒形，雌球花淡红紫色，单生或2~3个聚生。球果成熟时暗黄褐色或淡褐黄色，种鳞张开，鳞盾扁菱形，通常扁平。种子倒卵状椭圆形。花期5月，球果第二年9~10月成熟。

【分布及生境】产于东北、华北及山东、江苏等地区。生于向阳干燥山坡、裸露岩石或石缝中。

【营养及药用功效】富含蛋白质、类黄酮、微量元素等。有燥湿、收敛、止血的功效。

【食用部位及方法】花粉。春季开花前，摘掉雄花穗，阴干揉搓，过箩获取花粉。可温水送服，也可以与牛奶、蜂蜜等混合后食用。

雄球花淡红黄色，圆筒形

树皮橘红色

华北落叶松

【别名】雾灵落叶松

【学名】*Larix gmelinii* var.*principis-rupprechtii*

【科属】松科，落叶松属。

【识别特征】落叶乔木；树皮暗灰褐色，不规则纵裂，成小块片脱落；枝平展。叶片在长枝上螺旋状散生，在短枝上呈簇生状，倒披针状窄条形，扁平。苞鳞暗紫色，先端圆截形，中肋延长成尾状尖头，仅球果基部苞鳞的先端露出。花期4~5月，球果10月成熟。

【分布及生境】产内蒙古、河北、山西等地。生于阳坡、阴坡及沟谷边。

【营养及药用功效】含树脂酸和萜烯类物质及少量脂肪酸。有祛风，止痛的功效。

【食用部位及方法】树脂入药。在采伐前1~2年，割破树皮，等树脂流出半凝固后，再用刀刮下。可以煎汤内服、研末内服、泡酒、熬粥等。

叶片在短枝上呈簇生状

树皮暗灰褐色，
不规则纵裂

【别名】梳子杉

【学名】*Metasequoia glyptostroboides*

【科属】柏科，水杉属。

【识别特征】落叶乔木；其植株高大，树皮灰褐色，呈长条形，幼树树冠尖塔形，老树则为广圆头形。叶相对而生，叶色为绿色，呈羽状，扁平且有茸毛。雌雄同株，球果熟时深褐色。种子扁平，具窄翅。花期 4~5 月，球果 10~11 月成熟。

【分布及生境】原产重庆市及湖北、湖南等省，后被各地引种。生于山谷或山麓附近地势平缓、土层深厚、湿润或稍有积水的地方。

【营养及药用功效】有清热解毒、消炎止痛之效，可用于痈疮肿痛、癣疮等症。

【食用部位及方法】水杉叶、种子入药。全年可采集。水煮煎服。

【附注】水杉为古老的孑遗植物，属国家一级保护植物。食用请选择栽培种。

雌雄同株，果实球形

叶相对而生，呈羽状

红皮云杉

【别名】高丽云杉

【学名】*Picea koraiensis*

【科属】松科，云杉属。

【识别特征】高大乔木；树皮灰褐色或淡红褐色，大枝斜伸至平展，树冠尖塔形。叶四棱状条形，每边有 3~4 条气孔线。球果卵状圆柱形或长卵状圆柱形，成熟前绿色，熟时绿黄褐色至褐色。种子灰黑褐色，倒卵圆形。花期5~6月，球果9~10月成熟。

【分布及生境】原产黑龙江、吉林、辽宁等地，现广泛栽培。生于山地针阔叶混交林中。

【营养及药用功效】含蛋白质、类黄酮、微量元素等。有祛风、止痛的功效。

【食用部位及方法】叶、枝、皮可入药。热水浸泡后，冲洗患处，可治疗风湿症。不可以食用。

大枝斜伸，树冠尖塔形

叶四棱状条形，每边有 3~4 条气孔线

江南油杉

【别名】白岩杉

【学名】*Keteleeria fortunei* var. *cyclolepis*

【科属】松科，油杉属。

【识别特征】乔木；树姿高大雄伟，冬芽圆球形或卵圆形。叶呈条形，在侧枝上排成两列，先端圆钝或微凹，上面绿色，下面被白粉或白粉不明显。球果呈圆柱形或椭圆状圆柱形，上部渐窄，中部的种鳞常呈斜方形或斜方状圆形。种子每年10月成熟。

【分布及生境】产云南、贵州、广西、广东、湖南、江西等地。生于光照充足，温暖多雨的酸性红壤或黄壤的山地。

【营养及药用功效】含萜烯类、类黄酮、微量元素等。有透疹、消肿、接骨等功效。

【食用部位及方法】根皮可入药。采伐后挖取根部，剥皮、晒干备用。煮水敷患处。

球果呈圆柱形，上部渐窄

乔木，树姿高大雄伟

侧柏

【别名】香柏

【学名】*Platycladus orientalis*

【科属】柏科，侧柏属

【识别特征】乔木；树皮薄，浅灰褐色，纵裂成条片。生鳞叶的小枝细，向上直展或斜展，扁平，排成一平面；叶鳞形，先端微钝。雄球花黄色，卵圆形；雌球花近球形，蓝绿色，被白粉。球果成熟后开裂；种子卵圆形或近椭圆形。花期3~4月，球果10月成熟。

【分布及生境】除青海、新疆外中国各地均有分布，黄河及淮河流域为集中分布地区。耐干旱贫瘠，生长于一般树种难以存在的陡坡石缝中。

【营养及药用功效】含蛋白质、脂肪、类黄酮、微量元素等。枝叶有凉血止血、清肺止咳、祛风湿、散肿毒的功能；种仁有养心安神、清热通便的功能。

【食用部位及方法】枝叶及种仁入药。水煎服。

球果成熟后开裂

雄球花黄色，卵圆形

杜松

【别名】棒儿松

【学名】*Juniperus rigida*

【科属】柏科，刺柏属。

【识别特征】常绿灌木或小乔木；树冠圆柱形，大枝直立，小枝下垂。其叶为刺形条状、质坚硬、端尖，上面凹下成深槽，槽内有一条窄白粉带，背面有明显的纵脊。球果，熟时呈淡褐黄色或蓝黑色，被白粉。种子近卵形，顶端尖。花期5月，果期10月。

【分布及生境】产东北、华北、陕西、甘肃及宁夏等地。生于沙质山坡、石砾地和岩缝间。

【营养及药用功效】含蛋白质、脂肪、类黄酮、微量元素等。有发汗、利尿、祛风除湿、镇痛的功能。

【食用部位及方法】种子入药。秋季采收，水煎服或捣烂外用敷患处。

球果熟时蓝黑色，被白粉

叶为刺形条状，槽内有一条窄白粉带

粗榧

【学名】*Cephalotaxus sinensis*

【科属】红豆杉科，三尖杉属。

【识别特征】灌木或小乔木；树皮灰色或灰褐色。叶条形，排列成两列，基部近圆形，几无柄，上面深绿色，中脉明显。雄球花聚生成头状，卵圆形，基部有苞片，花丝短。种子着生于轴上，卵圆形、椭圆状卵形或近球形。3~4月开花，8~10月种子成熟。

【分布及生境】广布于华东、华中、华南、西南等地。生于花岗岩、砂岩及石灰岩山地。

【营养及药用功效】叶、枝、种子、根含有三尖杉酯碱和高三尖杉酯碱等20多种生物碱有效成分，对治疗白血病和淋巴肉瘤等有一定的疗效。

【食用部位及方法】枝叶可提取生物碱制成注射剂使用；根或根皮煎汤内服。

叶条形，排列成两列

种子卵圆形、椭圆状卵形

东北红豆杉

【别名】紫杉

【学名】*Taxus cuspidata*

【科属】红豆杉科，红豆杉属。

【识别特征】常绿乔木；树皮红褐色；一年生枝绿色。叶排成不规则的二列，斜上伸展，上面深绿色，有光泽，下面有两条灰绿色气孔带。雄球花有雄蕊 9~14 枚，各具 5~8 个花药。种子紫红色，有光泽，种脐通常三角形或四方形。花期 5~6 月，种子9~10 月成熟。

【分布及生境】产于吉林老爷岭、张广才岭及长白山其他地区。生于气候冷湿的酸性土地带，常散生于林中。

【营养及药用功效】枝叶和皮含紫杉醇。具有抗癌活性及利尿、通经的功能。

【食用部位及方法】树皮可提取生物制剂；枝叶煎汤内服。

【附注】东北红豆杉是国家一级保护植物，食用请选择栽培种。

雄球花有雄蕊 9~14 枚

种子紫红色，有光泽

草麻黄

【别名】华麻黄

【学名】*Ephedra sinica*

【科属】麻黄科，麻黄属。

【识别特征】草本状灌木；木质茎短或成匍匐状，小枝直伸或微曲。叶 2 裂，鞘占全长 1/3~2/3。雄球花多成复穗状；雌球花单生，在幼枝上顶生，在老枝上腋生。种子成熟时外种皮呈肉质红色，矩圆状卵圆形或近于圆球形；种子通常 2 粒。花期 5~6 月，种子 8~9 月成熟。

【分布及生境】产东北、华北及河南、陕西等地。生于山坡、平原、干燥荒地，河床及草原等处。

【营养及药用功效】含麻黄碱和伪麻黄碱及鞣质、黄酮苷以及糊精、菊粉、淀粉、果胶、纤维素、葡萄糖等。有发汗，平喘，利尿的功能。

【食用部位及方法】茎枝入药。煎汤服或外用。

【附注】全草及种子有毒，大量服用会中毒。不可以擅自应用。

雌球花在幼枝上顶生，
在老枝上腋生

雌球花成熟
时肉质红色

（二）单叶

1. 叶全缘

望春玉兰

【别名】辛夷花

【学名】*Yulania biondii*

【科属】木兰科，玉兰属。

【识别特征】落叶乔木；小枝细长，顶芽密被淡黄色开展长柔毛。叶椭圆状披针形或窄倒卵形，基部宽楔形或圆形，边缘干膜质。花先叶开放，花被9，外轮3片紫红色，近狭倒卵状条形，中内两轮近匙形，白色。聚合果圆柱形，蓇葖分离，近球形。种子心形。花期3月；果期9月。

【分布及生境】产于陕西、甘肃、河南、湖北、四川等地。生于山林间。

【营养及药用功效】花含芳香油、氨基酸、矿物质、维生素等。有散风寒、通鼻窍的功效。

【食用部位及方法】花。春季采集，清洗干净，可直接做菜，也可糖渍作饮料和糕点等原料，或者提取浸膏。

叶窄倒卵形，边缘干膜质

花被外面紫红色，近狭倒卵状条形

玉兰

【别名】玉堂春

【学名】*Yulania denudata*

【科属】木兰科，木兰属。

【识别特征】落叶乔木；小枝稍粗壮，灰褐色。叶纸质，基部徒长枝叶椭圆形，先端宽圆，具短突尖；叶柄被柔毛，上面具狭纵沟。花蕾卵圆形，直立，花瓣白色，芳香；花梗显著膨大，密被淡黄色长绢毛。蓇葖厚木质，褐色。种子心形，侧扁，外种皮红色，内种皮黑色。花期3月；果期8~9月。

【分布及生境】产于江西、浙江、湖南、贵州等地。各地有栽培。

【营养及药用功效】花含芳香油、氨基酸、矿物质、维生素等。有祛风散寒、通窍、宣肺通鼻的功效。

【食用部位及方法】花。春季采集，可提取芳香油，配制香精或浸膏；花可以食用或用以熏茶。

花直立，花瓣白色

叶椭圆形，具短突尖

【别名】银柳

【学名】*Elaeagnus angustifolia*

【科属】胡颓子科，胡颓子属。

【识别特征】落叶乔木或小乔木；幼枝密被银白色鳞片，老枝鳞片脱落，红棕色，光亮。叶线状披针形，全缘；叶柄纤细，银白色。花银白色，密被银白色鳞片，芳香，常 1~3 朵花簇生新枝基部最初 5~6 片叶的叶腋。果实椭圆形粉红色，密被银白色鳞片。花期 5~6 月；果期 9~10 月。

【分布及生境】产于华北、西北及河南、青海等地区。生于干涸河床地或山坡、多砾石或沙质土壤上。

【营养及药用功效】含糖类、氨基酸、矿物质、维生素等。有健脾止泻、补肾固精的功效。

【食用部位及方法】果实。秋季采集，洗净后可直接食用，也可以煮粥或泡水喝。

果实椭圆形

叶线状披针形，背面银白色

牛奶子

【别名】伞花胡颓子

【学名】*Elaeagnus umbellata*

【科属】胡颓子科，胡颓子属。

【识别特征】落叶灌木；具长 1~4 厘米的刺。叶卵状椭圆形，全缘或皱卷至波状。花较叶先开放，黄白色，芳香，1~7 朵花簇生新枝基部。果实几球形或卵圆形，成熟时红色。花期 5~6 月；果期 9~10 月。

【分布及生境】产于华北、华东、西南及辽宁、陕西、宁夏、甘肃、青海、湖北、湖南等地区。生于向阳的林缘、灌丛中、荒坡上及沟边等处。

【营养及药用功效】含糖类、氨基酸、矿物质、维生素等。有清热止咳、利湿解毒的功效。

【食用部位及方法】果实。秋季采集，洗净后可直接食用，也可以晒干后食用，或者做成果酱、果脯等。

叶卵状椭圆形

果实几球形或卵圆形，成熟时红色

小叶杨

【别名】南京白杨

【学名】*Populus simonii*

【科属】杨柳科，杨属。

【识别特征】落叶乔木；芽细长，先端长渐尖，褐色，有黏质。叶菱状卵形，中部以上较宽，先端突急尖或渐尖。雄花序长2~7厘米，花序轴无毛，苞片细条裂；雌花序长2.5~6厘米，苞片淡绿色，裂片褐色，无毛，柱头2裂。蒴果小，无毛。花期3~5月；果期4~6月。

【分布及生境】产于东北、华北、西北、华中及西南各地区。生于溪河两侧的河滩沙地，沿溪沟可见。

【营养及药用功效】含胡萝卜素、矿物质、维生素等。有祛风活血、清热利湿的功效。

【食用部位及方法】嫩叶。春季采集，开水中煮熟，在凉水中多次浸泡，捞出后可腌渍、凉拌或蘸酱食用。

叶菱状卵形

蒴果小，无毛

紫玉兰

【别名】木兰

【学名】*Yulania liliiflora*

【科属】木兰科，玉兰属

【识别特征】落叶灌木；小枝绿紫色或淡褐紫色。叶椭圆状倒卵形，先端急尖或渐尖。花蕾卵圆形，被淡黄色绢毛；花叶同时开放，稍有香气，花被片 9~12，外面紫色或紫红色，内面带白色，花瓣椭圆状倒卵形。聚合果深紫褐色，圆柱形，成熟膏葖近圆球形，顶端具短喙。花期 3~4 月；果期 8~9 月。

【分布及生境】产于福建、湖北、四川、云南等地。生于山坡、林缘。

【营养及药用功效】花含芳香油、氨基酸、矿物质、维生素等。有散风寒、通鼻窍的功效。

【食用部位及方法】花。春季采集，清洗干净，可直接做菜，也可糖渍作饮料和糕点等原料。

花被片 9~12，外面紫色或紫红色

花蕾卵圆形，被淡黄色绢毛

暴马丁香

【别名】暴马子

【学名】*Syringa reticulata* subsp. *amurensis*

【科属】木樨科，丁香属。

【识别特征】落叶小乔木或大乔木；树皮紫灰褐色，具细裂纹。叶片厚纸质，椭圆状卵形。圆锥花序由1到多对着生于同一枝条上的侧芽抽生，花序轴具皮孔；花冠白色，呈辐状，花裂片先端锐尖。果长椭圆形，先端常钝，光滑或具细小皮孔。花期6~7月；果期8~10月。

【分布及生境】产于东北、华北、西北及华中各地区。生于山地、河岸及河谷灌丛中。

【营养及药用功效】花含芳香油、氨基酸、矿物质、维生素等。有清肺消炎、镇咳祛痰、平喘、利水的功效。

【食用部位及方法】花。春季采集，可提取芳香油、糖渍食用或用以熏茶。

叶片厚纸质，椭圆状卵形

花冠白色，呈辐状

2. 叶有齿
旱柳

【别名】柳树

【学名】*Salix matsudana*

【科属】杨柳科，柳属。

【识别特征】落叶乔木；枝细长。叶披针形，先端长渐尖，基部窄圆形，上面绿色，有光泽，下面苍白色。花与叶同时开放，雄花序圆柱形，雄蕊2，花丝基部有长毛，花药卵形，黄色，腺体2；雌花序下有3~5小叶，轴有长毛。花期4月；果期4~5月。

【分布及生境】产于华北、东北、西北及华东地区。生于水分充足的水边、池塘畔、河岸及村庄附近。

【营养及药用功效】含蛋白质、胡萝卜素、矿物质等。有散风、祛湿、清湿热的功效。

【食用部位及方法】嫩芽。春季采摘，除去杂质洗净，用开水焯熟，再用清水投凉，滤干水分，凉拌或做馅，也可以泡水喝。

花与叶同时开放，雄花序圆柱形

叶披针形，先端长渐尖

【学名】*Salix matsudana* 'pendula'

【科属】杨柳科，柳属。

【识别特征】落叶乔木；枝长而下垂，小枝黄色。叶为披针形，下面苍白色或带白色，叶柄长 5~8 毫米；花与叶同时开放，雄花序圆柱形，雄蕊 2，花丝基部有长毛，花药卵形，黄色；雌花有 2 腺体，雌花序下有 3~5 小叶，轴有长毛。花期 4 月；果期 4~5 月。

【分布及生境】产东北、华北、西北及上海等地，多栽培为绿化树种。

【营养及药用功效】含蛋白质、胡萝卜素、矿物质等。有散风、祛湿、清湿热的功效。

【食用部位及方法】嫩芽可食用。春季采摘，除去杂质洗净，用开水焯熟，再用清水投凉，滤干水分，凉拌或做馅，也可以泡水喝。

枝长而下垂，小枝黄色

雄花序圆柱形，雄蕊 2

朝鲜柳

【学名】*Salix koreensis*

【科属】杨柳科，柳属。

【识别特征】乔木；一年生小枝有短柔毛或无毛，灰褐色或褐绿色。叶片披针形，上面绿色，有短柔毛或近无毛，下面苍白色；托叶斜卵形或卵状披针形。花序先叶或与叶近同时开放，雄花序狭圆柱形，花药红色；雌花序椭圆形至短圆柱形，基部3~5小叶。5月开花，6月结果。

【分布及生境】产东北及山东、河北、陕西、甘肃等地。生于河边及山坡上。

【营养及药用功效】含蛋白质、胡萝卜素、矿物质等。有散风、祛湿、清湿热的功效。

【食用部位及方法】嫩芽可食用。春季采摘，除去杂质洗净，用开水焯熟，再用清水投凉，滤干水分，凉拌或做馅，也可以泡水喝。

雄花序狭圆柱形，花药红色

雌花序椭圆形，基部3~5小叶

【别名】胶木

【学名】*Eucommia ulmoides*

【科属】杜仲科，杜仲属。

【识别特征】落叶乔木；树皮灰褐色，粗糙。叶椭圆形，薄革质。花生于当年枝基部，雄花无花被，花梗无毛；雌花单生，苞片倒卵形。翅果扁平，先端2裂，基部楔形，周围具薄翅。早春开花，秋后果实成熟。

【分布及生境】产于华中及陕西、甘肃、四川、云南、贵州、安徽、江西、广西、浙江等地，各地广泛栽培。生于低山、谷地或低坡的疏林里。

【营养及药用功效】富含蛋白质、脂肪酸、胡萝卜素、微量元素等。有补肝肾、强筋骨、降血压的功效。

【食用部位及方法】叶。夏、秋季枝叶茂盛时采集，除去杂质后晒干或低温烘干，可单独泡水喝或与绿茶混合饮用。

叶椭圆形，薄革质

花生于当年枝基部

山杨

【别名】响叶杨

【学名】*Populus davidiana*

【科属】杨柳科，杨属。

【识别特征】落叶乔木；芽卵形，微有黏质。叶近圆形，边缘有密波状浅齿，发叶时显红色。花序轴有毛，苞片棕褐色，掌状条裂，雄花序长5~9厘米，花药紫红色；雌花序长4~7厘米，柱头2深裂，带红色。蒴果卵状圆锥形，有短柄。花期4~5月；果期5~6月。

【分布及生境】产于东北、华北、西北、华中及西南高山地区。生于山坡、荒地、林中空地、杂木林间等处。

【营养及药用功效】含胡萝卜素、矿物质、维生素等。有祛风行瘀、凉血止咳、驱虫的功效。

【食用部位及方法】嫩叶。春季采集，开水中煮熟，在凉水中多次浸泡，捞出后可腌渍、凉拌或蘸酱食用。

叶近圆形，边缘有浅齿，发叶时显红色

蒴果卵状圆锥形，有短柄

东北李

【别名】乌苏里李

【学名】*Prunus ussuriensis*

【科属】蔷薇科，李属。

【识别特征】落叶乔木；小枝红褐色。叶片长圆形，边缘有单锯齿或重锯齿，中脉和侧脉明显突起。花2~3朵簇生，萼筒钟状，花瓣白色，长圆形，先端波状，基部楔形，有短爪；雄蕊多数，花柱与雄蕊近等长。核果近球形或长圆形，紫红色，果梗粗短。花期4~5月；果期7~8月。

【分布及生境】产于黑龙江、吉林等地。生于向阳山坡、沟谷、山野路旁、河边灌丛中。

【营养及药用功效】含糖类、有机酸、矿物质、维生素等。有清肝涤热、生津、利水的功效。

【食用部位及方法】果实。秋季采集，洗净后可直接生食，也可以做成果酱、果汁、果酒、罐头等。

花瓣白色，长圆形　　　　　　　　　　核果紫红色，果梗粗短

黑桦

【别名】千层桦

【学名】*Betula dahurica*

【科属】桦木科，桦木属。

【识别特征】落叶乔木；小枝红褐色，密生树脂腺体。叶厚纸质，长卵形，顶端锐尖或渐尖，基部近圆形或楔形，边缘具不规则的锐尖重锯齿，上面无毛，下面密生腺点，叶柄疏被长柔毛。果序单生，序梗有时具树脂腺体，果苞基部宽楔形，上部三裂。小坚果宽椭圆形，膜质翅宽约为果的1/2。花期4~5月；果期8~9月。

【分布及生境】产于东北、华北。生于向阳干燥山坡或丘陵山脊处。

【营养及药用功效】含糖类、果酸、维生素、微量元素以及氨基酸等。有解热、利尿的功效。

【食用部位及方法】树液。春季采集，可直接饮用或加工成饮料。

叶厚纸质，长卵形

雄花序2~4枚簇生于上一年枝条的顶端

【别名】桦树

【学名】*Betula platyphylla*

【科属】桦木科，桦木属。

【识别特征】落叶乔木；树皮灰白色，成层剥裂。小枝暗灰色或褐色。叶厚纸质，三角状卵形，边缘具重锯齿；叶柄细瘦，无毛。果序单生，通常下垂，序梗细瘦，小坚果狭矩圆形，膜质翅较果长 1/3。花期 5~6 月；果期 8~9 月。

【分布及生境】产于东北、华北、西北及河南、四川、云南等地区。生于向阳或半阴的山坡、湿地、阔叶林及针阔混交林中。

【营养及药用功效】含糖类、果酸、维生素、微量元素以及氨基酸等。有清热利湿、祛痰止咳、解毒消肿的功效。

【食用部位及方法】树液。春季采集，可直接饮用或加工成饮料。

果序单生，通常下垂　　　　　　　　树皮灰白色，成层剥裂

山荆子

【别名】山定子

【学名】*Malus baccata*

【科属】蔷薇科，苹果属。

【识别特征】落叶乔木；叶片椭圆形或卵形，边缘有细锐锯齿。伞形花序，具花 4~6 朵，无总梗，花梗细长，萼片披针形，外面无毛，内面被茸毛；花瓣倒卵形，先端圆钝，基部有短爪，白色。果实近球形，红色或黄色，萼片脱落，果梗长。花期 5~6 月；果期 9~10 月。

【分布及生境】产于东北、华北及山东、陕西、甘肃等地区。生于山坡杂木中、山谷灌丛间及亚高山草地上。

【营养及药用功效】含糖类、果酸、维生素、微量元素以及氨基酸等。有消炎、止吐、收敛的功效。

【食用部位及方法】果实。秋季采摘，可直接生食，也可以做成果脯、果酱、果汁等。

叶片椭圆形，边缘有细锐锯齿

果实近球形，萼片脱落

斑叶稠李

【别名】山桃稠李

【学名】*Prunus maackii*

【科属】蔷薇科，李属。

【识别特征】落叶小乔木；树皮光滑成片状剥落，小枝带红色。叶片椭圆形。总状花序多花密集，基部无叶，花萼筒钟状，萼片三角状披针形；花瓣白色，长圆状倒卵形，先端1/3部分啮蚀状，基部楔形，有短爪，着生在萼筒边缘，为萼片长的2倍。核果近球形，紫褐色。花期5~6月；果期8~9月。

【分布及生境】产于东北、华北和西北地区。生于阳坡疏林中、林缘、溪边及路旁等处。

【营养及药用功效】含糖类、果酸、维生素、微量元素等。有止泻的功效。

【食用部位及方法】果实。秋季采摘，可直接生食，也可以做成果脯、果酱、果汁或是提取天然色素。

总状花序多花密集

核果近球形，紫褐色

桃

【别名】桃子

【学名】*Prunus persica*

【科属】蔷薇科，李属。

【识别特征】落叶乔木；小枝无毛，冬芽被柔毛。叶披针形，先端渐尖，基部宽楔形，具锯齿。花单生，先叶开放，花梗极短或几无梗，萼筒钟形，被柔毛；花瓣长圆状椭圆形或宽倒卵形，粉红色，花药绯红色。核果卵圆形，成熟时向阳面具红晕，果肉多汁有香味。花期3~4月；果期8~9月。

【分布及生境】产于华北及辽宁、河南、山东、陕西、甘肃、四川、云南等地区。生于向阳山坡、林缘、路边及河岸旁等处。

【营养及药用功效】含糖类、果酸、维生素、微量元素等。有破血行瘀、润燥滑肠的功效。

【食用部位及方法】果实。秋季采摘，可直接生食，也可以做成果脯、果酱、果汁等。

核果卵圆形，成熟时向阳面具红晕

花瓣长圆状椭圆形或宽倒卵形，粉红色

【别名】花盖梨

【学名】*Pyrus ussuriensis*

【科属】蔷薇科，梨属。

【识别特征】落叶乔木；叶片卵形至宽卵形。花序密集，有花 5~7 朵，萼片三角披针形，边缘有腺齿；花瓣倒卵形或广卵形，先端圆钝，基部具短爪，白色；雄蕊 20，短于花瓣，花药紫色，花柱 5，离生。果实近球形，黄色，萼片宿存，基部微下陷，具短果梗。花期 4~5 月；果期 8~10 月。

【分布及生境】产于东北、华北及山东、陕西、甘肃等地区。生于河流两旁或土质肥沃的山坡上。

【营养及药用功效】含糖类、果酸、维生素、微量元素等。有生津润燥、清热化痰的功效。

【食用部位及方法】果实。秋季采摘，可直接生食，也可以做成罐头、果汁、果干等。

果实近球形，萼片宿存，具短果梗

花序密集，有花 5~7 朵

花红

【别名】沙果

【学名】*Malus asiatica*

【科属】蔷薇科，苹果属。

【识别特征】小乔木；小枝粗壮，嫩枝密被柔毛。叶片为卵形或椭圆形，边缘有极细的锯齿。伞形总状花序，具花4~7朵，集生在小枝顶端，萼筒钟状，外面密被柔毛；花蕾时粉红色，开花后色褪为白而带红晕，花瓣倒卵形，基部有短爪。果实近球形，黄色或红色。花期4~5月；果期8~9月。

【分布及生境】产于东北及河北、云南、西藏、内蒙古、甘肃、新疆等地区。生于砂质山坡。

【营养及药用功效】富含糖类、果酸、维生素、微量元素等。有祛风湿、止咳、平喘之功效。

【食用部位及方法】果实。秋季采摘，可直接生食，也可以做成罐头、果脯、果干等。

花蕾时粉红色，开花后色褪为白而带红晕

果实近球形，黄色或红色

欧洲甜樱桃

【别名】莺桃

【学名】*Prunus pseudocerasus*

【科属】蔷薇科，李属。

【识别特征】乔木；小枝灰褐色，嫩枝绿色。叶片长圆状卵形，边缘有尖锐重锯齿，齿端有小腺体。花序伞房状，有花3~6朵，先叶开放；花瓣白色，卵圆形，先端下凹或二裂。核果近球形，红色。花期3~4月；果期5~6月。

【分布及生境】产于辽宁、河北、陕西、甘肃、山东、河南、江苏、浙江、江西、四川等地。生于山坡向阳处的林中、灌丛及草地。

【营养及药用功效】含微量元素、胡萝卜素、维生素、有机酸等。有补血、益肾的功效。

【食用部位及方法】果实。秋季采摘，除了鲜食外，还可以加工制作成果酱、果汁、罐头、果脯、果酒等，也是菜肴较好的配料。

花瓣白色，卵圆形，先端下凹或二裂

核果近球形，红色

楸子

【别名】海棠果

【学名】*Malus prunifolia*

【科属】蔷薇科，苹果属。

【识别特征】小乔木；小枝粗壮，圆柱形。叶片卵形或椭圆形，嫩时密被柔毛，老时脱落。花4~10朵，近似伞形花序，花瓣倒卵形或椭圆形，基部有短爪，白色，含苞未放时粉红色。果实卵形，熟时红色，果梗细长。花期4~5月；果期8~9月。

【分布及生境】产于华北及山东、河南、陕西、甘肃、辽宁等地区。生于山坡、平地或山谷梯田边。

【营养及药用功效】含微量元素、胡萝卜素、维生素、有机酸等。有生津、消食的功效。

【食用部位及方法】果实。秋季采摘，可以鲜食，还可以加工制作成果酱、果汁、果脯、果酒等。

果实卵形，熟时红色

水榆花楸

【别名】女儿红

【学名】*Sorbus alnifolia*

【科属】蔷薇科，花楸属。

【识别特征】落叶乔木；小枝具灰白色皮孔。叶片椭圆卵形，重锯齿。复伞房花序，具花6~25朵，萼筒钟状；花瓣近圆形，白色，雄蕊20，短于花瓣，花柱2，短于雄蕊。果实椭圆形或卵形，红色，不具斑点，萼片脱落后果实先端残留圆斑。花期5月；果期8~9月。

【分布及生境】产于东北及河南、山东、山西、陕西、甘肃、安徽、湖北等地区。生于山坡、山沟、山顶混交林或灌木丛中。

【营养及药用功效】含微量元素、胡萝卜素、维生素、有机酸等。有强壮、补虚的功效。

【食用部位及方法】果实。秋季采摘，可以鲜食，还可以加工制作成果酱、果汁、果脯、果酒、果干等。

果实椭圆形或卵形，红色

叶片椭圆卵形，重锯齿

杜梨

【别名】棠梨

【学名】*Pyrus betulifolia*

【科属】蔷薇科，梨属。

【识别特征】落叶乔木；二年生枝条紫褐色。叶片长圆卵形。伞形总状花序，有花 10~15 朵，总花梗和花梗均被灰白色茸毛，萼筒外密被灰白色茸毛；花瓣宽卵形，先端圆钝，基部具有短爪，白色。果实近球形，褐色，有淡色斑点。花期 4 月；果期 8~9 月。

【分布及生境】产于河北、河南、山东、山西、陕西、甘肃、湖北、江苏、安徽、江西、辽宁等地。生于土质肥沃的向阳山坡上。

【营养及药用功效】含微量元素、胡萝卜素、维生素、有机酸等。有消食、止痢的功效。

【食用部位及方法】果实。秋季采摘，可以鲜食，还可以加工制作成果酱、果汁、果脯、果酒、果干等。

果实近球形，褐色，有淡色斑点

伞形总状花序，有花 10~15 朵

【别名】大叶椴

【学名】*Tilia mandshurica*

【科属】锦葵科，椴属。

【识别特征】落叶乔木；树皮暗灰色。叶卵圆形，上面无毛，下面密被灰色星状茸毛。聚伞花序，有花 6~12 朵，花柄有毛，苞片窄长圆形或窄倒披针形，下半部 1/3~1/2 与花序柄合生；花瓣长 7~8 毫米，退化雄蕊花瓣状，稍短小。果实球形，有星状茸毛。花期 7 月；果期 9~10 月。

【分布及生境】产于东北及河北、内蒙古、山东、江苏等地区。生于柞木林、杂木林、山坡、林缘及沟谷等处。

【营养及药用功效】含糖类、氨基酸、维生素等。有发汗、解热、抑菌的功效。

【食用部位及方法】花序。夏季采集，把花和叶状苞片一起烘干，喝时揉碎用开水冲泡。

果实球形，有星状茸毛

叶卵圆形，下面密被灰色星状茸毛

东北杏

【别名】辽杏

【学名】*Armeniaca mandshurica*

【科属】蔷薇科，杏属。

【识别特征】落叶乔木；嫩枝淡红褐色或微绿色。叶片宽卵形至宽椭圆形。花单生，先于叶开放，花萼带红褐色，萼筒钟形；花瓣宽倒卵形，粉红色或白色。果实近球形，黄色，有时向阳处具红晕，被短柔毛。核宽椭圆形，两侧扁。花期4~5月；果期6~7月。

【分布及生境】产于东北三省。生于开阔的向阳山坡、灌木林及杂木林下。

【营养及药用功效】含糖类、微量元素、胡萝卜素、维生素、有机酸等。有降气、止咳、平喘、润肠、缓泻、通便的功效。

【食用部位及方法】果实。夏季采摘，可以鲜食，还可以加工制作成蜜饯、果酱、果干等。

果实近球形，黄色

花先于叶开放，粉红色

【别名】西伯利亚杏

【学名】*Armeniaca sibirica*

【科属】蔷薇科，杏属。

【识别特征】落叶灌木或小乔木；叶片卵形或近圆形。花单生，先于叶开放，花萼紫红色，花后反折；花瓣近圆形，白色或粉红色。果实黄色或橘红色，有时具红晕，果肉薄，成熟时开裂。花期4~5月；果期6~7月。

【分布及生境】产于东北、华北及甘肃等地区。生于干燥向阳山坡上、丘陵草原或固定沙丘上。

【营养及药用功效】含蛋白质、油脂、多种矿质元素和维生素等。有祛痰止咳、平喘、润肠的功效。

【食用部位及方法】果仁。秋季采收种子，取出种仁，开水煮后，用清水多次浸泡，直到无苦味，可凉拌、炒食或做成什锦袋菜，还可以做杏仁乳饮料。

叶片卵形或近圆形

花萼紫红色，萼筒钟形

稠李

【别名】臭李子

【学名】*Prunus padus*

【科属】蔷薇科，李属。

【识别特征】落叶乔木；小枝红褐色或带黄褐色。叶片椭圆形、长圆形或长圆倒卵形。总状花序具有多花，基部通常有 2~3 叶，萼片三角状卵形；花瓣白色，长圆形，先端波状，基部楔形，有短爪。核果卵球形，红褐色至黑色，光滑。花期 5~6 月；果期 8~9 月。

【分布及生境】产于东北、华北及河南、山东等地区。生于山地杂木林中、河边、沟谷及路旁低湿处。

【营养及药用功效】含糖类、微量元素、维生素、有机酸等。有涩肠、止泻的功效。

【食用部位及方法】果实。秋季采摘，可以鲜食，还可以加工制作成蜜饯、果脯、果干等。

叶片椭圆形、长圆形或长圆倒卵形　　　　核果卵球形，黑色，光滑

紫叶稠李

【学名】*Prunus virginiana*

【科属】蔷薇科，李属。

【识别特征】高大落叶乔木；高度可达到 15 米。叶片初生为绿色，叶片有光泽，进入 5 月后随着气温升高，逐渐转为紫红色，秋后变为红色。总状花序多花，花白色，花瓣圆形，基部具爪。果球形，较大，成熟时紫黑色，果皮发亮。花期 4~5 月；果期 7~8 月。

【分布及生境】原产于北美洲，河北、山西、陕西、黑龙江、内蒙古、青海、新疆等地区引种栽培。

【营养及药用功效】含蛋白质、维生素、糖分、花青素等。有促消化、健脾胃、补中益气的功效。

【食用部位及方法】果实。秋季采摘，可以少量鲜食，也可以加工制作成果汁、果酒或食用色素等。

叶片随着气温升高，
逐渐转为紫红色

总状花序多花，
花白色

紫叶李

【别名】红叶李

【学名】*Prunus cerasifera* 'Atropurpurea'

【科属】蔷薇科，李属。

【识别特征】灌木或小乔木；多分枝，小枝暗红色。叶片椭圆形、卵形或倒卵形，边缘有圆钝锯齿；托叶膜质，披针形，紫红色。花叶同放，花萼筒钟状，花瓣长圆形，粉中透白。核果近球形或椭圆形，红色，微被蜡粉，常早落。花期4月；果期8月。

【分布及生境】原产于新疆。生于山坡林中、多石砾的坡地以及峡谷水边。华北及其以南地区广为种植。

【营养及药用功效】富含糖分、胡萝卜素、微量元素、蛋白质等。有健脾开胃的功效。

【食用部位及方法】果实。秋季采摘，可以少量鲜食，也可以加工制作成果汁、果酒或食用色素等。

花叶同放，花瓣长圆形，粉中透白

核果近球形，红色

北美海棠

【学名】*Malus* 'American'

【科属】蔷薇科，苹果属。

【识别特征】落叶小乔木；呈圆丘状。树干棕红色，小枝灰棕色，有皮孔。叶卵状披针形，边缘有锯齿，叶脉红色。花序呈伞形，花叶同放，花萼筒钟状，花量大颜色多，多有香气；花瓣5，近圆形，边缘波状，基部具爪。果实扁球形。花期4~5月；果期8~9月。

【分布及生境】原产于中国，流传国外后，经培养变异而成为海棠新品种。主要种植于北方地区。

【营养及药用功效】含有蛋白质、脂肪、维生素、微量元素等。有生津止渴、健脾开胃的功效。

【食用部位及方法】果实。秋季采摘，可以少量鲜食，也可以加工制作成果汁、果酒等。

叶卵状披针形，边缘有锯齿

花序呈伞形，花量大颜色多

榔榆

【别名】脱皮榆

【学名】*Ulmus parvifolia*

【科属】榆科，榆属。

【识别特征】高大乔木；树皮灰或灰褐色，成不规则鳞状。一年生枝密被短柔毛。叶披针状卵形或窄椭圆形，稀卵形或倒卵形，单锯齿。秋季开花，成簇状聚伞花序。翅果椭圆形或卵状椭圆形，果翅较果核窄，果核位于翅果中上部，果柄疏被短毛。花果期为8~10月。

【分布及生境】产于河北省及以南地区。生于山区的河畔处。

【营养及药用功效】提取物有抗脂质过氧化作用，可治乳痈红肿。

【食用部位及方法】幼嫩的果实可以食用，能补充人体所需的微量元素，对身体大有裨益。新鲜的叶子咀嚼可治牙痛。根皮入药。研成细粉，消毒后撒敷创面，可治创伤出血、外科手术出血。

树皮灰或灰褐色，成不规则鳞状　　叶窄椭圆形，单锯齿

【别名】黄榆

【学名】*Ulmus macrocarpa*

【科属】榆科，榆属。

【识别特征】落叶乔木或灌木；小枝有时两侧具对生而扁平的木栓翅。叶宽倒卵形或倒卵形，厚革质，先端短尾状。花自去年生枝上排成簇状聚伞花序或散生于新枝的基部。翅果宽倒卵状圆形，顶端凹或圆；果核部分位于翅果中部，被短毛。花期4月，果期5月。

【分布及生境】产于东北、华北华东、西北及河南等地。生于山坡、谷地、台地、黄土丘陵、固定沙丘及岩缝中。

【营养及药用功效】含多种甾醇类及鞣质、树胶、脂肪油等。有祛痰、利尿、杀虫的功能。

【食用部位及方法】果实入药。夏初采摘成熟果实，取出种子。水煎服，外用捣烂敷患处。

果核部分位于翅果中部，被短毛。　　　　叶宽倒卵形或倒卵形

桑

【别名】白桑

【学名】*Morus alba*

【科属】桑科，桑属。

【识别特征】落叶乔木或灌木；树皮厚，灰色，具不规则浅纵裂。叶卵形或广卵形，边缘锯齿粗钝，有时叶为各种分裂，表面鲜绿色。花单性，雌雄异株，雌雄花序均为穗状。聚花果卵状椭圆形，成熟时红色或暗紫色。花期4~5月，果期5~8月。

【分布及生境】分布于我国南北各地。生于山坡疏林中。

【营养及药用功效】含有维生素、钙、铁、锌、硒等营养素。能滋阴养血、生津润肠。主治头晕目眩、腰痛、耳鸣、失眠、口渴、便秘等症。

【食用部位及方法】果实可食用。6~7月采摘成熟果实，鲜食或榨果汁、酿酒等。

叶卵形或广卵形，
边缘锯齿粗钝

聚花果成熟时暗紫色

【别名】女桑

【学名】*Morus alba* var. *multicaulis*

【科属】桑科，桑属。

【识别特征】落叶乔木；枝条粗长。叶卵圆形，无缺刻，肉厚而富光泽，叶长可达 30 厘米，表面泡状皱缩。聚花果圆筒状，长 1.5~2 厘米，成熟时白绿色或紫黑色。花期 4~5 月，果期 5~8 月。

【分布及生境】原产于山东、江苏、浙江、四川及陕西等地栽培。

【营养及药用功效】含有维生素、钙、铁、锌、硒等营养元素。具益肠胃，补肝肾，养血祛风的功能。

【食用部位及方法】果实可鲜食，也可加工成桑葚酒、桑葚干、桑葚蜜等。

聚花果成熟时
白绿色

叶卵圆形，
无缺刻

蒙桑

【别名】岩桑

【学名】*Morus mongolica*

【科属】桑科，桑属。

【识别特征】落叶乔木或灌木；叶互生，边缘具三角形单锯齿，稀为重锯齿，齿尖有长刺芒。花雌雄异株或同株，或同株异序，雌雄花序均为穗状；雌花，花被片覆瓦状排列，结果时增厚为肉质。花期 4~5 月，果期 5~7 月。

【分布及生境】产于全国大部分地区。生于向阳山坡、山谷、路旁及林缘等处。

【营养及药用功效】含有维生素、钙、铁、锌、硒等营养元素。有益肠胃、补肝肾、养血祛风的功能。

【食用部位及方法】果实可食，也可加工成桑葚酒、桑葚干、桑葚蜜等。

叶边缘具三角形单锯齿，齿尖有长刺芒

花被片覆瓦状排列，结果时增厚为肉质

3. 叶分裂

【别名】楮桃

【学名】*Broussonetia papyrifera*

【科属】桑科，构属。

【识别特征】高大乔木；小枝密被灰色粗毛。叶宽卵形或长椭圆状卵形，先端尖，基部近心形、平截或圆，具粗锯齿。花雌雄异株，雄花序为柔荑花序，粗壮；雌花序头状，苞片披针形，被毛，花被4裂，裂片三角状卵形，被毛。聚花果球形，熟时橙红色，肉质，瘦果具小瘤。花期4~5月；果期6~7月。

【分布及生境】产于南北各地。生于石灰岩山地，也能在酸性土及中性土壤中生长。

【营养及药用功效】含有糖类、脂肪、维生素、微量元素等。有补肾、强筋、明目、利尿的功效。

【食用部位及方法】果实。秋季采摘，可以生食，也可以加工制作成果汁、果酒等。

叶宽卵形或长椭圆状卵形，
先端尖

聚花果熟时橙红色，肉质

山楂

【别名】山里红

【学名】*Crataegus pinnatifida*

【科属】蔷薇科，山楂属。

【识别特征】落叶乔木；当年生枝紫褐色，有刺。叶片宽卵形，通常两侧各有 3~5 羽状深裂片。伞房花序具多花，萼筒钟状，花瓣倒卵形或近圆形，白色。果实近球形，深红色，有浅色斑点。花期 5~6 月；果期 9~10 月。

【分布及生境】产于东北、华北及河南、山东、陕西、江苏等地区。生于山坡杂木林缘、灌木丛和干山坡沙质地。

【营养及药用功效】富含多种维生素、糖类和有机酸等。有健胃消食、散瘀强心、活血驱虫的功效。

【食用部位及方法】果实。秋季采摘，除用于鲜食外，主要用于加工果汁、饮料、果酱、果冻、果脯、蜜饯等。

伞房花序具多花，
5 瓣，白色

果实近球形，
有浅色斑点

茶条槭

【别名】茶条

【学名】*Acer tataricum* subsp. *ginnala*

【科属】无患子科，槭属。

【识别特征】灌木或小乔木；小枝近于圆柱形，有皮孔。叶片长圆卵形，常较深的 3~5 裂，裂片边缘具不整齐的钝尖锯齿。伞房花序，雄花与两性花同株，长圆卵形，白色，较长于萼片。果实黄绿色或带红色。花期 5 月；果期 10 月。

【分布及生境】产于东北三省。生长于海拔 800 米以下的丛林中。

【营养及药用功效】含有胡萝卜素、维生素、微量元素等。有祛风湿、活血、清热利咽的功效。

【食用部位及方法】嫩芽。春季采摘，去杂洗净，可加工成茶叶，或者用沸水浸烫一下，换冷水浸泡漂洗，可凉拌、炒食、煮食、蒸食等。

伞房花序，长圆卵形，白色

果实黄绿色或带红色

元宝槭

【别名】平基槭

【学名】*Acer truncatum*

【科属】无患子科，槭属。

【识别特征】落叶乔木；当年生枝绿色。叶纸质，常5裂，先端锐尖，边缘全缘。花黄绿色，雄花与两性花同株，伞房花序萼片5，黄绿色，长圆形；花瓣5，淡黄色或淡白色，长圆倒卵形。翅果淡黄色，小坚果压扁状，翅长圆形，两侧平行。花期5月；果期9月。

【分布及生境】产于东北、华北及山东、江苏、河南、陕西、甘肃等地区。生于针阔混交林、杂木林内、林缘及灌丛中。

【营养及药用功效】含脂肪、有机酸和微量元素等。有祛风、除湿的功效。

【食用部位及方法】种仁。秋季采集，脱去外壳及杂质，机榨出油率35%。可供食用，有保健功能。

翅果淡黄色，翅长圆形

伞房花序萼片5，黄绿色

【别名】白果

【学名】*Ginkgo biloba*

【科属】银杏科，银杏属。

【识别特征】乔木；叶扇形，有多数叉状并列细脉。球花雌雄异株，雌花生于短枝顶端，呈簇生状；雄球花柔荑花序状，下垂。种子具长梗，下垂。花期3~4月；果期9~10月。

【分布及生境】辽宁及以南各省有栽培。生于酸性黄壤、排水良好地带的天然林中。

【营养及药用功效】含有糖类、维生素、微量元素等。有抑制真菌、抗过敏、通畅血管的功效。

【食用部位及方法】果仁。秋季采收种子，取出种仁，用水浸泡后，可做汤圆、蒸烤、炒菜等。

【附注】肉质外种皮有毒，银杏果有小毒，需经过高温处理和去掉胚芽才能少量食用。

种子具长梗，下垂

雄球花柔荑花序状，下垂

大叶朴

【别名】白麻子

【学名】*Celtis koraiensis*

【科属】大麻科，朴属。

【识别特征】落叶乔木；高可达 15 米。冬芽深褐色；雌花生于叶腋。叶片椭圆形至倒卵状椭圆形，先端具尾状长尖，长尖常由平截状先端伸出，边缘具粗锯齿，两面无毛。果单生叶腋，近球形至球状椭圆形，成熟时橙黄色至深褐色。4~5 月开花，9~10 月结果。

【分布及生境】产于辽宁、河北、山东、安徽、山西、河南、陕西及甘肃东部。生于山坡、沟谷林中。

【营养及药用功效】含牡荆素、单宁、皂苷、强心苷和蒽醌类物质。有解毒清热、消肿止痛功效。

【食用部位及方法】叶可入药。春季采摘嫩叶，晒干。水煎服；新鲜叶片捣烂取汁外敷，可治疗水（火）烫伤。

雌花生于叶腋

叶先端具尾状长尖

裂叶榆

【别名】大青榆

【学名】*Ulmus laciniata*

【科属】榆科，榆属。

【识别特征】落叶乔木；树皮表面常呈薄片状剥落。叶倒卵形、倒三角状、倒三角状椭圆形或倒卵状长圆形，叶面密生硬毛，叶背被柔毛；叶柄极短。花排成簇状聚伞花序。翅果椭圆形或长圆状椭圆形，除顶端凹缺柱头面被毛外，余处无毛。花果期4~5月。

【分布及生境】产于东北、华北及陕西、河南等地。生于杂木林或混交林中。

【营养及药用功效】含烟酸、抗坏血酸、无机盐及鞣质、树胶、脂肪油。有消积、杀虫的功效。

【食用部位及方法】果实入药。春末夏初采摘果实，除去杂质，洗净，鲜用或晒干。水煎服。

翅果椭圆形或长圆状椭圆形

叶倒卵形、倒三角状

瓜木

【别名】八角枫

【学名】*Alangium platanifolium*

【科属】山茱萸科，八角枫属。

【识别特征】落叶灌木或小乔木；小枝微呈"之"字形。叶呈近圆形或宽卵形，边缘波状。聚伞花序腋生，小苞片线形，花萼近钟形，外侧有少许短柔毛；花瓣线形，紫红色，花柱粗壮，柱头扁平。核果长椭圆形或长卵圆形。花期3~7月，果期7~9月。

【分布及生境】产于吉林、辽宁、河北等地。生长于向阳山坡或疏林中。

【营养及药用功效】有祛风除湿，舒筋活络，散瘀镇痛的功能。

【食用部位及方法】根和须根入药。用白酒浸泡或磨粉外用。

【附注】瓜木根和须根有毒，药量及用法须谨慎。

核果呈长椭圆形　　　　　　　　　叶呈近圆形或宽卵形

（三）复叶

刺槐

【别名】洋槐

【学名】*Robinia pseudoacacia*

【科属】豆科，刺槐属。

【识别特征】落叶乔木；树皮深纵裂，枝上具托叶刺。羽状复叶，小叶 2~12 对。总状花序腋生，下垂，花多数，芳香；花萼斜钟状，萼齿 5，花冠白色，各瓣均具瓣柄。荚果褐色，或具红褐色斑纹，线状长圆形，扁平。花期 5~6 月；果期 8~9 月。

【分布及生境】原产于美国东部，生于山坡、沟旁、荒地及田边等处。国内广大地区有栽培。

【营养及药用功效】含糖类、氨基酸、维生素、微量元素等。有止血的功效。

【食用部位及方法】花。春末夏初采摘，用开水烫一下，捞出控干水，可以炒蛋、烙饼、做馅等。

【附注】叶、种子有毒，不可以食用。

荚果具红褐色斑纹，扁平

总状花序腋生，下垂，
花多数

槐

【别名】守宫槐

【学名】*Styphnolobium japonicum*

【科属】豆科，槐属。

【识别特征】落叶乔木；羽状复叶，叶柄基部膨大，小叶4~7 对。圆锥花序顶生，花冠白色或淡黄色，旗瓣近圆形，具短柄，有紫色脉纹，先端微缺。荚果串珠状，种子间缢缩不明显，具肉质果皮。花期 7~8 月；果期 8~10 月。

【分布及生境】产于华北、西北。生于山坡、林缘及肥沃湿润地上。

【营养及药用功效】含有芦丁、槲皮素、鞣质、槐花二醇等物质。有凉血止血、清肝明目的功效。

【食用部位及方法】花蕾。春末夏初采摘，洗净，鲜用或阴干，可以煮粥、煮汤、代茶饮等。

【附注】槐花性寒，不宜多食。此外，叶、茎皮、荚果都有毒，不能食用。

荚果串珠状，种子间缢缩
不明显

花冠白色或淡黄色，
旗瓣近圆形

胡桃楸

【别名】山核桃

【学名】*Juglans mandshurica*

【科属】胡桃科，胡桃属。

【识别特征】高大落叶乔木；幼枝被有短茸毛。奇数羽状复叶，小叶 15~23 枚，基部膨大。雄花序为柔荑花序，雌性穗状花序具 4~10 雌花，柱头鲜红色。果序俯垂，通常具 5~7 果实，果实卵状或椭圆状，顶端尖。花期 5 月；果期 8~9 月。

【分布及生境】产于东北、华北及河南等地区。生于土层深厚肥沃、湿润、排水良好的山谷缓坡、河岸及山麓等处。

【营养及药用功效】含脂肪、多种微量元素、蛋白质等。有敛肺定喘、温肾润肠的功效。

【食用部位及方法】种仁。秋季采收成熟果实，获取种仁，可以生食、炒食，也可以榨油食用。

雌性穗状花序具 4~10 雌花，柱头鲜红色

雄花序为柔荑花序

朝鲜槐

【别名】山槐

【学名】*Maackia amurensis*

【科属】豆科，马鞍树属。

【识别特征】落叶乔木；树皮淡绿褐色，薄片剥落。复叶呈羽状，纸质小叶对生或近对生，幼叶两面密被灰白色毛，后脱落。总状花序 3~4 个集生，总花梗及花梗密被锈褐色柔毛，花冠白色，且旗瓣呈倒卵形。花期 6~7 月；果期 9~10 月。

【分布及生境】产于东北及内蒙古、河北、山东等地区。生于山坡杂木林内、林缘及溪流附近。

【营养及药用功效】含蛋白质、维生素、粗纤维、微量元素等。有凉血止血、清热解毒、祛风除湿的功效。

【食用部位及方法】嫩茎叶。春季采摘，放在开水中焯一下，捞出在凉水中反复浸泡后，便可晒干冬季炒咸菜吃。

幼叶两面密被灰白色毛，后脱落

总状花序 3~4 个集生，花冠白色

花楸树

【别名】东北花楸

【学名】*Sorbus pohuashanensis*

【科属】蔷薇科，花楸属。

【识别特征】落叶乔木；小枝具灰白色细小皮孔。奇数羽状复叶，小叶片 5~7 对，托叶宿存。复伞房花序具多数密集花朵，花瓣宽卵形或近圆形，先端圆钝，白色，内面微具短柔毛。果实近球形，红色或橘红色，具宿存闭合萼片。花期 5~6 月；果期 9~10 月。

【分布及生境】产于东北、华北及山东、甘肃等地区。生于山坡、谷地、林缘或杂木林中。

【营养及药用功效】含多种微量元素、胡萝卜素、维生素等。有镇咳止痰、健脾利水的功效。

【食用部位及方法】果实。秋季采摘，除杂洗净，可生食或加工成果酱、果酒、果脯、蜜饯等。

果实近球形，具宿存闭合萼片

复伞房花序具多数密集花朵

梣叶槭

【别名】糖槭

【学名】*Acer negundo*

【科属】无患子科，槭属。

【识别特征】落叶乔木；树皮灰褐色。羽状复叶，有 3~9 枚小叶，边缘常有 3~5 个粗锯齿。雌雄异株，无花瓣及花盘，雄花的花序聚伞状，花丝很长；雌花的花序总状，常下垂，花小，黄绿色。小坚果凸起，近于长圆形或长圆卵形，翅稍向内弯。花期 4~5 月；果期 9~10 月。

【分布及生境】原产于北美洲，全国各地有栽培。生于山坡、林缘、田野及住宅附近。

【营养及药用功效】含糖类、蛋白质、多种维生素、微量元素等。有收敛的功效。

【食用部位及方法】树液。春季在树液流动时，在树干上打个小洞，插上导管接树液，可直接饮用或熬制枫糖。

雄花的花序聚伞状，花丝很长

小坚果凸起，近于长圆形

【别名】栾树

【学名】*Koelreuteria paniculata*

【科属】无患子科，栾属。

【识别特征】落叶乔木或灌木；小枝具疣点。一回或二回羽状复叶，小叶柄极短，边缘有钝锯齿。聚伞圆锥花序，密集，花瓣 4，开花时向外反折，线状长圆形，瓣片基部的鳞片初时黄色，开花时橙红色。蒴果圆锥形，具 3 棱，果瓣卵形。花期 6~7 月；果期 9~10 月。

【分布及生境】产于华北、西北及西南各地区。生于山坡、林缘及路旁等处。

【营养及药用功效】含蛋白质、维生素、粗纤维、微量元素等。有舒肝明目、疏风清热、止咳的功效。

【食用部位及方法】嫩茎叶。春季采摘，放在开水中焯一下，捞出在凉水中反复浸泡后，便可凉拌或炒咸菜吃。

瓣片基部的鳞片初时黄色，开花时橙红色

蒴果圆锥形，具 3 棱

辽东楤木

【别名】刺龙牙

【学名】*Aralia elata* var. *glabrescens*

【科属】五加科, 楤木属。

【识别特征】落叶小乔木; 嫩枝上常有细长直刺。叶为二回或三回羽状复叶, 叶轴和羽片轴基部通常有短刺。圆锥花序, 分枝由伞形花序组成, 有花多数; 花黄白色, 花瓣5, 卵状三角形。果实球形, 黑色。花期8~9月; 果期9~10月。

【分布及生境】产于东北及山东、河北等地区。生于阔叶林或针阔混交林的林下、林缘及路旁。

【营养及药用功效】含蛋白质、维生素、微量元素等。有补气安神、健脾利水、祛风除湿、活血止痛的功效。

【食用部位及方法】嫩茎叶。春季采摘, 放在开水中焯一下, 可以速冻或者凉拌、油炸、炒菜等。

果实球形, 黑色

叶为二回或三回羽状复叶

山皂荚

【别名】日本皂荚

【学名】*Gleditsia japonica*

【科属】豆科，皂荚属。

【识别特征】落叶乔木；刺略扁，常分枝。叶为一回或二回羽状复叶。花黄绿色，组成穗状花序，花瓣4，椭圆形。荚果带形，扁平，不规则旋扭作镰刀状。花期6~7月；果期8~9月。

【分布及生境】产于辽宁、河北、山东、河南、江苏、安徽、浙江、江西、湖南等地。生于向阳山坡或谷地、溪边路旁等处。

【营养及药用功效】含蛋白质、维生素、微量元素等。有润燥通便、祛风消肿的功效。

【食用部位及方法】嫩芽。春季采摘，用开水焯烫，清水浸泡后，可以做馅与猪肉一起包饺子。

【附注】本种豆荚、种子、叶、茎皮均有毒，食用嫩芽一定要开水焯、凉水泡。

叶为一回或二回羽状复叶

刺略扁，常分枝

香椿

【别名】椿芽

【学名】*Toona sinensis*

【科属】楝科，香椿属。

【识别特征】多年生木本；树皮粗糙，深褐色。叶具长柄，偶数羽状复叶，小叶 16~20，对生或互生，纸质，卵状披针形，边全缘或有疏离的小锯齿。聚伞花序生于短的小枝上，多花，花瓣 5，白色。蒴果狭椭圆形，深褐色，有苍白色的小皮孔。花期 6~8 月；果期 10~12 月。

【分布及生境】产于华北、华东、华中、华南及西南各地。生于山地杂木林或疏林中。各地广泛栽培。

【营养及药用功效】含蛋白质、维生素、微量元素等。有收敛止血、去湿止痛之功效。

【食用部位及方法】嫩茎叶。春季采摘，生食、熟食皆可，速冻或者凉拌、油炸、炒菜等。

蒴果狭椭圆形

聚伞花序多花，白色

【别名】枫柳

【学名】*Pterocarya stenoptera*

【科属】胡桃科，枫杨属。

【识别特征】大乔木；叶多为偶数或稀奇数羽状复叶。雄性柔荑花序，花序轴常有稀疏的星芒状毛；雌性柔荑花序顶生，雌花几乎无梗；苞片及小苞片基部常有细小的星芒状毛，并密被腺体。果实长椭圆形，果翅狭。花期 4~5 月，果熟期 8~9 月。

【分布及生境】产于华北、华中、华东、华南和西南各地。生于沿溪涧河滩，阴湿山坡地的林中。

【营养及药用功效】有杀虫止痒、利尿消肿的功能。

【食用部位及方法】枝、叶入药。水煎服或浸酒；外用适量捣敷或调敷。

叶多为偶数或稀奇数羽状复叶

果实长椭圆形，果翅狭

二、灌木

（一）单叶

1. 叶全缘

照山白

【别名】冬青

【学名】*Rhododendron micranthum*

【科属】杜鹃花科，杜鹃花属。

【识别特征】常绿灌木；茎灰棕褐色。叶近革质，长圆状椭圆形至披针形，上面深绿色，有光泽，常被疏鳞片，下面黄绿色，被淡或深棕色有宽边的鳞片。花密生成总状花序，花冠钟状，白色，花裂片 5，较花管稍长。蒴果长圆形，被疏鳞片。花期 5~6 月；果期 8~11 月。

【分布及生境】产于东北、华北、华中、西北及山东、四川等地。生于山坡灌丛、山谷、峭壁及石岩上。

【成分及药用功效】含桉木毒素和黄酮类物质，有大毒。有清热解毒、祛风通络、调经止痛、止血、止咳祛痰的功效。

【毒性】全株有毒，以春天的幼嫩枝叶毒性最大。不可以食用。

叶近革质，长圆状椭圆形

蒴果长圆形，被疏鳞片

枸杞

【别名】枸杞菜

【学名】*Lycium chinense*

【科属】茄科，枸杞属。

【识别特征】落叶多分枝灌木；枝条细弱，有棘刺。叶纸质，单叶互生或2~4枚簇生，卵状披针形。花生于长、短枝上，单生、双生或簇生；花冠漏斗状，淡紫色，5深裂，裂片卵形，基部耳显著。浆果红色，卵状。种子扁肾形，黄色。花期7~8月；果期8~9月。

【分布及生境】产于华北、西南、华南、华中及陕西、甘肃、吉林、辽宁等地区。生于林缘、灌丛、山坡及路旁等处。

【营养及药用功效】含糖类、矿物质、维生素等。有滋肾、润肺、补肝、明目的功效。

【食用部位及方法】果实。秋季采集，洗净后可直接生食，也可以晒干后食用，或者做成果汁、果酒等。

花生于长、短枝上，淡紫色

浆果红色，卵状

【别名】达乌里杜鹃

【学名】*Rhododendron dauricum*

【科属】杜鹃花科，杜鹃花属。

【识别特征】半常绿灌木；叶片近革质，椭圆形或长圆形，上面深绿，散生鳞片，下面淡绿，密被鳞片。花序腋生枝顶，1~4 花，先叶开放，伞形着生；花冠宽漏斗状，粉红色或紫红色，雄蕊 10，短于花冠。蒴果长圆形，先端 5 瓣开裂。花期 5~6 月；果期 7 月。

【分布及生境】产于东北三省及内蒙古自治区。生于干燥石质山坡、火山迹地、山地落叶松林、排水良好的山坡、蒙古栎林下。

【营养及药用功效】含花青素、矿物质、维生素等。有解表化痰、止咳平喘、利尿的功效。

【食用部位及方法】花。春季采集，去杂洗净后，稍烫一下，直接泡茶或煲汤喝。

1~4 花，先叶开放

叶片近革质，椭圆形

迎红杜鹃

【别名】映山红

【学名】*Rhododendron mucronulatum*

【科属】杜鹃花科，杜鹃花属。

【识别特征】落叶灌木；叶椭圆状披针形。花序腋生枝顶或假顶生，1~3花，先叶开放，花冠宽漏斗状，淡红紫色；雄蕊稍短于花冠，花丝下部被短柔毛，子房5室，密被鳞片，花柱光滑，长于花冠。蒴果长圆形，先端5瓣开裂。花期4~5月；果期6~7月。

【分布及生境】产于吉林、辽宁、内蒙古、河北、山东、江苏等地。生于山地灌丛中、干燥石质山坡及石砬子上。

【营养及药用功效】含花青素、矿物质、维生素等。有解表、清肺、止咳、祛痰、平喘的功效。

【食用部位及方法】花。春季采集，去杂洗净后，稍烫一下，直接泡茶或煲汤喝。

花冠宽漏斗状，淡红紫色

叶椭圆状披针形

水枸子

【别名】多花枸子

【学名】*Cotoneaster multiflorus*

【科属】蔷薇科，枸子属。

【识别特征】落叶灌木；枝条细瘦，常呈弓形弯曲。叶片卵形或宽卵形。花多数，呈疏松的聚伞花序，萼筒钟状，萼片三角形，花瓣平展，近圆形，基部有短爪，内面基部有白色细柔毛，白色。果实近球形或倒卵形，红色。花期5~6月；果期8~9月。

【分布及生境】产于华北、西北、西南及黑龙江、辽宁等地。生于沟谷、山坡杂木林中。

【营养及药用功效】含糖类、氨基酸、矿物质、维生素等。有祛风除湿、健胃消食、降血压、化瘀滞、退烧的功效。

【食用部位及方法】果实。秋季采集，洗净后可直接生食，也可以晒干后食用，或者做成果酱、果脯等。

果实近球形，红色

花瓣平展，近圆形，基部有短爪

中国沙棘

【别名】醋柳

【学名】*Hippophae rhamnoides* subsp. *sinensis*

【科属】胡颓子科，沙棘属。

【识别特征】落叶灌木或乔木；棘刺较多，粗壮。单叶近对生，狭披针形，下面被银白色鳞片。花先叶开放，雌雄异株，短总状花序腋生于头年枝上；花小，淡黄色，花被2裂。果实圆球形，橙黄色或橘红色。花期5月；果期9~10月。

【分布及生境】产于华北及吉林、辽宁、陕西、四川、甘肃、青海等地。生于山坡、沟谷、沙丘、多砾石或沙质土壤上。

【营养及药用功效】含糖类、有机酸、矿物质、维生素等。有止咳化痰、消食化滞、活血散瘀的功效。

【食用部位及方法】果实。秋季采集，洗净后可直接生食，也可以晒干后食用，或者做成果汁、果脯等。

果实圆球形，橙黄色或橘红色　　　　叶狭披针形，下面被银白色鳞片

蓝果忍冬

【别名】蓝靛果

【学名】*Lonicera caerulea*

【科属】忍冬科，忍冬属。

【识别特征】落叶灌木；树皮片状剥裂。常有大形盘状的托叶，茎犹如贯穿其中。叶矩圆形，两面疏生短硬毛。花生于叶腋，花冠黄白色，常带粉红色，筒比裂片长 1.5~2 倍。浆果蓝黑色，稍被白粉，椭圆形。花期 5~6 月；果期 7~8 月。

【分布及生境】产于华北及黑龙江、吉林、宁夏、四川、甘肃、青海、云南等地区。生于河岸、山坡、林缘等处。

【营养及药用功效】含糖类、矿物质、维生素等。有清热解毒、舒筋活络的功效。

【食用部位及方法】果实。秋季采集，洗净后可直接生食，也可以晒干后食用，或者做成果汁、果酒等。

浆果蓝黑色，稍被白粉

花生于叶腋，花冠黄白色

紫丁香

【别名】丁香

【学名】*Syringa oblata*

【科属】木樨科，丁香属。

【识别特征】落叶灌木或小乔木；小枝较粗，疏生皮孔。叶片革质或厚纸质，卵圆形至肾形。圆锥花序直立，由侧芽抽生，近球形或长圆形；花冠紫色，花冠管圆柱形，裂片呈直角开展，花药黄色。果长椭圆形，先端长渐尖，光滑。花期 5~6 月；果期 9~10 月。

【分布及生境】产于吉林、辽宁、河北、山西、陕西、山东、河南、湖北、四川、贵州、云南等地。生于山坡丛林、山沟溪边及山谷路旁等处。

【营养及药用功效】花含芳香油、氨基酸、矿物质、维生素等。有清热燥湿、止咳定喘的功效。

【食用部位及方法】花。春季采集，可糖渍食用或用以提取芳香油、熏茶等。

果长椭圆形，先端长渐尖，光滑

圆锥花序直立

【别名】藏花忍冬

【学名】*Lonicera tatarinowii*

【科属】忍冬科，忍冬属。

【识别特征】落叶灌木；高可达 2 米。叶片矩圆状披针形或矩圆形，上面无毛，下面除中脉外有灰白色细茸毛。总花梗纤细，苞片三角状披针形，无毛，杯状小苞有缘毛，萼齿三角状披针形，比萼筒短；花冠黑紫色，唇形，中裂较短，下唇舌状。果实红色，近圆形。花期 5~6 月；果期 8~9 月。

【分布及生境】产于辽宁、河北及山东等地。生于山坡、杂木林或灌丛中。

【营养及药用功效】含糖类、矿物质、维生素等。有祛风湿、通经络的功效。

【食用部位及方法】果实。秋季采集，洗净后可直接生食，也可以晒干后食用，或者做成果汁、果酒等。

花冠黑紫色，唇形

叶片矩圆状披针形，上面无毛

北京忍冬

【别名】四月红

【学名】*Lonicera elisae*

【科属】忍冬科，忍冬属。

【识别特征】落叶灌木；高可达 3 米。叶纸质，叶片卵状椭圆形，两面被短硬伏毛。花与叶同时开放，总花梗生小枝顶端苞腋，花冠白色或带粉红色，长漏斗状，裂片稍不整齐。果实红色，椭圆形，疏被腺毛。花期 4~5 月；果期 5~6 月。

【分布及生境】产于河北、山西、陕西、甘肃、安徽、浙江、河南、湖北及四川等地区。生于沟谷、山坡丛林或灌丛中。

【营养及药用功效】含糖类、矿物质、维生素等。有清热解毒、抗菌、增强免疫力的作用。

【食用部位及方法】果实。夏季采集，洗净后可直接生食，也可以晒干后食用，或者做成果汁、果酒等。

叶纸质，卵状椭圆形

果实红色，椭圆形，疏被腺毛

【别名】马氏忍冬

【学名】*Lonicera maackii*

【科属】忍冬科，忍冬属。

【识别特征】落叶灌木；高达 4 米。叶卵状椭圆形至卵状披针形。花芳香，生于幼枝叶腋，苞片条形，相邻两萼筒分离；花冠先白色后变黄色，外被短伏毛或无毛，唇形，筒长约为唇瓣的 1/2。果实暗红色，圆形。花期 5~6 月；果期 9~10 月。

【分布及生境】产于东北、华北、华中、西南及山东、江苏、安徽、浙江、陕西、甘肃等地区。生于林下、灌丛间、荒山坡及河岸湿润地。

【营养及药用功效】含胡萝卜素、矿物质、维生素等。有清热解毒、祛风解表、消肿止痛的功效。

【食用部位及方法】花蕾。春末夏初采摘，放在凉席上摊开，晒干后泡水喝。

花芳香，生于幼枝叶腋

果实暗红色，圆形

金花忍冬

【别名】黄花忍冬

【学名】*Lonicera chrysantha*

【科属】忍冬科，忍冬属。

【识别特征】落叶灌木；高达4米。叶菱状卵形。总花梗细，苞片条形或狭条状披针形，小苞片分离，卵状矩圆形，相邻两萼筒分离，萼齿圆卵形；花冠先白色后变黄色，外面疏生短糙毛，唇形。果实红色，圆形。花期5~6月；果期8~9月。

【分布及生境】产于东北、华北及山东、江西、河南、湖北、陕西、四川、宁夏、甘肃、青海等地区。生于沟谷、林下、林缘及灌丛中。

【营养及药用功效】含胡萝卜素、矿物质、维生素等。有清热解毒、消散痈肿、消炎的功效。

【食用部位及方法】花蕾。春末夏初采摘，放在凉席上摊开，晒干后泡水喝。

相邻两萼筒分离

果实红色，圆形

北桑寄生

【别名】冻青

【学名】*Loranthus tanakae*

【科属】桑寄生科，桑寄生属。

【识别特征】灌木；茎常呈二歧状分枝。叶对生，纸质，倒卵形或椭圆形，先端圆钝或微凹，基部楔形，稍下延。穗状花序顶生，花两性，淡青色；花盘环状，花柱柱状，顶端钝或偏斜，柱头稍增粗。果球形，橙黄色，果皮平滑；花期5~6月，果期9~10月。

【分布及生境】产于四川、甘肃、陕西、山西、内蒙古、河北、山东等地。生于山地阔叶林中，寄生于栎属、榆属、李属、桦属等植物上。

【营养及药用功效】有祛风湿、补肝肾、强筋骨、安胎的功能。

【食用部位及方法】茎叶入药。初冬和早春采收，切段，晒干，或蒸后晒干。水煎服；外用治冻疮。

叶倒卵形或椭圆形

果球形，橙黄色

槲寄生

【别名】冬青

【学名】*Viscum coloratum*

【科属】桑寄生科，槲寄生属。

【识别特征】灌木；茎、枝均圆柱状，二歧或三歧分枝。叶对生，稀3枚轮生，厚革质或革质，长椭圆形至椭圆状披针形。雌雄异株；花序顶生或腋生于茎叉状分枝处。果球形，具宿存花柱，成熟时淡黄色或橙红色，果皮平滑。花期4~5月，果期9~11月。

【分布及生境】产于全国各地（除新疆、西藏、云南、广东外）。寄生于杨属、桦属、柳属、椴属、榆属、李属、梨属等阔叶树的树枝或树干上。

【营养及药用功效】有补肝肾、祛风湿、强筋骨、通经络、益血、安胎的功能。

【食用部位及方法】茎叶入药。全年可采收，切段，晒干，或蒸后晒干。水煎服，入散剂、浸酒；外用熬膏或煎水洗。

茎枝二歧或三歧分枝

果球形，成熟时橙红色

2. 叶有齿

黑涩石楠

【别名】黑果腺肋花楸

【学名】*Aronia melanocarpa*

【科属】蔷薇科，涩石楠属。

【识别特征】落叶丛状灌木；二年生枝黑褐色，芽红褐色，锥形。叶片深绿色，单叶互生，叶面光滑，卵形或椭圆形。复伞房花序，花序柄被茸毛，由5~40朵小花组成，瓣卵形至倒卵形，先端圆钝，白色。果球形，先端萼片脱落后留有圆穴。花期4~5月；果期8~9月。

【分布及生境】原产于北美洲，辽宁、吉林、黑龙江、山东和江苏等多个省份大面积种植。

【营养及药用功效】富含黄酮、花青素、维生素等。对高血压和心脏病有一定的治疗作用。

【食用部位及方法】果实。秋季采摘，洗净后可直接食用，也可以酿造果酒、醋、饮料以及生产天然色素等。

花瓣卵形，先端圆钝，白色

果球形，先端萼片脱落后留有圆穴

尖叶紫柳

【学名】*Salix koriyanagi*

【科属】杨柳科，柳属。

【识别特征】灌木；枝细长，红褐色或紫红色。芽卵圆形，有光泽，长于叶柄。叶对生，倒披针形，上部有细锯齿，中部以下全缘。花序先叶开放，细圆柱形，无梗，对生，苞片有长柔毛，黑色，雄蕊2，花丝合生，花药圆球形，紫红色，柱头全缘或2浅裂。花期5月；果期6月。

【分布及生境】产于东北及内蒙古、河北、山东等地区。生于山坡、湿地及河边。

【营养及药用功效】含蛋白质、胡萝卜素、矿物质等。有散风、祛湿、清湿热的功效。

【食用部位及方法】嫩芽。春季采摘，除去杂质洗净，用开水焯熟，再用清水投凉，滤干水分，凉拌或做馅，也可以泡水喝。

花药圆球形，紫红色

叶对生，倒披针形

细枝柳

【学名】*Salix gracilior*

【科属】杨柳科，柳属。

【识别特征】灌木；小枝纤细，淡黄或淡绿色，无毛。叶线形或线状披针形，边缘有腺齿。花序几与叶同时开放，细圆柱形，果序较粗或很密，花序梗基部具小叶，苞片长倒卵形，淡褐色，细小，雄蕊2，花丝合生，基部有柔毛，花药黄色。蒴果有茸毛。花期5月；果期5~6月。

【分布及生境】产于东北及河北、内蒙古等地区。生于河边、沟渠边、沙区低湿地。

【营养及药用功效】含蛋白质、胡萝卜素、维生素、矿物质等。有散风、祛湿、清湿热的功效。

【食用部位及方法】嫩芽。春季采摘，除去杂质洗净，用开水焯熟，再用清水投凉，滤干水分，凉拌或做馅，也可以泡水喝。

花丝合生，基部有柔毛，花药黄色

叶线形或线状披针形

三蕊柳

【学名】*Salix nipponica*

【科属】杨柳科,柳属。

【识别特征】灌木或乔木;芽褐色卵形,急尖,有棱,叶片阔长圆状披针形,上面深绿色,下面苍白色,边缘锯齿有腺点。花序与叶同时开放,有梗,雄花序轴有长毛,苞片长圆形或卵形,黄绿色,两面有疏短柔毛;雌花序有梗,着生有锯齿缘的叶,子房卵状圆锥形,花柱短。花期4月;果期5月。

【分布及生境】产于东北及山东、河北等地区。生于林区,多沿河生长。

【营养及药用功效】含蛋白质、胡萝卜素、维生素、矿物质等。有散风、祛湿、清湿热的功效。

【食用部位及方法】嫩芽。春季采摘,除去杂质洗净,用开水焯熟,再用清水投凉,滤干水分,凉拌或做馅,也可以泡水喝。

芽褐色卵形,急尖

叶片阔长圆状披针形

【别名】王八柳

【学名】*Salix raddeana*

【科属】杨柳科，柳属。

【识别特征】落叶灌木或乔木；枝暗红色或红褐色。叶革质，倒卵状圆形，全缘或有不整齐的齿牙。花先叶开放，雄花序无梗，雄蕊 2，花丝纤细，花药黄色，苞片近黑色；果序有短梗，基部有 1~3 枚鳞片，子房长圆锥形，有长柄，柱头 2~4 裂。蒴果长达 1 厘米。花期 4~5 月；果期 5~6 月。

【分布及生境】产于东北及内蒙古自治区。生于林缘、灌丛或疏林中。

【营养及药用功效】含蛋白质、胡萝卜素、维生素、矿物质等。有解热、镇痛的功效。

【食用部位及方法】嫩芽。春季采摘，除去杂质洗净，用开水焯熟，再用清水投凉，滤干水分，凉拌或做馅，也可以泡水喝。

蒴果长达 1 厘米

叶革质；倒卵状圆形

太平花

【别名】京山梅花

【学名】*Philadelphus pekinensis*

【科属】绣球花科，山梅花属。

【识别特征】落叶灌木；当年生小枝表皮黄褐色，不开裂。叶卵形或阔椭圆形。总状花序有花 5~9 朵，花序轴、花萼黄绿色，裂片卵形，花冠盘状，花瓣白色，倒卵形。蒴果近球形，宿存萼裂片近顶生。花期 6~7 月；果期 8~10 月。

【分布及生境】产于辽宁、河北、河南、山西、陕西、湖北等地。生于山坡、杂木林中或灌丛中。

【营养及药用功效】含胡萝卜素、矿物质、维生素等。有解热、镇痛、截疟的功效。

【食用部位及方法】嫩茎叶。春季采集，开水中煮 3~5 分钟，在凉水中多次浸泡，捞出后可凉拌或蘸酱食用，也可以晒干后冬天炝咸菜吃。

总状花序有花 5~9 朵

蒴果近球形，宿存萼裂片近顶生

毛樱桃

【别名】山樱桃

【学名】*Prunus tomentosa*

【科属】蔷薇科，李属。

【识别特征】落叶灌木；小枝紫褐色。叶片卵状椭圆形，被疏柔毛，边有急尖或粗锐锯齿。花单生或2朵簇生，花叶同开，近无梗，萼筒管状；花瓣白色或粉红色，倒卵形，先端圆钝。核果近球形，红色。花期4~5月；果期6~7月。

【分布及生境】产于东北、华北及山东、陕西、宁夏、甘肃、青海、四川、云南、西藏等地区。生于山坡林中、林缘、灌丛中及草地上。

【营养及药用功效】含糖类、微量元素、胡萝卜素、维生素、有机酸等。有除热止泻、益气、固精的功效。

【食用部位及方法】果实。夏季采摘，可以鲜食，还可以加工制作成果汁、果脯、果酒、果酱等。

核果近球形，红色

花瓣白色或粉红色，倒卵形

东北扁核木

【别名】东北蕤核

【学名】*Prinsepia sinensis*

【科属】蔷薇科，扁核木属。

【识别特征】落叶小灌木；小枝红褐色，有枝刺。叶互生，稀丛生，叶片卵状披针形。花1~4朵，簇生于叶腋，萼筒钟状；花瓣黄色，倒卵形，先端圆钝，基部有短爪。核果近球形，红紫色或紫褐色，萼片宿存。核坚硬，卵球形，微扁。花期5月；果期8~9月。

【分布及生境】产东北三省。生于杂木林中、阴山坡的林间、山坡开阔处以及河岸旁等处。

【营养及药用功效】含糖类、微量元素、胡萝卜素、维生素、有机酸等。有清肝、明目、消肿、利尿的功效。

【食用部位及方法】果实。夏季采摘，可以鲜食，还可以加工制作成果汁、果脯、果酒、果酱等。

花瓣黄色，倒卵形，基部有短爪

核果近球形，红紫色

郁李

【别名】水李子

【学名】*Prunus japonica*

【科属】蔷薇科，李属。

【识别特征】落叶灌木；小枝灰褐色，嫩枝绿色或绿褐色。叶片卵形或卵状披针形，边有缺刻状尖锐重锯齿，侧脉 5~8 对。花 1~3 朵，簇生，花叶同开或先叶开放，萼筒陀螺形，长宽近相等；花瓣白色或粉红色，倒卵状椭圆形。核果近球形，深红色。花期 5 月；果期 7~8 月。

【分布及生境】产于东北及内蒙古、河北、山东、河南等地区。生于向阳山坡、路旁、林缘及灌丛间等处。

【营养及药用功效】含糖类、微量元素、胡萝卜素、维生素、有机酸等。有润肠通便、利水消肿的功效。

【食用部位及方法】果实。夏季采摘，可以鲜食，还可以加工制作成果汁、果脯、果酒、果酱等。

花瓣粉红色，倒卵状椭圆形

核果近球形，深红色

齿叶白鹃梅

【别名】榆叶白鹃梅

【学名】*Exochorda serratifolia*

【科属】蔷薇科，白鹃梅属。

【识别特征】落叶灌木；小枝圆柱形，幼时红紫色，老时暗褐色。叶片椭圆形或长圆倒卵形，中部以上有锐锯齿，下面全缘。总状花序，有花 4~7 朵，萼筒浅钟状；花瓣长圆形至倒卵形，先端微凹，基部有长爪，白色。蒴果倒圆锥形，具脊棱，5室。花期 5~6 月；果期 8~9 月。

【分布及生境】产于吉林、辽宁、河北等地。生于山坡、河边及灌木丛中。

【营养及药用功效】含矿物质、胡萝卜素、多种维生素等。有强筋壮骨、活血止痛、健胃消食的功效。

【食用部位及方法】花与叶。春季采集，除去杂质，洗净，晒干，煎汤代茶喝。

总状花序，有花 4~7 朵

蒴果倒圆锥形，
具脊棱，5 室

【别名】酸丁

【学名】*Cerasus humilis*

【科属】蔷薇科，樱属。

【识别特征】落叶灌木；小枝灰褐色或棕褐色。叶片倒卵状长椭圆形或倒卵状披针形，中部以上最宽，边有单锯齿或重锯齿。花单生或2~3花簇生，花叶同开，萼筒长宽近相等；花瓣白色或粉红色，长圆形。核果成熟后近球形，红色或紫红色。花期4~5月；果期7~8月。

【分布及生境】产于东北及内蒙古、河北、山东、河南等地。生于阳坡沙地、山地灌丛及半固定沙丘上。

【营养及药用功效】含糖类、微量元素、维生素、有机酸等。有润肠通便、利水消肿的功效。

【食用部位及方法】果实。秋季采摘，可以鲜食，还可以加工制作成蜜饯、果脯、果干等。

花单生或 2~3 花簇生，花叶同开　　核果成熟后近球形，红色

木槿

【别名】白饭花

【学名】*Hibiscus syriacus*

【科属】锦葵科，木槿属。

【识别特征】落叶灌木；小枝密被黄色星状茸毛。叶菱形卵状，具深浅不同的 3 裂或不裂，先端钝，基部楔形，边缘具不整齐齿缺。花单生于枝端叶腋间，花萼和花均为钟形，花淡紫色，呈倒卵形。蒴果卵圆形，密被黄色星状茸毛。种子肾形，背部有黄白色长柔毛。花果期 7~10 月。

【分布及生境】原产于我国中部各地，国内均有分布。

【营养及药用功效】含有蛋白质、脂肪、维生素、微量元素等。有清热解毒、利湿、消肿的功效。

【食用部位及方法】花蕾。夏季采摘，清洗干净后可炒蛋、挂糊油炸或做汤、煮粥等。

花淡紫色，呈倒卵形

叶菱形卵状，具深浅不同的
3 裂或不裂

【别名】棘刺花

【学名】*Ziziphus jujuba* var. *spinosa*

【科属】鼠李科，枣属。

【识别特征】落叶灌木或小乔木；枝上有直和弯曲的刺。单叶互生，椭圆形或卵状披针形，边缘具细锯齿。小花黄绿色，2~3朵簇生于叶腋，萼片5，卵状三角形，花瓣5片，与萼互生。核果近球形，熟时暗红褐色。花期7~8月；果期8~9月。

【分布及生境】产于华北、西北及山东、辽宁、河南、江苏、安徽等地区。生于向阳干燥山坡、丘陵或岗地。

【营养及药用功效】含有糖类、脂肪、维生素、微量元素等。有养心、安神、敛汗的功效。

【食用部位及方法】果实。秋季采摘，可以少量鲜食、煮粥，也可以加工制作成果汁、果酒等。

小花黄绿色，2~3朵簇生于叶腋

核果近球形，熟时暗红褐色

卫矛

【别名】鬼箭羽

【学名】*Euonymus alatus*

【科属】卫矛科，卫矛属。

【识别特征】落叶灌木；树皮灰白色，枝绿色，小枝常具2~4列宽阔木栓翅。叶卵状椭圆形，边缘具细锯齿。聚伞花序1~3花，花白绿色，4数，花瓣近圆形，花盘近四方形。蒴果1~4深裂，假种皮橙红色，全包种子。花期5~6月；果期9~10月。

【分布及生境】产于东北、华北。生于阔叶林及针阔混交林下、林缘、灌丛、沟谷及路旁等处。

【营养及药用功效】含有胡萝卜素、维生素、微量元素等。有行血通经、散瘀止痛、杀虫的功效。

【食用部位及方法】嫩茎叶。春季采摘，洗净用开水煮一下，再用清水浸泡后，可凉拌，炒食或做成什锦袋菜等。

小枝常具2~4列宽阔木栓翅

聚伞花序1~3花，花白绿色

华北绣线菊

【别名】弗氏绣线菊

【学名】*Spiraea fritschiana*

【科属】蔷薇科，绣线菊属。

【识别特征】灌木；小枝具明显棱角。叶片卵形、椭圆卵形或椭圆长圆形，边缘有不整齐重锯齿或单锯齿。复伞房花序顶生于当年生直立新枝上，多花，无毛；花瓣卵形，先端圆钝，白色；子房具短柔毛。蓇葖果几直立，开张，花柱顶生。6月开花，7~8月结果。

【分布及生境】产于河南、陕西、山东、江苏、浙江等省。生于山坡杂木林下、林缘、山谷及多石砾地和石崖上。

【营养及药用功效】有清热止咳的功能，用于发烧、咳嗽等。

【食用部位及方法】果实入药。秋、冬季采摘果穗，除去杂质，晒干。水煎服。

复伞房花序顶生于当年生直立新枝上　　　蓇葖果几直立，开张

土庄绣线菊

【别名】柔毛绣线菊

【学名】*Spiraea ouensanensis*

【科属】蔷薇科，绣线菊属。

【识别特征】灌木；小枝稍弯曲，嫩时被短柔毛，老时无毛。叶菱状卵形或椭圆形，先端急尖，基部宽楔形，中部以上有粗齿或缺刻状锯齿。伞形花序具花序梗，花瓣卵形、宽倒卵形或近圆形，呈白色。蓇葖果开张，腹缝微被短柔毛。花期 5~6 月，果期 7~8 月。

【分布及生境】产于东北、华北及河南、陕西、甘肃等地。生于干燥多岩石山坡、杂木林内、林缘及灌丛中。

【营养及药用功效】有利尿的功能，用于水肿、肾炎等。

【食用部位及方法】茎髓入药。四季割取枝条，剥取茎髓，鲜用或晒干。水煎服。

伞形花序具花序梗

小枝稍弯曲

光萼溲疏

【别名】无毛溲疏

【学名】*Deutzia glabrata*

【科属】虎耳草科，溲疏属。

【识别特征】灌木。高约 3m；老枝灰褐色，表皮常脱落；花枝长 6~8cm，常具 4~6 叶，红褐色，无毛。叶薄纸质，卵形或卵状披针形。伞房花序直径 3~8cm，有花 5~20 朵，花序轴无毛。花期 6~7 月，果期 8~9 月。

【分布及生境】产于东北三省及山东、河南等地。生于山地石隙间或山坡林下。

【营养及药用功效】有清热、利尿、下气的功能。

【食用部位及方法】全株入药。四季可采收，切段，洗净后晒干。水煎服。

伞房花序有花 5~20

叶薄纸质，卵状披针形

大花溲疏

【别名】华北溲疏

【学名】*Deutzia grandiflora*

【科属】虎耳草科，溲疏属。

【识别特征】灌木；叶对生，呈卵状菱形，边缘具长短相间或不整齐锯齿，下面灰白色，沿叶脉星状毛具中央长辐线。花蕾长圆形，萼筒浅杯状，被灰黄色毛，裂片线状披针形；花瓣白色，长圆形或倒卵状披针形，齿平展或下弯成钩状，花药卵状长圆形。蒴果半球形，宿萼裂片外弯。花期4~6月，果期9~11月。

【分布及生境】产于辽宁、内蒙古、河北等地。生于山坡、山谷和路旁灌丛中。

【营养及药用功效】有清热、利尿、下气的功能。

【食用部位及方法】果实入药。秋季采收，除去杂质，晒干。水煎服。

叶对生，呈卵状菱形

蒴果半球形，宿萼裂片外弯

东北溲疏

【别名】黑龙江溲疏

【学名】*Deutzia parviflora* var. *amurensis*

【科属】虎耳草科，溲疏属。

【识别特征】灌木；老枝灰褐色或灰色，表皮片状脱落。叶纸质，卵形、椭圆状卵形或卵状披针形，叶脉上的星状毛无中央长辐线。伞房花序，多花，花序梗被长柔毛和星状毛，花蕾球形或倒卵形，花冠直径 10~15mm。蒴果球形，直径 2~3mm。花期 6 月，果期 9 月。

【分布及生境】产于辽宁、吉林、黑龙江和内蒙古。生于杂木林下或灌丛中。

【营养及药用功效】有解热、祛风、解表、宣肺、止咳的功能。用于感冒风热、头痛发热、风热咳嗽、支气管炎等。

【食用部位及方法】茎皮入药。春、秋季采收，切段，洗净，晒干。水煎服。

叶纸质，卵状披针形

伞房花序，多花

坚桦

【别名】杵榆

【学名】*Betula chinensis*

【科属】桦木科，桦木属。

【识别特征】落叶小乔木或灌木；树皮暗灰色，纵裂或不开裂。枝灰褐或紫红色，具皮孔，小枝密被柔毛。叶卵形或宽卵形，顶端锐尖或钝圆，叶缘具不规则重锯齿。雄花序顶生，圆柱状。果序近球形，单生，直立或下垂；小坚果宽倒卵形，具极狭的翅。花期5月。

【分布及生境】产于东北及河北、山西、山东、河南、陕西、甘肃等地。生于山脊、干旱山坡或石砬子等处。

【附注】本种是日本药用植物，用法不详。

雄花序顶生，圆柱状

枝灰褐或紫红色，具皮孔

虎榛子

【别名】棱榆

【学名】*Ostryopsis davidiana*

【科属】桦木科，虎榛子属。

【识别特征】落叶灌木；枝嫩，有淡褐色密毛和稀散的腺点。叶柄有毛；叶卵形或椭圆状卵形，边缘有重锯齿，中部以上有浅裂。花序柄长，顶生当年枝上，4~7花簇生；总苞有毛，果苞束状，成熟时一边开裂。小坚果包藏于总苞之内。花期5月，果期9月

【分布及生境】产于辽宁西部、内蒙古、河北、山西、陕西、甘肃及四川北部。生于向阳较干燥的山坡、岗地及灌丛中，常聚生成片生长。

【营养及药用功效】有清热、利湿的功能。

【食用部位及方法】果实入药。秋季果实成熟时采摘。

花序柄长，4~7花簇生

叶边缘有重锯齿

3. 叶分裂
东北茶藨子

【别名】灯笼果

【学名】*Ribes mandshuricum*

【科属】茶藨子科，茶藨子属。

【识别特征】落叶灌木；小枝灰色或褐灰色，皮纵向或长条状剥落。叶宽大，宽几与长相似。花两性，总状花序，初直立后下垂，具花多达 40~50 朵，花萼浅绿色或带黄色；花瓣近匙形，宽稍短于长，浅黄绿色。果实球形，红色。花期 5~6 月；果期 8~9 月。

【分布及生境】产于东北、华北及河南、陕西、甘肃等地区。生于针阔混交林或次生阔叶林下、林缘及灌丛中。

【营养及药用功效】含有糖类、脂肪、维生素、微量元素等。有疏风、解表、散寒的功效。

【食用部位及方法】果实。秋季采摘，可以生食，也可以速冻，或加工成果汁、果酒等。

果实球形，红色　　　　　　　　　叶宽大，宽几与长相似

红茶藨子

【别名】红醋栗

【学名】*Ribes rubrum*

【科属】茶藨子科，茶藨子属。

【识别特征】落叶灌木；小枝灰褐色或灰紫色，嫩枝灰棕色至灰黄色。叶近圆形。花两性，总状花序初期直立，后下垂，具花5~15朵，花萼浅绿色，常具红色或褐色条纹；花瓣小，近匙形或近扇形，宽短于长，浅紫红色。果实圆形，红色。花期5~6月；果期7~8月。

【分布及生境】原产于欧洲和亚洲北部，东北黑龙江等地有栽培。

【营养及药用功效】富含多种氨基酸、黄酮类化合物、维生素等。具有软化血管、降低血脂和血压的功效。

【食用部位及方法】果实。秋季采摘，用于鲜食外，主要用于加工果汁、饮料、果酒、果酱、果糖、果冻、蜜饯等。

花瓣小，宽短于长，浅紫红色

果实圆形，红色

黑茶藨子

【别名】黑加仑

【学名】*Ribes nigrum*

【科属】茶藨子科，茶藨子属。

【识别特征】落叶直立灌木；幼枝具柔毛，被黄色腺体。叶近圆形，基部心形，裂片宽三角形。花两性，总状花序具花4~12朵，花苞片披针形或卵圆形；花萼浅黄绿或浅粉红色，萼筒近钟形，萼片舌形，花瓣卵圆形或卵状椭圆形。果近圆形，熟时黑色。花期5~6月；果期7~8月。

【分布及生境】产于黑龙江、内蒙古、新疆等地区。生于湿润谷底、沟边、坡地云杉林或亚高山草甸。

【营养及药用功效】富含多种维生素、糖类和有机酸等。有解毒之功效。

【食用部位及方法】果实。秋季采摘，用于鲜食外，主要用于加工果汁、果酱、果酒及饮料等。

花萼浅黄绿或浅粉红色，萼筒近钟形

果近圆形，熟时黑色

毛山楂

【别名】面豆

【学名】*Crataegus maximowiczii*

【科属】蔷薇科，山楂属。

【识别特征】落叶灌木或小乔木；叶片宽卵形或菱状卵形，托叶膜质，半月形或卵状披针形。复伞房花序，多花，总花梗和花梗均被灰白色柔毛，苞片膜质，线状披针形，边缘有腺齿，早落；萼筒钟状，萼片三角卵形或三角状披针形，先端渐尖或急尖，全缘；花瓣近圆形，白色。果实球形，红色，幼时被柔毛，以后脱落无毛；萼片宿存，反折。花期 5~6 月；果期 8~9 月。

【分布及生境】产于黑龙江、吉林、辽宁、内蒙古等地区。生于杂木林中、河岸沟边及亚高山草地。

【营养及药用功效】
同山楂。

【食用部位及方法】
同山楂。

萼片宿存，反折

复伞房花序，多花

牛叠肚

【别名】蓬蘽悬钩子

【学名】*Rubus crataegifolius*

【科属】蔷薇科，悬钩子属。

【识别特征】落叶直立灌木；枝幼时被细柔毛，老时有微弯皮刺。单叶，长卵形，边缘 3~5 掌状分裂。花数朵簇生或呈短总状花序，常顶生；花萼外面有柔毛，萼片卵状三角形；花瓣椭圆形，白色。果实近球形，暗红色，有光泽。花期 6~7 月；果期 7~8 月。

【分布及生境】产于东北及内蒙古、河北、甘肃、青海、新疆等地。生于向阳山坡、灌木丛中或林缘等处。

【营养及药用功效】含有糖类、维生素、微量元素等。有补肝肾、缩小便的功效。

【食用部位及方法】果实。夏、秋季采摘，用于鲜食、速冻外，主要用于加工果汁、果酒及饮料等。

花瓣椭圆形，白色

单叶，长卵形，边缘 3~5 掌状分裂

【别名】天目琼花

【学名】*Viburnum opulus* subsp. *calvescens*

【科属】五福花科，荚蒾属。

【识别特征】落叶灌木；小枝褐色至赤褐色。叶对生，阔卵形至卵圆形，先端 3 中裂。复伞形花序，常由 6~8 个小伞形花序组成，外围有不孕性的辐射花白色，中央为孕性花，杯状。核果球形，鲜红色。花期 6~7 月；果期 8~9 月。

【分布及生境】产于东北、华北及山东、浙江、陕西、四川、湖北、宁夏、甘肃、青海等地。生于林缘、林内、灌丛中、山坡及路旁等处。

【营养及药用功效】含有糖类、维生素、微量元素等。有止咳的功效。

【食用部位及方法】果实。秋季采摘，可捣汁服用或晒干后食用。

核果球形，鲜红色

叶阔卵形至卵圆形，先端 3 中裂

三裂绣线菊

【别名】团叶绣球

【学名】*Spiraea trilobata*

【科属】蔷薇科，绣线菊属。

【识别特征】灌木；小枝细瘦，开展。叶片近圆形，先端钝，常3裂，基部具显著3~5脉。伞形花序具花15~30朵，苞片线形或倒披针形，萼筒钟状；花瓣宽倒卵形，先端常微凹。蓇葖果开张，花柱顶生稍倾斜，具直立萼片。花期5~6月，果期7~8月。

【分布及生境】产于黑龙江、辽宁、内蒙古、山东、山西、河北、河南、安徽、陕西、甘肃等地。生于多岩石向阳坡地或灌木丛中。

【营养及药用功效】有活血化瘀、消肿止痛的功能。

【食用部位及方法】叶和果实入药。夏季采摘叶，晒干。秋、冬季采摘果穗，除去杂质，晒干。

叶片近圆形，先端常3裂

伞形花序具花15~30朵

（二）复叶

1. 羽状复叶

【别名】椒

【学名】*Zanthoxylum bungeanum*

【科属】芸香科，花椒属。

【识别特征】落叶小乔木；枝有短刺。奇数羽状复叶，有小叶 5~13 片，叶缘齿缝有油点。花序顶生或侧枝顶生，花被片黄绿色，形状及大小大致相同，雌花很少有发育雄蕊。果成熟后紫红色，散生微凸起的油点。花期 4~5 月；果期 8~10 月。

【分布及生境】产于全国各地（台湾、海南及广东除外）。见于平原至海拔较高的山地。

【营养及药用功效】含有多种微量元素、蛋白质、维生素等。有温中燥湿、散寒止痛、止呕止泻的功效。

【食用部位及方法】嫩茎叶。春、夏季采摘，洗净，在烧开的水中焯一下，可以凉拌、炒肉、油炸、烙饼等。

花序顶生或侧枝顶生，
花被片黄绿色

果成熟后紫红色

山刺玫

【别名】刺玫果

【学名】*Rosa davurica*

【科属】蔷薇科，蔷薇属。

【识别特征】落叶灌木；枝上有黄色皮刺。小叶 7~9，小叶片边缘有单锯齿和重锯齿，叶柄和叶轴有柔毛、腺毛和稀疏皮刺。花单生，或 2~3 朵簇生，萼筒近圆形，萼片先端扩展成叶状，花瓣粉红色，倒卵形。果近球形，红色，萼片宿存。花期 6~7 月；果期 8~9 月。

【分布及生境】产于东北、华北。生于山坡灌丛间、山野路旁、河边、沟边、林下、林缘等处。

【营养及药用功效】含多种微量元素、胡萝卜素、维生素等。有健脾消积、调经通淋、止痛的功效。

【食用部位及方法】果实。秋季采摘，除杂洗净，可生食或加工成果酱、果酒、果脯、蜜饯等。

花瓣粉红色，倒卵形

果近球形，红色，萼片宿存

【别名】刺玫花

【学名】*Rosa rugosa*

【科属】蔷薇科，蔷薇属。

【识别特征】落叶直立灌木；小枝密被茸毛、针刺和腺毛。小叶 5~9。花数朵簇生，花梗密被茸毛和腺毛，萼片卵状披针形，先端常扩展成叶状；花瓣倒卵形，重瓣至半重瓣，芳香，紫红色。果扁球形，砖红色，萼片宿存。花期 6~7 月；果期 8~9 月。

【分布及生境】产于吉林、辽宁、河北、山东等地。生于河岸或海岸边的沙地上。各地均有栽培。

【营养及药用功效】含多种微量元素、胡萝卜素、维生素等。有行气解郁、开胃、和血、活血调经、祛瘀、止痛的功效。

【食用部位及方法】花。夏季在花欲开放时采摘，除去杂质，可做玫瑰茶、玫瑰酒及果糖、糕点、蜜饯的香型原料。

花瓣倒卵形、芳香、紫红色

长白蔷薇

【别名】刺枚果

【学名】*Rosa koreana*

【科属】蔷薇科，蔷薇属。

【识别特征】落叶小灌木；在当年生小枝上针刺较稀疏。小叶 7~15，小叶片边缘有带腺尖锐锯齿。花单生，无苞片，萼筒和萼片外面无毛，萼片先端长渐尖，无腺；花瓣白色或带粉色，倒卵形，先端微凹，基部楔形。果实长圆球形，橘红色，有光泽，萼片宿存。花期 5~6 月；果期 7~9 月。

【分布及生境】产于黑龙江、吉林、河北。生于林缘、灌丛中、山坡多石地及高山苔原带上。

【营养及药用功效】含多种微量元素、胡萝卜素、维生素等。有健脾胃、助消化的功效。

【食用部位及方法】果实。秋季采摘，除杂洗净，可生食或加工成果酱、果酒、果脯、蜜饯等。

花瓣白色，倒卵形，先端微凹

果实长圆球形，橘红色

伞花蔷薇

【别名】蔓野蔷薇

【学名】*Rosa maximowicziana*

【科属】蔷薇科，蔷薇属。

【识别特征】落叶小灌木；具长匍枝。小叶 7~9，小叶片边缘有锐锯齿。花数朵呈伞房状排列，萼筒和萼片外面有腺毛，花梗有腺毛；花瓣白色或带粉红色，倒卵形，基部楔形。果实卵球形，红褐色，有光泽，萼片在果熟时脱落。花期 6~7 月；果期 9~10 月。

【分布及生境】产于吉林、辽宁、山东等地。生于路旁、沟边、山坡向阳处及灌丛中。

【营养及药用功效】含多种微量元素、胡萝卜素、维生素等。有益肾、涩精、止泻的功效。

【食用部位及方法】花。夏季在花欲开放时采摘，除去杂质，可以泡茶喝，也可以做果糖、糕点、蜜饯的香型原料。

花瓣白色，倒卵形，基部楔形

果实卵球形，萼片在果熟时脱落

花木蓝

【别名】吉氏木蓝

【学名】*Indigofera kirilowii*

【科属】豆科，木蓝属。

【识别特征】落叶小灌木；茎圆柱形。羽状复叶有小叶 2~5 对，卵状菱形或椭圆形。总状花序，花序轴有棱，花萼杯状；花冠淡红色，花瓣近等长。荚果棕褐色，内果皮有紫色斑点。花期 6~7 月；果期 8~9 月。

【分布及生境】产于吉林、辽宁、河北、山东、江苏等地。生于向阳干山坡、山野丘陵坡地、灌丛与疏林内。

【营养及药用功效】含淀粉、脂肪、粗纤维、微量元素等。有清热解毒、消肿止痛、舒筋活络、通便的功效。

【食用部位及方法】种子。秋季采摘果实，晒干，打下种子，可以磨面，掺入面粉中做馒头，也可以榨油食用。

总状花序，花冠淡红色

荚果棕褐色

库页悬钩子

【别名】毛叶悬钩子

【学名】*Rubus sachalinensis*

【科属】蔷薇科，悬钩子属。

【识别特征】落叶灌木；小叶常3枚，长圆状卵形，边缘有不规则粗锯齿。花5~9朵成伞房状花序，花萼具针刺和腺毛，萼片三角披针形；花瓣舌状，白色，基部具爪。果实卵球形，红色。花期6~7月；果期8~9月。

【分布及生境】产于东北及内蒙古、河北、甘肃、青海、新疆等地区。生于山坡潮湿地、密林下、稀疏杂木林内、林缘、林间草地或干沟石缝、谷底石堆中。

【营养及药用功效】含有糖类、维生素、微量元素等。有解毒、祛痰、消炎的功效。

【食用部位及方法】果实。夏、秋季采摘，用于鲜食、速冻外，主要用于加工果汁、果酒及饮料等。

果实卵球形，红色

小叶常3枚，长圆状卵形

茅莓

【别名】树莓

【学名】*Rubus parvifolius*

【科属】蔷薇科，悬钩子属。

【识别特征】落叶灌木；枝被稀疏钩状皮刺；小叶 3 枚，菱状圆形或倒卵形，边缘有粗锯齿。伞房花序，具花数朵，萼片直立开展；花瓣卵圆形，紫红色，基部具爪。果实卵球形，红色。花期 5~6 月；果期 7~8 月。

【分布及生境】产于华中、华东及吉林、辽宁、河北、山西、陕西、广东、广西、四川、贵州、甘肃等地区。生于山坡、灌丛、山沟石质地、林缘及杂木林中。

【营养及药用功效】含糖类、多种维生素、微量元素等。有活血消肿、清热解毒、祛风除湿的功效。

【食用部位及方法】果实。秋季采摘，除杂洗净，可生食、速冻或加工成果汁、果酒、饮料等。

花瓣卵圆形，紫红色

果实卵球形，红色

小叶锦鸡儿

【别名】小叶金雀花

【学名】*Caragana microphylla*

【科属】豆科、锦鸡儿属。

【识别特征】落叶灌木；高 1~3 米。老枝深灰色或黑绿色，嫩枝被毛，直立或弯曲。羽状复叶有 5~10 对小叶。花梗近中部具关节，被柔毛；花萼管状钟形，萼齿宽三角形；花冠黄色。荚果圆筒形，稍扁，具锐尖头。花期 5~6 月；果期 7~8 月。

【分布及生境】产于东北、华北及西北各地区。生于沙地、沙丘及干山坡上。

【营养及药用功效】含蛋白质、维生素、微量元素等。有养血安神、降压的功效。

【食用部位及方法】花蕾。春季采集，去杂洗净，用沸水浸烫一下，再换清水浸泡，可炖汤、炒食、蒸食。

花萼管状钟形，花冠黄色　　　　荚果圆筒形，稍扁，具锐尖头

树锦鸡儿

【别名】蒙古鸡锦儿

【学名】*Caragana arborescens*

【科属】豆科，锦鸡儿属。

【识别特征】小乔木或大灌木；小枝有棱，幼时被柔毛，绿色或黄褐色。托叶针刺状，羽状复叶有 4~8 对小叶。花梗 2~5 簇生，每梗 1 花，花萼钟状，萼齿短宽，花冠黄色。荚果圆筒形，先端渐尖。花期 5~6 月；果期 8~9 月。

【分布及生境】产于华北及黑龙江、陕西、甘肃、新疆等地区。生于林间、林缘。

【营养及药用功效】含蛋白质、维生素、微量元素等。有通乳、利尿、健脾益肾、祛风利湿的功效。

【食用部位及方法】花蕾。春季采集，去杂洗净，用沸水浸烫一下，再换清水浸泡，可炖汤、炒食、蒸食。

荚果圆筒形，先端渐尖

羽状复叶有 4~8 对小叶

柠条锦鸡儿

【别名】柠条

【学名】*Caragana korshinskii*

【科属】豆科，锦鸡儿属。

【识别特征】灌木；老枝金黄色，有光泽；嫩枝被白色柔毛。羽状复叶有 6~8 对小叶；小叶披针形或狭长圆形，先端锐尖或稍钝，有刺尖，灰绿色。花梗密被柔毛，花冠旗瓣宽卵形或近圆形，稍短于瓣片。荚果扁，披针形，有时被疏柔毛。花期 5 月，果期 6 月。

【分布及生境】产于内蒙古、宁夏、甘肃等地。生于半固定和固定沙地。

【营养及药用功效】含粗蛋白质、粗脂肪、粗纤维，粗灰分及微量元素，但含有生物碱，不可以食用。

【食用部位及方法】种子可榨油，开花繁茂，为优良蜜源植物。

花梗密被柔毛

羽状复叶有 6~8 对小叶

珍珠梅

【别名】花楸珍珠梅

【学名】*Sorbaria sorbifolia*

【科属】蔷薇科，珍珠梅属。

【识别特征】落叶灌木；羽状复叶，小叶片 11~17 枚，对生，披针形至卵状披针形，边缘有尖锐重锯齿。顶生大型密集圆锥花序，苞片卵状披针形；花直径 10~12mm，花瓣长圆形或倒卵形，白色，雄蕊 40~50。蓇葖果长圆形，萼片宿存，反折。花期 7~8 月，果期 9 月。

【分布及生境】产于西北、西南及江西、湖北、内蒙古等地。生于河岸、沟谷、山坡、溪流附近及林缘等处。

【营养及药用功效】有活血祛瘀、消肿止痛的功能。

【食用部位及方法】茎皮及果穗入药。春、秋季剥取茎皮，秋、冬季采摘果穗，洗净，晒干。外用适量研末敷患处。

蓇葖果长圆形

花白色，雄蕊 40~50

华北珍珠梅

【别名】吉氏珍珠梅

【学名】*Sorbaria kirilowii*

【科属】蔷薇科，珍珠梅属。

【识别特征】落叶灌木；羽状复叶，具有小叶片 13~21，小叶片对生，披针形。顶生大型密集的圆锥花序，花萼筒浅钟状，花瓣倒卵形或宽卵形，先端圆钝，白色，雄蕊 20，与花瓣等长或稍短于花瓣。蓇葖果长圆柱形，萼片宿存，反折。花期 6~7月，果期 9~10 月。

【分布及生境】产于辽宁、河北、河南、山东、山西、陕西、甘肃、青海等地。生于山坡阳处及杂木林中。

【营养及药用功效】有清热凉血、祛瘀、消肿、止痛的功能。用于骨折、跌打损伤。

【食用部位及方法】叶及果穗入药。夏季采摘叶，秋、冬季采摘果穗，晒干。水煎服；外用研末加适量面粉水调敷。

小叶片 13~21，对生

雄蕊 20，与花瓣等长

2. 其他形复叶

金露梅

【别名】金老梅

【学名】*Dasiphora fruticosa*

【科属】蔷薇科，金露梅属。

【识别特征】落叶灌木；多分枝。羽状复叶，有小叶 2 对，小叶片长圆形，全缘。单花或数朵生于枝顶，花梗密被长柔毛或绢毛，花萼片卵圆形，副萼片与萼片近等长；花瓣黄色，顶端圆钝，比萼片长。瘦果近卵形，褐棕色。花期 6~8 月；果期 8~9 月。

【分布及生境】产于东北、西北及内蒙古、河北、四川、西藏等地区。生于山坡草地、砾石坡、灌丛及林缘。

【营养及药用功效】含胡萝卜素、多种维生素、矿物质等。有清暑热、益脑、清心、调经、健胃的功效。

【食用部位及方法】嫩茎叶。春末夏初采摘，除去杂质，洗净，鲜用或晒干，泡茶喝。

花瓣黄色，顶端圆钝

花萼片卵圆形，副萼片
与萼片近等长

银露梅

【别名】银老梅

【学名】*Dasiphora glabra*

【科属】蔷薇科，金露梅属。

【识别特征】灌木；树皮纵向剥落。叶为羽状复叶，有小叶2对，小叶片椭圆形，边缘微向下反卷，全缘。顶生单花或数朵，花梗细长，被疏柔毛；萼片卵形，副萼片比萼片短或近等长；花瓣白色，倒卵形。瘦果表面被毛。花期6~7月；果期8~9月。

【分布及生境】产于华北及陕西、甘肃、青海、安徽、湖北、四川、云南等地区。生于山坡草地、河谷岩石缝中、灌丛及林中。

【营养及药用功效】含胡萝卜素、多种维生素、矿物质等。有理气散寒、镇痛固牙、利尿消肿的功效。

【食用部位及方法】嫩茎叶。春末夏初采摘，除去杂质，洗净，鲜用或晒干，泡茶喝。

花瓣白色，倒卵形

叶为羽状复叶，有小叶2对

胡枝子

【别名】随军茶

【学名】*Lespedeza bicolor*

【科属】豆科，胡枝子属。

【识别特征】落叶直立灌木；小枝黄色，有条棱。羽状复叶具3小叶，小叶卵状长圆形。总状花序腋生，常构成大型疏松的圆锥花序，花梗短，花萼5浅裂，花冠红紫色。荚果斜倒卵形，表面具网纹。花期7~8月；果期9~10月。

【分布及生境】产于东北、华东及内蒙古、山西、陕西、甘肃、河南、湖南、广东、广西等地区。生于山坡、林缘、路旁、灌丛及杂木林间等处。

【营养及药用功效】含蛋白质、维生素、微量元素等。有润肺清热、利尿通淋、止血的功效。

【食用部位及方法】嫩芽。春季采摘，用开水焯烫，清水浸泡后，便可腌渍、炒食、凉拌、和蘸酱食用。

总状花序腋生，常构成大型
疏松的圆锥花序

荚果斜倒卵形，表面具网纹

短梗胡枝子

【别名】短序胡枝子

【学名】*Lespedeza cyrtobotrya*

【科属】豆科，胡枝子属。

【识别特征】落叶直立灌木；多分枝。小枝褐色，贴生疏柔毛。羽状复叶具 3 小叶，小叶宽卵形，先端圆或微凹，具小刺尖。总状花序腋生，比叶短；近无总花梗，密被白毛，苞片小，花梗短；花萼筒状钟形，裂片披针形，花冠红紫色。荚果斜卵形，表面具网纹，且密被毛。花期 7~8 月；果期 9~10 月。

【分布及生境】产于吉林、辽宁、河北、山西、陕西、浙江、江西、河南、广东、甘肃等地。生于山坡、灌丛及杂木林下等处。

【营养及药用功效】同胡枝子。

【食用部位及方法】同胡枝子。

羽状复叶具 3 小叶

总状花序腋生，比叶短

牛枝子

【别名】牛筋子

【学名】*Lespedeza potaninii*

【科属】豆科，胡枝子属。

【识别特征】半灌木；茎斜升或平卧。羽状复叶具 3 小叶。总状花序，总花梗明显超出叶，花萼 5 深裂，先端呈刺芒状；花冠黄白色，旗瓣中央及龙骨瓣先端带紫色。荚果倒卵形，双凸镜状，包于宿存萼内。花期 7~9 月；果期 9~10 月。

【分布及生境】产于华北、西北、西南及山东、江苏、河南、辽宁等地区。生于荒漠草原、草原带的沙质地、石质山坡及山麓。

【营养及药用功效】含蛋白质、维生素、矿物质等。有解表散寒、健脾宽中的功效。

【食用部位及方法】嫩芽。春季采摘，用开水焯烫，清水浸泡后，便可腌渍、炒食、凉拌和蘸酱食用。

总状花序，总花梗明显超出叶

旗瓣中央及龙骨瓣
先端带紫色

【别名】毛果胡枝子

【学名】*Lespedeza davurica*

【科属】豆科，胡枝子属。

【识别特征】落叶小灌木；茎通常稍斜升。羽状复叶具 3 小叶，小叶先端有小刺尖。总状花序腋生，较叶短，花萼 5 深裂，萼裂片呈刺芒状，花冠白色，旗瓣中央稍带紫色，具瓣柄。荚果小，倒卵形，有毛，包于宿存花萼内。花期 7~8 月；果期 9~10 月。

【分布及生境】产于东北、华北、西北、华中及西南各地区。生于干山坡、草地、路旁及沙质地上。

【营养及药用功效】含蛋白质、维生素、矿物质等。有解表、散寒的功效。

【食用部位及方法】嫩芽。春季采摘，用开水焯烫，清水浸泡后，便可腌渍、炒食、凉拌和蘸酱食用。

荚倒卵形，有毛，包于宿存花萼内

总状花序腋生，较叶短

省沽油

【别名】珍珠花

【学名】*Staphylea bumalda*

【科属】省沽油科，省沽油属。

【识别特征】落叶灌木；树皮有纵棱。绿白色复叶对生，有长柄，具三小叶；小叶椭圆形，具尖尾。圆锥花序顶生，直立，花萼 5，萼片长椭圆形，浅黄白色；花瓣 5，白色，倒卵状长圆形。蒴果膀胱状，扁平，2 室，先端 2 裂。花期 5~6 月；果期 8~9 月。

【分布及生境】产于华中、华东及河北、吉林、辽宁、山西、陕西、四川等地区。生于向阳的山坡及山沟杂木林中。

【营养及药用功效】含蛋白质、维生素、矿物质等。有润肺、止咳的功效。

【食用部位及方法】嫩芽。春季采摘，用开水焯烫，清水浸泡后，便可腌渍、炒食、凉拌和蘸酱食用。

蒴果膀胱状，2 室

圆锥花序顶生，花瓣白色

【别名】洛阳花

【学名】*Paeonia × suffruticosa*

【科属】芍药科，芍药属。

【识别特征】落叶灌木；一年生枝黄绿色。叶为一回羽状复叶，小叶卵状披针形。花单生枝顶，苞片 3，卵圆形，萼片 3，宽卵圆形；瓣多种颜色，倒卵形，雄蕊多数，花药黄色，心皮 5。蓇葖果圆柱形。花期 4~5 月；果期 8~9 月。

【分布及生境】全国各地广泛栽培。

【营养及药用功效】含蛋白质、维生素、微量元素等。有凉血、散瘀的功效。

【食用部位及方法】花。夏季在花欲开放时采摘，除去杂质，可以泡茶喝，也可以油炸、做汤、配菜或做糕点的馅料。

花单生枝顶，花瓣倒卵形

蓇葖果圆柱形

无梗五加

【别名】乌鸦子

【学名】*Eleutherococcus sessiliflorus*

【科属】五加科，五加属。

【识别特征】落叶灌木；刺粗壮。叶有小叶 3~5，小叶片长圆状披针形，边缘有不整齐锯齿。头状花序紧密，5~6 个组成顶生圆锥花序或复伞形花序；总花梗密生短柔毛，花无梗，花瓣 5，卵形，浓紫色。花期 8~9 月；果期 9~10 月。

【分布及生境】产于东北、华北及陕西等地区。生于针阔混交林及阔叶林林下、林缘、山坡、沟谷及路旁等处。

【营养及药用功效】含蛋白质、维生素、矿物质等。有祛风湿、壮筋骨、活血祛瘀的功效。

【食用部位及方法】果实。秋季采摘，清洗后晒干，泡水或泡酒喝。

叶有小叶 3~5，小叶片长圆状披针形

头状花序紧密，由 5~6 个组成复伞形花序

刺五加

【别名】刺拐棒

【学名】*Eleutherococcus senticosus*

【科属】五加科，五加属。

【识别特征】落叶灌木；小枝上有密刺。叶有小叶 5，小叶片椭圆状倒卵形，边缘有锐利重锯齿。伞形花序单个顶生，或 2~6 个组成稀疏的圆锥花序，有花多数；花黄白色，花瓣 5，卵形。花期 6~7 月；果期 8~10 月。

【分布及生境】产于东北及河北、山西等地区。生于针阔叶混交林或阔叶林内、林缘及灌丛中。

【营养及药用功效】含蛋白质、维生素、矿物质等。有补气益精、祛风湿、壮筋骨、活血祛瘀的功效。

【食用部位及方法】嫩芽、果实。春季采摘嫩芽，焯烫后，便可腌渍、炒食、凉拌和蘸酱食用。秋季采摘果实，晒干后泡水或泡酒喝。

伞形花序单个顶生

花瓣黄白色，花瓣 5

红花锦鸡儿

【别名】金雀儿

【学名】*Caragana rosea*

【科属】豆科，锦鸡儿属。

【识别特征】落叶灌木；树皮绿褐色。叶假掌状，小叶 4，楔状倒卵形，先端具刺尖。花萼管状，呈紫红色，花冠黄色，常紫红色或全部淡红色，凋时变为红色。荚果圆筒形，具渐尖头。花期 4~6 月；果期 6~7 月。

【分布及生境】产于东北、华北及陕西、甘肃、山东、江苏、浙江、安徽、四川、河南等地区。生于山地灌丛及山地沟谷灌丛中。

【营养及药用功效】含蛋白质、维生素、微量元素等。有健脾、强胃、活血、催乳、益肾、通经、利尿的功效。

【食用部位及方法】花蕾。春季采集，去杂洗净，用沸水浸烫一下，再换清水浸泡，可炖汤、炒食、蒸食。

花萼管状，呈紫红色，花冠黄色

荚果圆筒形，具渐尖头

第二部分

藤本植物

一、草质藤本

（一）单叶

1. 叶不分裂

（1）叶互生

扛板归

【别名】穿叶蓼

【学名】*Persicaria perfoliata*

【科属】蓼科，蓼属。

【识别特征】一年生攀援草本；长达2米。茎具纵棱，沿棱疏生倒刺，叶三角形，先端钝或微尖，基部近平截，下面沿叶脉疏生皮刺，托叶鞘叶状，草质，绿色，近圆形，穿叶。花序短穗状，花白绿色，花被片椭圆形，果时增大，深蓝色。瘦果球形，包于宿存花被内。花期6~8月；果期7~10月。

【分布及生境】产于全国大部分地区。生于田边、路旁、山谷湿地。

【营养及药用功效】含胡萝卜素、多种维生素及矿物质。有清热解毒、利水、消肿、止痛的功效。

【食用部位及方法】春、夏季采集嫩叶，可直接食用或做成凉拌菜；秋季采集果实，味道酸甜，别有风味。

托叶鞘叶状，近圆形，穿叶

花被片椭圆形，果时增大，深蓝色

刺蓼

【别名】廊茵

【学名】*Persicaria senticosum*

【科属】蓼科，蓼属。

【识别特征】茎攀援，多分枝，四棱形，沿棱具倒生皮刺。叶片三角形或长三角形；叶柄粗壮，具倒生皮刺。花序头状，苞片长卵形，每苞内具花2~3朵；花被5深裂，淡红色，花被片椭圆形；花柱3。瘦果近球形，黑褐色，无光泽。花期7~8月，果期8~9月。

【分布及生境】产于东北、华中、华东及河北、广东、广西、贵州、云南等地。生于山坡、山谷及林下。

【营养及药用功效】有清热解毒，理气止痛，行血散瘀的功能。用于湿疹、蛇头疮、黄水疮、婴儿胎毒、耳道炎、顽固性痛疖、疔疮、毒蛇咬伤、痔疮、漆过敏及跌打损伤等。

【食用部位及方法】全草入药。夏、秋季采收全草，晒干药用。水煎服；外用适量治捣烂敷患处。

瘦果近球形，黑褐色

叶片三角形或长三角形

白背牛尾菜

【别名】大伸筋

【学名】*Smilax nipponica*

【科属】菝葜科，菝葜属。

【识别特征】一年生或多年生攀援草本；茎中空，有少量髓。叶卵形至矩圆形，下面苍白色。伞形花序通常有几十朵花；花序托膨大，花绿黄色，盛开时花被片外折。浆果熟时黑色，有白色粉霜。花期4~5月；果期8~9月。

【分布及生境】产于华东及辽宁、河南、广东、湖南、贵州、四川等地区。生于林下、水旁或山坡草丛中。

【营养及药用功效】含维生素、胡萝卜素、矿物质等。有补气活血、舒筋通络、祛痰止咳、消暑、润肺的功效。

【食用部位及方法】嫩茎叶。春、夏季采集，用沸水焯熟，再用凉水浸泡后，可凉拌、炒食或煮汤。

叶卵形至矩圆形

浆果熟时黑色

赤瓟

【别名】赤雹

【学名】*Thladiantha dubia*

【科属】葫芦科，赤瓟属。

【识别特征】攀援草质藤本；根块状。茎有棱沟。叶片宽卵状心形，基部弯缺深，半圆形；卷须单一。雌雄异株，花冠黄色，裂片长圆形。果实卵状长圆形，表面橙黄色或红棕色。花期6~8月；果期8~10月。

【分布及生境】产于东北、华北及山东、陕西、宁夏、甘肃等地区。生于林缘、田边、村屯住宅旁及菜地边。

【营养及药用功效】含淀粉、矿物质、胡萝卜素、维生素等。有降逆、理气、活血、祛痰、利湿的功效。

【食用部位及方法】春、秋季采集块根，直接煮食或提取淀粉酿酒；秋季采集果实，可直接生食或制成果酱、果汁、饮料等。

叶片宽卵状心形，基部弯缺深

果实卵状长圆形，表面橙黄色

竹叶子

【别名】猪耳草

【学名】*Streptolirion volubile*

【科属】鸭跖草科，竹叶子属。

【识别特征】多年生攀援草本；常于贴地的节处生根。单叶互生，叶柄基部的闭合，叶片心状圆形，顶端常尾尖。蝎尾状聚伞花序有花1至数朵，总苞片叶状，花无梗；花瓣白色，线形，略比萼长。花期7~8月；果期8~9月。

【分布及生境】产于华北、西南及辽宁、吉林、陕西、甘肃、湖北、浙江等地区。生于山谷、灌丛、密林下或草地。

【营养及药用功效】含矿物质、胡萝卜素、维生素等。有祛风除湿、清热解毒、利尿的功效。

【食用部位及方法】嫩茎叶。春、夏季采集，用沸水焯熟，再用凉水浸泡后，可凉拌、炒食或煮汤。

花瓣白色，线形，略比萼长

叶片心状圆形，顶端常尾尖

落葵薯

【别名】藤三七

【学名】*Anredera cordifolia*

【科属】落葵科，落葵薯属。

【识别特征】多年生缠绕藤本；根状茎粗壮。叶具短柄，卵形至近圆形，基部圆形或心形，稍肉质，腋生小块茎（珠芽）。总状花序具多花，花被片白色，开花时平展，裂片长圆形，顶端钝圆，花柱白色。花期6~10月。

【分布及生境】原产于南美热带地区，台湾地区于1976年首次从巴西引进。江苏、浙江、福建、广东、四川、云南及北京等地有栽培。

【营养及药用功效】富含蛋白质、矿物质、维生素、胡萝卜素等。有滋补、壮腰膝、消肿散瘀、活血、健胃、保肝的功效。

【食用部位及方法】嫩茎叶。春、夏季采集，用沸水焯熟，再用凉水浸泡后，可凉拌、炒食或煮汤。

总状花序具多花，花被片白色

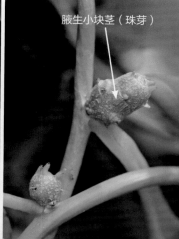

腋生小块茎（珠芽）

【别名】卷旋蓼

【学名】*Fallopia dentato alata*

【科属】蓼科，藤蓼属。

【识别特征】一年生草本；茎缠绕。叶卵形或心形，全缘。总状花序腋生或顶生，苞片漏斗状，每苞内具4~5花；花被5深裂，淡红色；背部具翅，果时增大，翅常具齿。瘦果椭圆形，黑色。花期7~8月；果期9~10月。

【分布及生境】产于东北、华北及陕西、江苏、安徽、河南、湖北、贵州、甘肃、青海、四川、云南等地区。生于山坡草丛、山谷湿地、河岸及田野等处。

【营养及药用功效】含维生素、胡萝卜素、矿物质等。有清热、解毒的功效。

【食用部位及方法】春、夏季采集嫩茎叶，用沸水焯熟，再用凉水浸泡后，可凉拌、炒食或煮汤。

花背部具翅，果时增大，翅常具齿

叶卵形或心形，全缘

党参

【别名】黄参

【学名】*Codonopsis pilosula*

【科属】桔梗科，党参属。

【识别特征】多年生草质藤本；根肥大，表面灰黄色。茎缠绕。叶片卵形或狭卵形。花单生于枝端，与叶柄互生或近于对生，有梗；花冠上位，阔钟状，黄绿色，内面有明显紫斑，5浅裂。蒴果下部半球状。种子多数，卵形。花期7~8月；果期8~9月。

【分布及生境】产于东北、华北及陕西、河南、四川、甘肃等地区。生于土质肥沃的山坡、林缘、疏林灌丛、路旁及小河旁。

【营养及药用功效】含维生素、胡萝卜素、矿物质等。有补中益气、健脾益肺、和胃生津、祛痰止咳的功效。

【食用部位及方法】根。秋季采集，可泡水、熬粥、炖肉、泡酒，也可晒干切片备用。

花冠上位，阔钟状，黄绿色

花单生于枝端

牛尾菜

【别名】草菝葜

【学名】*Smilax riparia*

【科属】菝葜科，菝葜属。

【识别特征】攀援状草质藤本；茎草质。叶矩圆状披针形，具 3~5 条弧形脉，叶柄基部具线状卷须一对。雌雄异株，花淡绿色，伞形花序，生于叶腋；雌花较雄花小，花被片 6，长圆形。浆果球形，成熟时黑色。花期 6~7 月；果期 8~9 月。

【分布及生境】产于东北、华北、华中、华东及陕西、广东、广西、贵州等地区。生于林下、林缘、灌丛及草丛中。

【营养及药用功效】含维生素、胡萝卜素、矿物质等。有补气活血、舒筋通络、祛痰止咳、消暑、润肺的功效。

【食用部位及方法】嫩茎叶。春、夏季采集，用沸水焯熟，再用凉水浸泡后，可凉拌、炒食或煮汤。

花淡绿色，伞形花序

叶矩圆状披针形，具 3-5 条弧形脉

肾叶打碗花

【别名】滨旋花

【学名】*Calystegia soldanella*

【科属】旋花科，打碗花属

【识别特征】多年生草本；全体近于无毛。茎细长，平卧。叶肾形，质厚，顶端圆或凹，具小短尖头，全缘或浅波状，叶柄长于叶片。花腋生，1朵，花梗长于叶柄，苞片宽卵形，比萼片短，花冠淡红色，钟状。蒴果卵球形。种子黑色。花期7~8月；果期9~10月。

【分布及生境】产于辽宁、河北、山东、江苏、浙江等地。生于海滨沙地或海岸岩石缝中。

【营养及药用功效】含维生素、胡萝卜素、矿物质等。有祛风利湿、化痰止咳的功效。

【食用部位及方法】春、夏季采集嫩茎叶，用沸水焯熟，再用凉水浸泡后，可凉拌、炒食或煮汤。

苞片宽卵形，比萼片短

叶肾形，质厚，顶端圆或凹

野海茄

【别名】山茄

【学名】*Solanum japonense*

【科属】茄科，茄属。

【识别特征】草质藤本；小枝无毛或被疏柔毛。叶三角状宽披针形或卵状披针形，在小枝上部的叶较小。聚伞花序顶生或腋外生，萼浅杯状；花冠紫色，花冠筒隐于萼内，花药长圆形，顶孔略向前。浆果圆形，成熟后红色；种子肾形。花期7~8月，果期9~10月。

【分布及生境】产于东北及青海、陕西、河南、河北、江苏、浙江、安徽、湖南、四川、云南、广西、广东等地。生于荒坡、山谷、水边、路旁及山崖疏林下。

【营养及药用功效】有清热解毒、利尿消肿、祛风湿的功能。用于风湿性关节炎、头昏、经闭等。

【食用部位及方法】全草入药。夏、秋季采收，洗净，晒干。水煎服。

花冠紫色，花药长圆形　　　　　　叶三角状宽披针形

羊乳

【别名】轮叶党参

【学名】*Codonopsis lanceolata*

【科属】桔梗科，党参属。

【识别特征】多年生草质藤本；根肥大。茎缠绕，叶在主茎上互生，菱状狭卵形；在小枝顶端通常2~4叶簇生，而近于轮生状。花冠阔钟状，乳白色内有紫色斑。蒴果下部半球状。花期7~8月；果期8~9月。

【分布及生境】产于东北、华北、华东和中南各地区。生于山坡林缘、疏林灌丛、溪间及阔叶林内。

【营养及药用功效】含淀粉、矿物质、胡萝卜素、维生素等。有清热解毒、滋补强壮、补虚通乳的功效。

【食用部位及方法】春季采集嫩茎叶，用沸水焯熟后，可凉拌、炒食或煮汤；秋季采根，剥去表皮，浸泡后撕成细条，可蘸酱、炒食或油煎。

叶在小枝顶端通常2~4叶簇生

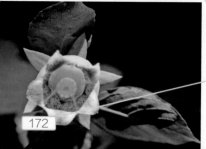

花冠阔钟状，内有紫色斑

【别名】酒花

【学名】*Humulus lupulus*

【科属】大麻科，葎草属。

【识别特征】多年生攀援草本；茎、枝和叶柄密生茸毛和倒钩刺。叶卵形或宽卵形，不裂或 3~5 裂，边缘具粗锯齿；叶柄长不超过叶片。雄花排列为圆锥花序，花被片与雄蕊均为 5；雌花每两朵生于苞片腋间，苞片呈覆瓦状排列为近球形的穗状花序。果穗球果状，宿存苞片干膜质。花果期秋季。

【分布及生境】产于新疆、四川北部，全国各地有栽培。

【营养及药用功效】含蛋白质、脂肪、矿物质等。有健胃消食、利尿安神的功效。

【食用部位及方法】雌花序。秋季采摘，为酿造啤酒的原料，赋予啤酒特有的香味，具有不可替代的作用。

叶卵形或宽卵形，不裂或 3~5 裂

苞片呈覆瓦状排列

萝藦

【别名】老瓜瓢

【学名】*Cynanchum rostellatum*

【科属】夹竹桃科，鹅绒藤属。

【识别特征】多年生草质藤本；具乳汁。叶卵状心形，叶柄长。总状式聚伞花序，花冠白色或粉色，副花冠环状。蓇葖果，纺锤形。花期 7~8 月；果期 9~10 月。

【分布及生境】产于东北、华北及山东、江苏、福建、河南、陕西、湖北、贵州、甘肃等地区。生于山坡草地、耕地、撂荒地、路边及村舍附近篱笆墙上。

【营养及药用功效】含维生素、胡萝卜素、矿物质等。有补精益气、生肌止血、解毒的功效。

【食用部位及方法】春季采集嫩苗，用沸水焯熟，再用凉水浸泡后，可晒干，冬天炒咸菜吃；秋季采摘嫩果，可直接少量生食，也可以浸泡在糖或酱中食用。

叶卵状心形，叶柄长

总状式聚伞花序，花冠粉色

【别名】半蔓白薇

【学名】*Vincetoxicum versicolor*

【科属】夹竹桃科，白前属。

【识别特征】茎上部缠绕，下部直立，全株被茸毛。叶对生，纸质，宽卵形或椭圆形。伞状聚伞花序腋生，近无总花梗；花冠初呈黄白色，渐变为黑紫色，钟状或辐状；副花冠极低，裂片三角形。蓇葖单生，宽披针形；种子宽卵形，暗褐色。花期5~8月，果期7~9月。

【分布及生境】产于吉林、辽宁、河北、河南、四川、山东、江苏和浙江等地。生于花岗岩石山上的灌木丛中及溪流旁。

【营养及药用功效】有清热、凉血、利尿、通淋、解毒、疗疮的功能。

【食用部位及方法】根及根状茎入药。春、秋季采挖，切段，晒干。水煎服；外用鲜品捣烂敷患处。

叶对生，宽卵形或椭圆形

蓇葖单生，宽披针形

雀瓢

【学名】*Cynanchum thesioides* var. *australe*

【科属】夹竹桃科，鹅绒藤属。

【识别特征】茎柔弱，分枝较少，茎端通常伸长而缠绕。叶对生或近对生，线形或线状长圆形，侧脉不明显。聚伞花序伞状或短总状，花冠常无毛，副花冠杯状，基部内弯。蓇葖果卵球状纺锤形；种子卵圆形，种毛长约2cm。花期3~8月，果期8~10月。

【分布及生境】产于辽宁、内蒙古、河北、河南、山东、陕西、江苏等地。生于水沟旁、河岸边或山坡、路旁的灌木丛及草地上。

【营养及药用功效】有补肺气、清热降火、生津止渴、消炎止痛的功能。

【食用部位及方法】全草及果实入药。夏季采收，洗净，晒干。水煎服，或鲜果嚼服。

叶对生或近对生，线形

蓇葖果卵球状纺锤形

林生茜草

【学名】*Rubia sylvatica*

【科属】茜草科，茜草属。

【识别特征】多年生草质攀援藤本；茎、枝细长，方柱形，有4棱，棱上有微小的皮刺。叶4~10片轮生，膜状纸质，卵圆形至近圆，顶端长渐尖或尾尖，基部深心形。聚伞花序腋生和顶生，通常有花10余朵，总花梗、花序轴及其分枝均纤细，粗糙；花冠淡黄色，花冠裂片近卵形，微伸展。果球形，成熟时黑色。花期7月；果期9~10月。

【分布及生境】产于东北、华北、西北及四川等地区。生于较潮湿的林中或林缘。

【营养及药用功效】含维生素、胡萝卜素、矿物质等。有止血、行瘀的功效。

【食用部位及方法】嫩茎叶。春季采集，用沸水焯熟，再用凉水浸泡后，可凉拌、炒食或煮汤。

叶通常4片轮生

果球形，成熟时黑色

2. 叶分裂
盒子草

【别名】合子草

【学名】*Actinostemma tenerum*

【科属】葫芦科，盒子草属。

【识别特征】柔弱草本；枝纤细。叶形变异大，不分裂或3~5裂或仅在基部分裂；卷须细，2歧。雄花冠裂片披针形，先端尾状钻形；雌花单生。果实绿色，卵形，疏生暗绿色鳞片状凸起，具种子2~4枚；种子表面有不规则雕纹。花期7~8月，果期9~10月。

【分布及生境】产于华东及辽宁、河北、河南、湖南、四川、广西等地。生于水边草丛中。

【营养及药用功效】有利尿消肿、清热解毒、去湿之效。

【食用部位及方法】种子及全草药用。夏、秋季采收全草和种子。水煎服；外用鲜草捣烂敷患处或煎水熏洗。

雄花冠裂片披针形

叶形变异大，3~5裂

葎草

【别名】勒草

【学名】*Humulus scandens*

【科属】大麻科，葎草属。

【识别特征】一年生或多年生蔓生草本；茎长数米，有纵条棱，棱上有短倒向钩刺。单叶，对生，叶片掌状 5~7 深裂，边缘有锯齿。雌雄异株，花序腋生，雄花呈圆锥花序，有多数黄绿色小花，萼片 5，披针形；雌花数朵集成短穗，无花被。果穗绿色，外侧有暗紫斑及长白毛。花期 7~8 月；果期 8~9 月。

【分布及生境】产于全国各地（除新疆、青海外）。生于田野、荒地、路旁及居住区附近。

【营养及药用功效】含维生素、胡萝卜素、矿物质等。有清热解毒、利尿消肿的功效。

【食用部位及方法】嫩茎叶。春季采集，用沸水焯熟，再用凉水浸泡后，可凉拌、炒食或煮汤。

叶片掌状 5~7 深裂

果穗外侧有暗紫斑及长白毛

裂瓜

【学名】*Schizopepon bryoniifolius*

【科属】葫芦科，裂瓜属。

【识别特征】一年生攀援草本；卷须丝状。叶片卵状圆形，边缘有 3~7 个角或不规则波状浅裂，疏生不等大小齿，掌状 5~7 脉。花极小，两性，在叶腋内单生或 3~5 朵聚生形成总状花序，花萼裂片披针形，花冠辐状，白色，裂片长椭圆形。果实阔卵形，3 瓣裂。花期 7~8 月；果期 8~9 月。

【分布及生境】产于东北、华北。生于河边、山坡、林下等处。

【营养及药用功效】含维生素、胡萝卜素、矿物质等。有清热解毒、利尿的功效。

【食用部位及方法】嫩茎叶。春季采集，用沸水焯熟，再用凉水浸泡后，可晒干冬天烀咸菜吃。

叶片卵状圆形，边缘有 3~7 个角

果实阔卵形，3 瓣裂

佛手瓜

【别名】洋丝瓜

【学名】*Sechium edule*

【科属】葫芦科，佛手瓜属。

【识别特征】多年生宿根草质藤本；具块根。叶片膜质，为心状圆形，基部心形，弯缺较深，近圆形。雌雄同株，花瓣5，为白色，萼筒为半球形，花丝短，花药离生。果实淡绿色，倒卵圆形，压扁状。花期7~9月；果期8~10月。

【分布及生境】原产于南美洲。云南、广西、广东等地有栽培或逸为野生。

【营养及药用功效】含蛋白质、脂肪、矿物质、维生素等。有理气和中、疏肝止咳的作用。

【食用部位及方法】果实、嫩茎叶、卷须、地下块根均可烹制菜肴。适时采摘，可以做炒菜、凉拌菜，还可通过加工制成咸菜、酱菜等；地下块根可提取淀粉、煮食。

果实淡绿色，倒卵圆形，压扁状

花瓣5，为白色

打碗花

【别名】常春藤打碗花

【学名】*Calystegia hederacea*

【科属】旋花科，打碗花属。

【识别特征】一年生草本；茎细，平卧，有细棱。基部叶片长圆形，顶端圆，基部戟形，上部叶片3裂。花腋生，1朵，苞片宽卵形，花冠淡紫色或淡红色，钟状，冠檐近截形或微裂。蒴果卵球形，种子黑褐色。花期6~7月；果期8~9月。

【分布及生境】产于全国大部分地区。生于山坡、耕地、撂荒地及路边等处。

【营养及药用功效】含蛋白质、矿物质、维生素等。有清热解毒、调经止带的功效。

【食用部位及方法】春季采嫩茎叶，用沸水焯过后可以炒肉、炒鸡蛋、炖肉、做汤等；春、秋季采挖根茎，洗净后可以煮食、酿酒或制成饴糖，但不可多食。

基部叶片长圆形

花冠淡红色，钟状

旋花

【别名】宽叶打碗花

【学名】*Calystegia sepium*

【科属】旋花科，打碗花属。

【识别特征】多年生草本；茎缠绕，多分枝。叶片三角形、卵形或广卵形，全缘或基部伸展为2~3个大齿裂片。花大，单生于叶腋，花梗有细棱或狭翼，苞片2，广卵形，先端尖，花冠漏斗状，粉红色或带紫色。蒴果球形。种子卵圆形，黑褐色。花期6~8月；果期8~9月。

【分布及生境】产于东北三省及内蒙古自治区。生于山坡草地、耕地、撂荒地、路边及山地草甸。

【营养及药用功效】含蛋白质、矿物质、维生素等。有清热、解毒、止痛的功效。

【食用部位及方法】嫩茎叶。春季采集，用沸水焯过后，可以凉拌、炒肉、炒鸡蛋、做汤等。

花冠漏斗状，粉红色

苞片2，广卵形，先端尖

穿龙薯蓣

【别名】穿山龙

【学名】*Dioscorea nipponica*

【科属】薯蓣科，薯蓣属。

【识别特征】缠绕草质藤本；茎左旋。单叶互生，叶型变化较大，通常掌状心形。花雌雄异株，雄花序为腋生的穗状花序，雌花序穗状，单生，雌花具有退化雄蕊，雌蕊柱头3裂，裂片再2裂。花期6~7月；果期9~10月。

【分布及生境】产于东北、华北及河南、江西、山东、陕西、四川、甘肃、宁夏、青海等地区。生于林缘、灌丛及沟谷等处。

【营养及药用功效】含蛋白质、矿物质、维生素等。有祛风除湿、舒筋活血、祛痰止咳平喘、消食利水、止痛、截疟的功效。

【食用部位及方法】嫩茎叶。春季采集，用沸水焯熟，再用凉水浸泡后，可凉拌、炒食或煮汤。

叶型变化较大，通常掌状心形

雄花序为腋生的穗状花序

薯蓣

【别名】山药

【学名】*Dioscorea polystachya*

【科属】薯蓣科，薯蓣属。

【识别特征】缠绕草质藤本；茎右旋。单叶，叶片变异大，卵状三角形至宽卵形或戟形，叶腋内常有珠芽。雌雄异株，雄花序为穗状花序，2~8 个着生于叶腋；雌花序为穗状花序，1~3 个着生于叶腋。花期 6~7 月；果期 8~9 月。

【分布及生境】产于华中、华东及吉林、辽宁、河北、陕西、四川、广西、贵州、山西、甘肃、云南等地区。生于向阳山坡林边或灌丛中。

【营养及药用功效】含淀粉、蛋白质、矿物质、维生素等。有补脾养胃、生津益肺、止咳平喘、补肾涩精、止泻的功效。

【食用部位及方法】块茎。秋季采挖，清洗干净后，可以炒、蒸、煮、烧、烩、拔丝等。

叶片变异大，卵状三角形或戟形

雌花序为穗状花序，1~3 个着生于叶腋

（二）复叶

大叶野豌豆

【别名】假香野豌豆

【学名】*Vicia pseudo-orobus*

【科属】豆科，野豌豆属。

【识别特征】多年生草本；茎直立或攀援。偶数羽状复叶，顶端卷须发达，有 2~3 分枝。总状花序长于叶，花序轴单一，花多，紫色或蓝紫色，翼瓣、龙骨瓣与旗瓣近等长。荚果长圆形，扁平，棕黄色。花期 6~9 月；果期 8~10 月。

【分布及生境】产于东北、华北、西北、华中及西南各地区。生于林缘、灌丛、山坡草地及柞树林或杂木林的林间草地、疏林下和路旁。

【营养及药用功效】含胡萝卜素、矿物质、维生素等。有祛风湿、活血、舒筋、止痛的功效。

【食用部位及方法】嫩茎叶。春季采集，用沸水焯熟，再用凉水浸泡后，可凉拌、炒食或煮汤。

总状花序长于叶

花多，紫色或蓝紫色

【别名】三齿野豌豆

【学名】*Vicia bungei*

【科属】豆科，野豌豆属。

【识别特征】一年生、二年生缠绕或匍匐伏草本；茎有棱，多分枝。偶数羽状复叶顶端卷须有分枝，托叶半箭头形。总状花序具花2~5朵，着生于花序轴顶端，花冠红紫色或金蓝紫色，旗瓣先端微缺。荚果扁长圆形，种子球形。花期4~5月；果期6~7月。

【分布及生境】产于辽宁、河北、山西、山东、江苏、安徽、陕西、宁夏、甘肃、贵州、云南等地区。生于山坡、谷地、草丛、田边及路旁等处。

【营养及药用功效】含胡萝卜素、矿物质、维生素等。有解表、活血行血、祛瘀生新的功效。

【食用部位及方法】嫩茎叶。春季采集，用沸水焯熟，再用凉水浸泡后，可凉拌、炒食或煮汤。

偶数羽状复叶顶端卷须有分枝

荚果扁长圆形

广布野豌豆

【别名】草藤

【学名】*Vicia cracca*

【科属】豆科，野豌豆属。

【识别特征】多年生草本；茎攀援或蔓生，有棱。偶数羽状复叶，叶轴顶端卷须有 2~3 分枝；小叶 5~12 对互生。总状花序着花多数，10~40 密集一面向着生于总花序轴上部；花冠紫色、蓝紫色或紫红色，旗瓣长圆形，中部缢缩呈提琴形。荚果长圆形或长圆菱形，种皮黑褐色。花期 6~8 月；果期 8~9 月。

【分布及生境】产于全国各地。生于山坡、灌丛、草甸、林缘及草地等处。

【营养及药用功效】含胡萝卜素、矿物质、维生素等。有祛风湿、活血调经、舒筋、止痛的功效。

【食用部位及方法】嫩茎叶。春季采集，用沸水焯熟，再用凉水浸泡后，可凉拌、炒食或煮汤。

偶数羽状复叶

总状花序着花多数，花冠紫色

山野豌豆

【别名】面汤菜

【学名】*Vicia amoena*

【科属】豆科，野豌豆属。

【识别特征】多年生草本；茎具棱，多分枝。偶数羽状复叶，小叶 4~7 对。总状花序通常长于叶，花 10~30 密集着生于花序轴上部；花冠红紫色、蓝紫色或蓝色，花期颜色多变，花萼斜钟状，萼齿近三角形。荚果长圆形，两端渐尖，无毛。花期 6~7 月；果期 8~9 月。

【分布及生境】产于东北、华北及河南、湖北、山东、江苏、陕西、甘肃、宁夏等地区。生于草甸、山坡、灌丛或杂木林中。

【营养及药用功效】含胡萝卜素、矿物质、维生素等。有祛风湿、活血、舒筋、止痛的功效。

【食用部位及方法】嫩茎叶。春季采集，用沸水焯熟，再用凉水浸泡后，可凉拌、炒食或煮汤。

偶数羽状复叶，小叶 4~7 对

荚果长圆形，两端渐尖

两型豆

【别名】三籽两型豆

【学名】*Amphicarpaea edgeworthii*

【科属】豆科，两型豆属。

【识别特征】一年生缠绕草本；叶具羽状 3 小叶，小叶菱状卵形。花二型：生在茎上部的为正常花，花冠淡紫色或白色；生于地下的为闭锁花，无花瓣。荚果二型：茎上部荚果为长圆形，扁平；由闭锁花伸入地下结的荚果呈椭圆形，内含一粒种子。花期 7～8 月；果期 8～9 月。

【分布及生境】产于全国大部分地区。生于林缘、路旁、灌丛及草地等湿润处。

【营养及药用功效】含胡萝卜素、矿物质、维生素等。有消食、解毒的功效。

【食用部位及方法】嫩茎叶。春季采集，放到开水中焯一下，捞出在凉水中多次浸泡后，便可腌渍、炒食、调拌凉菜或蘸酱食用。

叶具羽状 3 小叶，小叶菱状卵形

正常花，花冠淡紫色

海滨山黧豆

【别名】日本山黧豆

【学名】*Lathyrus maritimus*

【科属】豆科，山黧豆属。

【识别特征】多年生草本；茎常匍匐，上升，无毛。托叶箭形，叶轴末端具卷须，小叶 3~5 对，长椭圆形或长倒卵形。总状花序比叶短，有花 2~5 朵，萼钟状，花紫色。荚果棕褐色或紫褐色，压扁，无毛或被稀疏柔毛。花期 5~7 月；果期 7~8 月。

【分布及生境】产于辽宁、河北、山东、浙江各省海滨。生于沿海沙滩上。

【营养及药用功效】含矿物质、胡萝卜素、维生素等。有破血行气、消积止痛的功效。

【食用部位及方法】嫩茎叶。春、夏季采集，去杂洗净，然后用沸水焯熟后，浸泡在凉水中，可凉拌、炒食或煮汤。

荚果紫褐色，压扁

叶轴末端具卷须，小叶 3-5 对

山黧豆

【别名】五脉山黧豆

【学名】*Lathyrus quinquenervius*

【科属】豆科，山黧豆属。

【识别特征】多年生草本；茎具棱及翅。偶数羽状复叶，叶轴末端具不分枝的卷须，叶具小叶 1~3 对，线状披针形，具 5 条平行脉。总状花序腋生，具 5~8 朵花，花紫蓝色或紫色。荚果线形。花期 6~7 月；果期 8~9 月。

【分布及生境】产于东北、华北及陕西、甘肃、青海等地区。生于山坡、林缘、路旁、草甸等地。

【营养及药用功效】含矿物质、胡萝卜素、维生素等。有祛风除湿、止痛化痰的功效。

【食用部位及方法】嫩茎叶。春、夏季采集，洗净后用沸水焯熟，清水浸泡捞出，可凉拌、炒食或煮汤。

【毒性】山黧豆的嫩荚和种子有毒。宜在开花前采食。

叶具小叶 1~3 对，线状披针形　　　　　　　　　茎具棱及翅

大山黧豆

【别名】茳芒香豌豆

【学名】*Lathyrus davidii*

【科属】豆科，山黧豆属。

【识别特征】多年生草本；茎粗壮，直立或上升。托叶大，半箭形，叶轴末端具分枝的卷须；小叶 2～5 对。总状花序腋生，约与叶等长，有花 10 余朵，花深黄色。荚果线形，具长网纹。花期 6～7 月；果期 8～9 月。

【分布及生境】产于黑龙江、辽宁、内蒙古、河北、陕西、山东、安徽、河南、湖北、甘肃等地区。生于山坡、草地、林缘及灌丛等处。

【营养及药用功效】含矿物质、胡萝卜素、维生素等。有清热解毒、止痛化痰的功效。

【食用部位及方法】嫩茎叶。春、夏季采集，去杂洗净，然后用沸水焯熟后，浸泡在凉水中，可凉拌、炒食或煮汤。

小叶 2～5 对

总状花序有花 10 余朵

蛇莓

【别名】鸡冠果

【学名】*Duchesnea indica*

【科属】蔷薇科，蛇莓属。

【识别特征】多年生草本；匍匐茎多数。3小叶，小叶片倒卵形，具小叶柄。花单生于叶腋，花梗有柔毛，萼片卵形，副萼片倒卵形，比萼片长；花瓣倒卵形，黄色，先端圆钝，花托在果期膨大，鲜红色。瘦果卵形，鲜时有光泽。花期6~8月；果期8~9月。

【分布及生境】产于辽宁及以南各地区，长江流域多有分布。生于山坡、草地、路旁、田埂及沟谷边。

【营养及药用功效】含矿物质、胡萝卜素、维生素等。有清热解毒、散瘀消肿、祛风化痰的功效。

【食用部位及方法】果实。夏季采摘，可直接生食。

【毒性】蛇莓全草有一定的毒性，食用果实要特别谨慎，尽量少食。

3小叶，小叶片倒卵形

花托在果期膨大，鲜红色

酢浆草

【别名】酸米草

【学名】*Oxalis corniculata*

【科属】酢浆草科，酢浆草属。

【识别特征】多年生草本；茎直立或匍匐，匍匐茎节上生根。叶互生，小叶3，无柄，倒心形，先端凹入，基部宽楔形。花单生或数朵集为伞形花序，腋生，花瓣5，黄色，长圆状倒卵形。蒴果长圆柱形，5棱。花期6~7月；果期8~9月。

【分布及生境】产于全国各地。生于林下、灌丛、河岸、路旁、农田及住宅附近。

【营养及药用功效】含多种维生素、胡萝卜素、矿物质等。有清热利湿、凉血散瘀、消肿解毒、止咳祛痰的功效。

【食用部位及方法】嫩株。春、夏季采收，洗净后，可榨汁制成饮料。

【附注】本种含有草酸，会影响人的消化能力。故不可以多食。

小叶3，无柄，倒心形

花瓣5，黄色，长圆状倒卵形

蕨麻

【别名】鹅绒委陵菜

【学名】*Argentina anserina*

【科属】蔷薇科，委陵菜属。

【识别特征】多年生草本；有块根。茎匍匐。基生叶为间断羽状复叶，有小叶 6~11 对，茎生叶与基生叶相似。单花腋生，萼片与副萼片近等长，花瓣黄色，比萼片长 1 倍。花期 7~8 月；果期 8~9 月。

【分布及生境】产于东北、华北、西北及四川、云南、西藏等地区。生于河岸沙质地、路旁、田边及住宅附近。

【营养及药用功效】含淀粉、脂肪、蛋白质、矿物质、胡萝卜素、维生素等。有健脾益胃、生津止渴、益气补血、利湿的功效。

【食用部位及方法】春、秋季采集块根，可煮食或酿酒用；春季采集嫩茎叶，用沸水焯熟后浸泡，可凉拌、炒食或煮汤。

间断羽状复叶，有小叶 6~11 对

萼片与副萼片近等长

东方草莓

【别名】野草莓

【学名】*Fragaria orientalis*

【科属】蔷薇科，草莓属。

【识别特征】多年生草本；茎被开展柔毛。三出复叶，小叶几无柄，菱状卵形。花序聚伞状，有花1~6朵，花两性，萼片卵圆披针形，副萼片线状披针形；花瓣白色，几圆形，基部具短爪。聚合果半圆形，成熟后紫红色，宿存萼片开展或微反折。花期6~7月；果期7~8月。

【分布及生境】产于东北、华北及陕西、甘肃、青海等地区。生于山坡、林缘、草地、路旁及河边沙地上。

【营养及药用功效】含矿物质、胡萝卜素、维生素等。有清热解毒、祛痰、消肿的功效。

【食用部位及方法】果实。夏季采摘，可直接生食，也可以酿酒、制果汁、罐头、饮料等。

三出复叶，小叶几无柄，菱状卵形

花瓣白色，几圆形，基部具短爪

蛇含委陵菜

【别名】蛇含

【学名】*Potentilla kleiniana*

【科属】蔷薇科，委陵菜属。

【识别特征】一年生、二年生或多年生宿根草本；常于节处生根并发育出新植株。基生叶为近于鸟足状 5 小叶，小叶片倒卵形，几无柄。聚伞花序密集枝顶如假伞形，萼片三角卵圆形，副萼片披针形，花瓣黄色，倒卵形，顶端微凹，长于萼片。花期 6~7 月；果期 8~9 月。

【分布及生境】产于华东、华南、西南及辽宁、陕西、西藏等地区。生于荒地、田边或路旁。

【营养及药用功效】含多种维生素、蛋白质、矿物质等。有清热解毒、止咳化痰的功效。

【食用部位及方法】嫩茎叶。春季采集，沸水焯后，换清水浸泡，可炒食、速冻、做馅、做蘸酱菜。

聚伞花序密集枝顶如假伞形

基生叶为近于鸟足状 5 小叶

（三）无叶

金灯藤

【别名】日本菟丝子

【学名】*Cuscuta japonica*

【科属】旋花科，菟丝子属。

【识别特征】一年生寄生缠绕草本；茎较粗壮，肉质，黄色，常带紫红色瘤状斑点，多分枝，无叶。穗状花序，苞片及小苞片鳞片状，卵圆形，花萼碗状，肉质；花冠钟状，淡红色或绿白色，顶端5浅裂，裂片卵状三角形。蒴果卵圆形，近基部周裂。花期8月；果期9月。

【分布及生境】产于南北各地区。寄生于山坡、草地、路旁等地的灌丛或其他植物上。

【营养及药用功效】含糖类、脂肪、矿物质等。有滋补肝肾、固精缩尿、安胎、明目、止泻的功效。

【食用部位及方法】种子。秋季采摘果实，晒干，搓去果皮，获取种子，可泡水喝或煮饭食用。

茎多分枝，无叶

花冠钟状，淡红色

菟丝子

【别名】中国菟丝子

【学名】*Cuscuta chinensis*

【科属】旋花科，菟丝子属。

【识别特征】一年生寄生草本；茎缠绕，黄色，无叶。花序侧生，多花簇生成小团伞花序，花梗稍粗壮；花萼杯状，中部以下连合，裂片三角状，顶端钝；花冠白色，壶形，裂片三角状卵形，向外反折，宿存。蒴果球形，几乎全为宿存的花冠所包围，成熟时整齐周裂。种子淡褐色，卵形，表面粗糙。花期7~8月；果期8~9月。

【分布及生境】产于东北、华北、西北及山东、江苏、安徽、河南、浙江、福建、四川、云南等地区。寄生于田边、荒地、路旁及灌丛的豆科、菊科、藜科等多种植物上。

【营养及药用功效】同金灯藤。

【食用部位及方法】同金灯藤。

茎缠绕，黄色，无叶

蒴果球形，为宿存的花冠所包围

二、木质藤本

（一）单叶

忍冬

【别名】金银花

【学名】*Lonicera japonica*

【科属】忍冬科，忍冬属。

【识别特征】半常绿藤本；枝条褐色至赤褐色。叶纸质，卵形至矩圆状卵形。总花梗通常单生于小枝上部叶腋，苞片叶状，卵形至椭圆形；花冠白色，有时基部向阳面呈微红，后变黄色，唇形。果实圆形，熟时蓝黑色，有光泽。花期6~7月；果期8~9月。

【分布及生境】产于全国大部分地区（除黑龙江、内蒙古、宁夏、青海、新疆、海南和西藏外）。生于山坡灌丛或疏林中，常缠绕在其他树木上生长。

【营养及药用功效】含糖类、矿物质、维生素等。有清热解毒、疏散风热的功效。

【食用部位及方法】花蕾。春季采集，除去杂质洗净后，烘干，或在太阳下晒干，泡水饮用。

枝条褐色至赤褐色

花冠白色，后变黄色

软枣猕猴桃

【别名】软枣子

【学名】*Actinidia arguta*

【科属】猕猴桃科，猕猴桃属。

【识别特征】大型落叶藤本；髓片层状。叶阔卵形至近圆形，顶端急短尖。花序腋生或腋外生，1~7 花，苞片线形，花绿白色或黄绿色，萼片 4~6 枚，卵圆形至长圆形，花瓣 4~6 片，瓢状倒阔卵形，花药黑色或暗紫色。果柱状长圆形，成熟时绿黄色。花期 6~7 月，果期 9~10 月。

【分布及生境】产于东北、华东及河北、陕西、甘肃、湖北、湖南等地。生于阔叶林或针阔叶混交林中。

【营养及药用功效】含糖类、矿物质、维生素等。有解烦热、下石淋的功效。

【食用部位及方法】果实。秋季采收，可鲜食或做果酱、果汁、果脯、果酒、罐头等。

叶阔卵形至近圆形，顶端急短尖

南蛇藤

【别名】金红树

【学名】*Celastrus orbiculatus*

【科属】卫矛科，南蛇藤属。

【识别特征】落叶藤本灌木；叶通常阔倒卵形、近圆形或长方椭圆形，边缘具锯齿。聚伞花序腋生，小花1~3朵，花绿色。蒴果近球状，果实成熟后开裂，露出鲜红色的假种皮。花期5~6月；果期9~10月。

【分布及生境】产于东北、华北及山东、河南、江苏、安徽、浙江、江西、湖北、四川、陕西、甘肃等地区。生于荒山坡、阔叶林边及灌丛内等处。

【营养及药用功效】含胡萝卜素、矿物质、维生素等。有解毒、散瘀的功效。

【食用部位及方法】嫩茎叶。春季采集，放到开水中焯一下，在凉水中多次浸泡，捞出后可腌渍、炒食、调拌凉菜或蘸酱食用。

果实成熟后开裂，露出鲜红色的假种皮

叶通常阔倒卵形

五味子

【别名】北五味子

【学名】*Schisandra chinensis*

【科属】五味子科，五味子属。

【识别特征】落叶木质藤本；叶宽椭圆形，先端急尖，基部楔形。花被片粉白色或粉红色，6~9片，雌花被片和雄花相似，雌蕊群近卵圆形。聚合果，小浆果红色。花期5~6月；果期8~10月。

【分布及生境】产于东北、华北及陕西、甘肃、湖北、湖南、江西、四川等地区。生于土壤肥沃湿润的林中、林缘、山沟灌丛间及山野路旁等处。

【营养及药用功效】含糖类、有机酸、矿物质、维生素等。有敛肺、滋肾、生津、收汗、涩精的功效。

【食用部位及方法】春、夏季采摘嫩叶，可蘸酱、凉拌、做汤等；秋季采摘果实，可生食，多用于造酒、制作饮料等。

花被片粉白色，雌蕊群近卵圆形

叶宽椭圆形，先端急尖

山葡萄

【别名】阿穆尔葡萄

【学名】*Vitis amurensis*

【科属】葡萄科，葡萄属。

【识别特征】落叶木质藤本；卷须 2~3 分枝，每隔 2 节间断与叶对生。叶阔卵圆形，3 浅裂或中裂。圆锥花序疏散，与叶对生，基部分枝发达，花蕾倒卵圆形，萼碟形；花瓣 5，呈帽状黏合脱落，花盘发达，5 裂，花柱明显。果实圆形，成熟时紫色。花期 5~6 月；果期 8~9 月。

【分布及生境】产于东北及河北、山西、山东、安徽、浙江等地区。生于山坡、沟谷林中或灌丛等处。

【营养及药用功效】含糖类、有机酸、矿物质、维生素等。有清热、利尿的功效。

【食用部位及方法】果实。秋季采收，洗净后可直接生食，也可以酿酒、制作果汁饮料等。

果实圆形

叶阔卵圆形，3 浅裂或中裂

（二）复叶

辣蓼铁线莲

【别名】山辣椒秧子

【学名】*Clematis terniflora* var. *mandshurica*

【科属】毛茛科，铁线莲属。

【识别特征】多年生草质藤本；茎圆柱形，有细棱。叶为一至二回羽状复叶，小叶卵形或披针状卵形。圆锥花序，萼片4~5，白色，长圆形至倒卵状长圆形，心皮多数，被白色柔毛。瘦果卵形，先端有宿存花柱。花期6~8月；果期7~9月。

【分布及生境】产于东北、华北。生于山坡灌丛、杂木林缘或林下。

【营养及药用功效】含胡萝卜素、矿物质、维生素等。有祛风湿、通经络、止痛的功效。

【食用部位及方法】嫩茎叶。春季采集，放到开水中焯一下，在凉水中多次浸泡，捞出后可腌渍、炒食、调拌凉菜或蘸酱食用。

叶为一至二回羽状复叶

圆锥花序，萼片4~5，白色

厚萼凌霄

【别名】美国凌霄

【学名】*Campsis radicans*

【科属】紫葳科，凌霄属。

【识别特征】藤本；具气生根。羽状复叶有小叶 9~11 枚，椭圆形至卵状椭圆形，顶端尾状渐尖，基部楔形，边缘具齿。花萼钟状，外向微卷，无凸起的纵肋。花冠筒细长，漏斗状，橙红色至鲜红色。蒴果长圆柱形，具柄，硬壳质。花果期 7~9 月。

【分布及生境】原产于美洲。在广西、江苏、浙江、湖南等地有栽培。

【营养及药用功效】含胡萝卜素、矿物质、维生素等。有活血化瘀、通经、凉血、祛风除湿的功效。

【食用部位及方法】花。秋季采集，加粳米、黑豆、红糖等煮粥喝。

【附注】气血虚弱者及孕妇不可食用。

花冠筒细长，漏斗状，橙红色

羽状复叶有小叶 9~11 枚

短尾铁线莲

【别名】林地铁线莲

【学名】*Clematis brevicaudata*

【科属】毛茛科，铁线莲属。

【识别特征】草质藤本；枝有棱。一至二回羽状复叶，有时茎上部为三出叶，小叶片长卵形。圆锥状聚伞花序腋生或顶生，萼片 4，开展，白色，狭倒卵形。瘦果卵形，密生柔毛，花柱宿存。花期 8~9 月；果期 9~10 月。

【分布及生境】产于东北、华北及河南、浙江、江苏、陕西、宁夏、四川、甘肃、青海等地区。生于山坡疏林内、林缘及灌丛等处。

【营养及药用功效】含胡萝卜素、矿物质、维生素等。有除湿热、利小便的功效。

【食用部位及方法】嫩茎叶。春、夏季采集，放到开水中焯一下，捞出后凉凉，可腌渍、炒食、调拌凉菜或蘸酱食用。

茎上部为三出叶

圆锥状聚伞花序腋生或顶生

209

葛

【别名】野葛

【学名】*Pueraria montana var. lobata*

【科属】豆科，葛属。

【识别特征】落叶粗壮藤本；有粗厚的块状根。羽状复叶具3小叶，小叶宽卵形或斜卵形，小叶柄被黄褐色茸毛。总状花序，中部以上花密集，花萼钟形，花冠紫红色。荚果长椭圆形，扁平，被褐色长硬毛。花期7~8月；果期9~10月。

【分布及生境】产于华北、华南、西南及吉林、辽宁等地区。生于阔叶杂木林、灌丛、荒山等处。

【营养及药用功效】含淀粉、矿物质、维生素等。有解酒醒脾、生阳解肌、除烦止渴的功效。

【食用部位及方法】夏季采花，放到开水中焯一下，捞出后投凉，可炒食、凉拌或蘸酱食用；春、秋季采集根，磨碎获得淀粉，可做凉粉、糕点、粉丝，也可以酿酒。

花冠紫红色

羽状复叶具3小叶

白蔹

【别名】山地瓜

【学名】*Ampelopsis japonica*

【科属】葡萄科，蛇葡萄属。

【识别特征】落叶木质藤本；掌状 5 小叶，中央小叶深裂至基部，并有 1~3 个关节，关节间有翅。聚伞花序通常与叶对生，呈卷须状卷曲；花蕾卵球形，顶端圆形，萼碟形，边缘呈波状浅裂，花瓣 5，卵圆形。果实圆球形，成熟时带白色。花期 6~7 月；果期 8~9 月。

【分布及生境】产于华中及吉林、辽宁、河北、山西、陕西、江苏、浙江、江西、广东、广西、四川等地区。生于沟边、沙地、山坡灌丛及草地上。

【营养及药用功效】含淀粉、矿物质、维生素等。有清热解毒、消痈散结、生肌止痛的功效。

【食用部位及方法】根。春、秋季采集，洗净后可直接提取淀粉酿酒。

聚伞花序，花瓣 5，卵圆形

小叶中央有 1~3 个关节，关节间有翅

第三部分

草本植物

一、花黄色

（一）辐射对称花

1. 花瓣 4

葶苈

【别名】光果葶苈

【学名】*Draba nemorosa*

【科属】十字花科，葶苈属。

【识别特征】一年生或二年生草本；茎直立，被毛。莲座状基生叶长倒卵形，茎生叶长卵形，先端尖，边缘有细齿。总状花序呈伞房状，花瓣黄色，花后白色，倒楔形，先端凹。短角果长圆形或长椭圆形。花期 3~4 月；果期 5~6 月。

【分布及生境】产于东北、华北、西北及江苏、浙江、四川、西藏等地区。生于田边路旁、山坡草地及河谷湿地。

【营养及药用功效】富含胡萝卜素、维生素、多种矿物质等。有祛痰平喘、清热、利尿的功效。

【食用部位及方法】嫩茎叶。春季采集，洗净后放入开水中略焯一下捞出，可凉拌、做汤、炒食等。

短角果长圆形或长椭圆形　　　总状花序呈伞房状，花瓣黄色

月见草

【别名】山芝麻

【学名】*Oenothera biennis*

【科属】柳叶菜科，月见草属。

【识别特征】二年生草本。基生叶莲座状，茎生叶披针形。花瓣4，黄色，平展。蒴果锥状圆柱形，绿色，具明显的棱。花期6~7月；果期8~9月。

【分布及生境】原产于美洲，在东北、华北、华东、西南地区有栽培，并逸为野生。生于向阳山坡、沙质地、荒地、河岸沙砾地。

【营养及药用功效】种子含油，幼苗富含胡萝卜素、维生素、矿物质等。有祛风湿、强筋骨之功效。

【食用部位及方法】春季采集幼苗，将幼苗洗净，在清水中长时间浸泡后，可腌渍咸菜吃。秋季采集种子，可榨油食用。

【附注】幼苗不可多食，否则会引起中毒现象。

花瓣4，黄色，平展

蒴果锥状圆柱形，具明显的棱

长毛月见草

【学名】*Oenothera villosa*

【科属】柳叶菜科，月见草属。

【识别特征】直立二年生草本；具粗大主根。基生叶莲座状，狭倒披针形，茎生叶暗绿色或灰绿色，倒披针形至椭圆形。花瓣淡黄色。蒴果圆柱状，密被近贴生的曲柔毛，灰绿色，无棱。花期 7~9 月；果期 9~10 月。

【分布及生境】原产于北美洲，在黑龙江、吉林、辽宁、河北等地有栽培，并逸为野生。生于旷野、田园边、荒地、沟边较湿润处。

【营养及药用功效】种子含有棕榈酸、油酸、亚油酸等。具有明显的降血脂和抗血小板凝聚作用。

【食用部位及方法】种子。秋季采集种子，榨油或磨成面，也可混入其他面粉中食用。

茎生叶暗绿色或灰绿色　　　蒴果圆柱状，密被近贴生的曲柔毛

两栖蔊菜

【别名】风花菜

【学名】*Rorippa amphibia*

【科属】十字花科，蔊菜属。

【识别特征】一年生或二年生草本；高达 50 厘米，全株无毛。茎直立，有分枝。叶披针形，具不规则的锯齿，基部下延成柄。花小，黄色，萼片长圆形，花瓣匙形。长角果细圆柱形或线形，斜上开展，有时稍内弯，顶端有喙。花果期 4~9 月。

【分布及生境】原产于欧洲。在我国为入侵植物，辽宁各地有分布。生于河岸、田边、荒草地。

【营养及药用功效】含蛋白质、脂肪、纤维素、碳水化合物、矿物质等。有镇咳、祛痰、平喘的作用。

【食用部位及方法】嫩茎叶。春、夏季采集，放到水中煮开，捞出投凉，便可凉拌、清炒或者与其他菜肴一起烹饪。

叶披针形，具不规则的锯齿　　　　长角果细圆柱形，斜上开展

垂果大蒜芥

【别名】弯果蒜芥

【学名】*Sisymbrium heteromallum*

【科属】十字花科，大蒜芥属。

【识别特征】一年生或二年生草本；茎直立。基生叶为羽状深裂或全裂，顶端裂片大，长圆状三角形或长圆状披针形，渐尖；上部的叶无柄。总状花序密集成伞房状，果期伸长；萼片淡黄色，长圆形，花瓣黄色，长圆形，顶端钝圆，具爪。长角果线形，纤细。花期4~5月。

【分布及生境】产于山西、陕西、甘肃、青海、新疆、四川、云南等地区。生于林下、阴坡、河边。

【营养及药用功效】含有丰富的维生素、胡萝卜素和矿物质。有止咳化痰、清热解毒的功效。

【食用部位及方法】嫩茎叶。春季采收，清洗干净后，可以生食或烹煮食用。

总状花序密集成伞房状，果期伸长　　萼片淡黄色，长圆形

芝麻菜

【别名】臭菜

【学名】*Eruca vesicaria* subsp. *sativa*

【科属】十字花科，芝麻菜属。

【识别特征】一年生草本；茎直立。叶片羽状分裂或不裂。总状花序有多数疏生花，萼片长圆形，棕紫色；花瓣黄变白，有紫纹，短倒卵形。长角果圆柱形。花期5~6月；果期7~8月。

【分布及生境】产于黑龙江、内蒙古、河北、青海、四川等地区。生于山区的农田荒地上。

【营养及药用功效】含多种维生素、矿物质、胡萝卜素等。有兴奋、利尿和健胃的功效。

【食用部位及方法】嫩茎叶。春季采摘，将其洗净，可直接生食，也入沸水中焯几分钟，再用清水浸泡，挤去水分后凉拌、煮汤或热炒。

长角果圆柱形

叶片羽状分裂或不裂

风花菜

【别名】球果蔊菜

【学名】*Rorippa globosa*

【科属】十字花科，蔊菜属。

【识别特征】一年生或二年生直立粗壮草本；叶片长圆形至倒卵状披针形，边缘具不整齐粗齿，两面被疏毛。总状花序多数，呈圆锥花序式排列；花小，黄色，花瓣倒卵形。短角果长椭圆形。花期4~6月；果期7~9月。

【分布及生境】产于东北、华中、华东及河北、山西、广东、广西、云南等地区。生于河岸、湿地、路旁、沟边或草丛中，也生于干旱处。

【营养及药用功效】含多种维生素、胡萝卜素、矿物质等。有清热利尿、解毒的功效。

【食用部位及方法】幼苗及嫩株。春季采集，可用沸水焯后炒食或凉拌。质地细嫩，类似荠菜的风味。

总状花序多数，呈圆锥花序式排列　短角果长椭圆形

沼生蔊菜

【别名】风花菜

【学名】*Rorippa Palustris*

【科属】十字花科，蔊菜属。

【识别特征】一年生至二年生草本；光滑无毛。叶片长圆形至狭长圆形，羽状深裂，边缘不规则浅裂。总状花序，果期伸长，花小，多数，黄色，花瓣长倒卵形至楔形，等于或稍短于萼片。短角果椭圆形或近圆柱形，有时稍弯曲。花期4~7月；果期6~8月。

【分布及生境】产于我国北方及山东、河南、安徽、江苏、湖南、贵州、云南等地。生于潮湿环境或近水处、溪岸、路旁、田边、山坡草地及草场。

【营养及药用功效】含多种维生素、矿物质等营养成分。有清热利尿、解毒的功效。

【食用部位及方法】幼苗及嫩株。春季采集，清水洗净，用沸水焯后，可炒食或凉拌、做馅等。

叶片长圆形至狭长圆形，羽状深裂

花瓣长倒卵形至楔形，等于或稍短于萼片

欧亚蔊菜

【别名】辽东蔊菜

【学名】*Rorippa sylvestris*

【科属】十字花科，蔊菜属。

【识别特征】一年生至二年生草本；植株近无毛。茎直立或呈铺散状。叶羽状全裂或羽状分裂，边缘具不整齐锯齿。总状花序顶生或腋生，初密集呈头状，结果时延长；花瓣黄色，宽匙形，基部具爪，瓣片具脉纹。长角果线状圆柱形，微向上弯，果梗纤细。花果期5~9月。

【分布及生境】产于全国各地。生于田边、水沟边及潮湿地。

【营养及药用功效】含维生素、蛋白质、碳水化合物、多种矿物质等。有清热解毒、祛痰止咳的功效。

【食用部位及方法】幼苗和嫩茎叶。春季采摘，清水洗净后，在开水中略焯一下捞出，可炒食、凉拌、做馅等。

长角果线状圆柱形，微向上弯　　　　叶羽状全裂

败酱

【别名】黄花败酱

【学名】*Patrinia scabiosifolia*

【科属】忍冬科，败酱属。

【识别特征】多年生高大草本；茎上部被倒生稍弯糙毛。基生叶丛生，椭圆状披针形，羽状分裂，茎叶对生。聚伞花序组成伞房花序，花冠钟形，黄色。瘦果长圆形，向两侧延展成窄边状。花果期7~9月。

【分布及生境】产于全国各地（除宁夏、青海、新疆、西藏和海南外）。生于山坡林下、林缘、灌丛中以及路边或田埂边的草丛中。

【营养及药用功效】含维生素、碳水化合物、多种矿物质等。有清热解毒、利湿排脓、活血祛瘀的功效。

【食用部位及方法】嫩茎叶。春季采摘，清水洗净后，在开水中略焯一下捞出，可炒食、凉拌、做馅等。

茎叶对生，羽状分裂

瘦果长圆形，向两侧延展成窄边状

糙叶败酱

【别名】蒙古败酱

【学名】*Patrinia scabra*

【科属】忍冬科，败酱属。

【识别特征】多年生草本；茎丛生。叶对生，羽状分裂，叶缘及叶面被毛。聚伞花序顶生，花小，黄色，花冠合瓣，5裂。果实翅状，卵形或近圆形，有网纹。花期7~9月；果期8~10月。

【分布及生境】产于东北、华北、西北及山东、河南等地区。生于草原带、森林草原带的石质丘陵、坡地、石缝或较干燥的阳坡草丛中。

【营养及药用功效】含维生素、蛋白质、碳水化合物、多种矿物质等。有清热燥湿、止血、止带、截疟、抗癌的功效。

【食用部位及方法】嫩茎叶。春季采摘，清水洗净后，在开水中略焯一下捞出，可炒食、凉拌、做馅等。

聚伞花序顶生，花小，黄色　　　　果实翅状，卵形或近圆形

播娘蒿

【别名】腺毛播娘蒿

【学名】*Descurainia sophia*

【科属】十字花科，播娘蒿属。

【识别特征】一年生或二年生草本；茎直立，有分枝。叶片二至三回羽状分裂，末回裂片线状长圆形。总状花序顶生，花小，黄色，花瓣4，萼片线形。长角果稍向上弯曲。花果期5~7月。

【分布及生境】除华南外，全国各地均产。生于山坡、田野、山地草甸、沟谷、村旁。

【营养及药用功效】含胡萝卜素、维生素、多种矿物质等。有利尿消肿、祛痰定喘的功效。

【食用部位及方法】幼苗和嫩茎叶。春季采摘，开水中焯熟，放入凉水中反复漂洗后，可做凉拌菜或炒食。

【毒性】长大后全草有毒，请谨慎食用，不可过季采摘。

叶片二至三回羽状分裂　　　　花黄色，花瓣4，萼片线形

荷青花

【别名】鸡蛋黄花

【学名】*Hylomecon japonica*

【科属】罂粟科，荷青花属。

【识别特征】多年生草本；具黄色液汁。茎直立，基生叶少数，羽状全裂，裂片 2~3 对，宽披针状菱形；茎生叶通常 2，具短柄。花 1~3 朵排列成伞房状，花萼卵圆形，花瓣倒卵圆形，基部具短爪。蒴果 2 瓣裂，具宿存花柱。花期 4~5 月；果期 5~6 月。

【分布及生境】产于东北、华北、华中及山东、江苏、安徽、浙江、江西、陕西等地区。生于多阴山地、灌丛、林下及溪沟湿润处。

【成分及药用功效】含小檗碱、白屈菜红碱和血根碱等生物碱。有祛风除湿、舒筋通络、散瘀消肿、止血镇痛的功效。

【毒性】全草有毒，尤以根的毒性最大。不可以食用。

花瓣倒卵圆形

基生叶羽状全裂

白屈菜

【别名】断肠草

【学名】*Chelidonium majus*

【科属】罂粟科，白屈菜属。

【识别特征】多年生草本；主根粗壮，暗褐色。茎聚伞状多分枝，分枝常被短柔毛。基生叶少，羽状全裂，全裂片 2~4 对，叶柄基部扩大成鞘。伞形花序多花，花梗纤细，幼时被长柔毛，花瓣 4，黄色。蒴果狭圆柱形，具比果短的柄。花果期 4~9 月。

【分布及生境】产于东北、华北、华东及河南、陕西、新疆等地区。生于山坡、山谷林缘草地或路旁、石缝中。

【成分及药用功效】含有白屈菜碱、白屈菜红碱、血根碱、小檗碱、黄连碱等。有清热解毒、镇痛止咳、消肿疗疮的功效。

【毒性】全草有毒，根部含量最高，乳汁也有毒。不可以食用。

基生叶少，羽状全裂

花梗纤细，幼时被长柔毛

2. 花瓣 5

（1）单叶

大叶柴胡

【别名】柴胡

【学名】*Bupleurum longiradiatum*

【科属】伞形科，柴胡属。

【识别特征】多年生高大草本；基生叶广卵形到椭圆形或披针形，茎上部叶渐小，基部心形，抱茎。伞形花序宽大，伞幅3~9，小伞形花序有花5~16，花深黄色。果暗褐色，被白粉。花期8~9月；果期9~10月。

【分布及生境】产于黑龙江、吉林、辽宁、内蒙古、甘肃等地区。生于山坡、林下阴湿处或溪谷草丛中。

【营养及药用功效】含胡萝卜素、维生素、多种矿物质等。有疏肝解郁、疏散退热、升举阳气的功效。

【食用部位及方法】幼株嫩尖。春季采集，将其放到开水中焯一下，捞出在凉水中反复浸泡换水后，便可炒食或凉拌。

伞形花序宽大

小伞形花序有花5~16，花深黄色

黄连花

【学名】*Lysimachia davurica*

【科属】报春花科，珍珠菜属。

【识别特征】多年生草本；具横走的根茎。叶椭圆状披针形至线状披针形，两面均散生黑色腺点。总状花序顶生，通常复出而呈圆锥花序；花冠深黄色，分裂近达基部。蒴果球形，褐色。花期6~8月；果期8~9月。

【分布及生境】产于东北及内蒙古、山东、江苏、浙江、云南等地区。生于草甸、林缘和灌丛中。

【营养及药用功效】富含多种矿物质、维生素、有机酸等。具消肿散结、宁心除烦的功效。

【食用部位及方法】嫩茎叶。可直接生食或将其放到开水焯一下，捞出在凉水中浸泡，便可腌渍、炒食、凉拌菜或蘸酱食用，也可做罐头及什锦袋菜等。

花冠深黄色，分裂近达基部

总状花序顶生，通常复出而呈圆锥花序

马齿苋

【别名】马蛇子菜

【学名】*Portulaca oleracea*

【科属】马齿苋科，马齿苋属。

【识别特征】一年生草本；全株无毛。茎伏地铺散，多分枝。叶片扁平，肥厚。花无梗，午时盛开；苞片叶状，轮生，萼片2，对生；花瓣5，黄色，顶端微凹。蒴果卵球形，盖裂。种子细小，黑褐色。花期5~8月；果期6~9月。

【分布及生境】产于南北各地区。生于菜园、农田、路旁，为田间常见杂草。

【营养及药用功效】含蛋白质、脂肪、碳水化合物、膳食纤维、胡萝卜素、维生素、矿物质等。有清热利湿、凉血解毒的功效。

【食用部位及方法】嫩茎叶。春、夏季采集，将嫩茎叶用沸水焯熟，投凉，浸泡后可炒食、炖食、凉拌或做馅。

茎伏地铺散，多分枝　　　　　　　　花瓣5，黄色，顶端微凹

驴蹄草

【别名】马蹄草

【学名】*Caltha palustris*

【科属】毛茛科，驴蹄草属。

【识别特征】多年生草本；茎实心，中部及以上分枝。茎生叶圆肾形或三角状心形，边缘生牙齿。由2朵花组成的简单的单歧聚伞花序，苞片三角状心形，萼片5，黄色，花丝狭线形。蓇葖具横脉，种子狭卵球形。花期5~9月；果期6~10月。

【分布及生境】产于华北及西藏、云南、四川、浙江、甘肃、陕西、河南、新疆等地区。生于山谷溪边、湿草甸、草坡或林下较阴湿处。

【药用功效】含白头翁素和其他生物碱。有祛风、解暑、活血消肿之功效。

【毒性】全草有毒，可试制土农药。不可以食用。

茎生叶圆肾形，边缘生牙齿

萼片5，黄色，花丝狭线形

毛酸浆

【别名】洋姑娘

【学名】*Physalis philadelphica*

【科属】茄科，洋酸浆属。

【识别特征】一年生草本；茎生柔毛，常多分枝。叶阔卵形，基部歪斜心形。花单独腋生，花萼钟状，花冠淡黄色，喉部具紫色斑纹。果萼卵状，顶端萼齿闭合；浆果球状，黄色或有时带紫色。花果期5~11月。

【分布及生境】原产于美洲，吉林、黑龙江有栽培或逸为野生。生于草地或田边路旁。

【营养及药用功效】富含多种维生素、微量元素、茄子苷以及碳水化合物。有清热解毒、利尿消肿的功效。

【食用部位及方法】果实。夏、秋季采摘成熟的果实，可洗净生食，也可以煎水喝或做成果汁、果酒和果酱等。

叶阔卵形，基部歪斜心形

花冠淡黄色，喉部具紫色斑纹

费菜

【别名】白三七

【学名】*Phedimus aizoon*

【科属】景天科，费菜属。

【识别特征】多年生草本；有 1~3 条茎，不分枝。叶互生，狭披针形、边缘有不整齐的锯齿。聚伞花序有多花，水平分枝；萼片 5，花瓣 5，黄色，长圆形至椭圆状披针形，花柱长钻形。蓇葖星芒状排列。花期 6~7 月，果期 8~9 月。

【分布及生境】产于南北各省。生于山地林缘、灌木丛、河岸草丛中。

【营养及药用功效】含蛋白质、脂肪、胡萝卜素、维生素、烟酸、矿物质等。有止血散瘀、安神镇痛之效。

【食用部位及方法】嫩茎叶。春、夏季采摘，经开水焯、凉水漂后，可凉拌，也可以清炒、炖汤、包饺子、涮火锅等。

叶狭披针形、边缘有不整齐的锯齿

聚伞花序有多花，花黄色

山蚂蚱草

【别名】旱麦瓶草

【学名】*Silene jenisseensis*

【科属】石竹科，蝇子草属

【识别特征】多年生草本；茎丛生，不分枝。基生叶簇生，倒披针状线形。假轮伞状圆锥花序，苞片卵形或披针形，花萼钟形，后期微膨大，无毛，纵脉绿色。花瓣白或淡绿色，雄蕊、花柱均外露。蒴果卵圆形，种子肾形。花期 7~8 月；果期 8~9 月。

【分布及生境】产于东北及华北各地区。生于草原、草坡、林缘或固定沙丘。

【营养及药用功效】含蛋白质、胡萝卜素、维生素、矿物质等。有清热、凉血、生津之功效。

【食用部位及方法】嫩茎叶。春季采集，将其放到开水中焯一下，便可炒食、蘸酱、腌渍或做成什锦袋菜。

花萼钟形，无毛，纵脉绿色　　　　基生叶簇生，倒披针状线形

毛茛

【别名】毛建草

【学名】*Ranunculus japonicus*

【科属】毛茛科，毛茛属。

【识别特征】多年生草本；须根多数簇生。茎直立，中空。基生叶多数，叶片圆心形或五角形，下部叶与基生叶相似，渐向上叶柄变短，叶片较小，3 深裂，裂片披针形；最上部叶线形，全缘。聚伞花序有多数花，疏散，花梗长；萼片椭圆形，花瓣 5，倒卵状圆形。聚合果近球形，瘦果扁平。花果期 5~8 月。

【分布及生境】产于全国各地。生于田野、溪边或林边阴湿处。

【成分及药用功效】含有原白头翁素，有毒。有利湿、退黄、消肿、止痛、截疟、杀虫的功效。

【毒性】全草有毒，特别是花的毒性最强。不可以食用。

叶片圆心形或五角形

花瓣 5，倒卵状圆形

苘麻

【别名】白麻

【学名】*Abutilon theophrasti*

【科属】锦葵科，苘麻属。

【识别特征】一年生亚灌木状草本；枝被柔毛。叶圆心形，两面均密被星状柔毛。花单生于叶腋，花梗近顶端具节；花萼杯状，花黄色，瓣上有明显的脉纹，雄蕊多数，连合成筒，雄蕊柱平滑无毛。蒴果半球形，分果室15~20，顶端具长芒2。花期7~8月；果期9~10月。

【分布及生境】产于全国各地。生于田野、路旁、荒地及村屯附近。

【营养及药用功效】含蛋白质、矿物质、脂肪等。有清热利湿、解毒、退翳的功效。

【食用部位及方法】嫩种子。夏季采摘，摘取绿色未成熟的果实，剥开取出嫩种子，可直接生食。

叶圆心形，两面均密被星状柔毛

花黄色，瓣上有明显的脉纹

（2）复叶

婆婆针

【别名】老君须

【学名】*Bidens bipinnata*

【科属】菊科，鬼针草属。

【识别特征】一年生草本；茎直立。叶对生，具柄，二回羽状分裂，叶柄腹面具沟槽，槽内及边缘具疏柔毛。头状花序，总苞杯形，外层苞片 5~7 枚，条形，果时较开花时伸长 2 倍。舌状花不育，通常 1~3 朵，舌片黄色，盘花筒状，冠檐 5 齿裂。花期 8~9 月；果期 9~10 月。

【分布及生境】产于东北、华北、华中、华东、华南、西南及陕西、甘肃等地。生于路边、荒地、山坡及田间。

【营养及药用功效】含挥发油、生物碱、鞣质、皂苷、黄酮类物质。有清热解毒、散瘀活血的功效。

【食用部位及方法】幼嫩茎枝。夏季采集，去杂质晒干，泡水喝。

盘花筒状，冠檐 5 齿裂

叶对生，具柄，二回羽状分裂

龙牙草

【别名】仙鹤草

【学名】*Agrimonia pilosa*

【科属】蔷薇科，龙牙草属。

【识别特征】多年生草本；茎的表面有稀疏柔毛。叶互生，为间断奇数羽状复叶，通常有小叶 3~4 对，有锯齿。花为穗状总状花序，苞片通常深 3 裂，花瓣为黄色，长圆形。果实倒卵状圆锥形，外面有 10 条肋。花期 7~8 月；果期 9~10 月。

【分布及生境】产于河北、陕西、江苏、江西等地。生于溪边、荒地、路旁、草地、灌丛、林缘边。

【营养及药用功效】含蛋白质、胡萝卜素、矿物质等。有收敛止血、解毒、补虚的功效。

【食用部位及方法】嫩茎叶。春季采集，洗净后，在开水中焯一下捞出，放入凉水中反复漂洗去除苦味后，可做凉拌菜或炒食。

叶互生，为间断奇数羽状复叶

花为穗状总状花序，花瓣为黄色

路边青

【别名】水杨梅

【学名】*Geum aleppicum*

【科属】蔷薇科，路边青属。

【识别特征】多年生草本；茎直立。基生叶为大头羽状复叶，通常有小叶2~6对，大小极不相等。花序顶生，花瓣黄色，几圆形，比萼片长，花柱顶生，在上部1/4处扭曲。聚合果倒卵球形，瘦果被长硬毛。花期7~8月；果期8~9月。

【分布及生境】产于东北、华北、西北、华中及西南各地区。生长在山坡草地、沟边、地边、河滩、林间隙地及林缘。

【营养及药用功效】含蛋白质、胡萝卜素、多种维生素、矿物质等。有清热解毒、消肿止痛的功效。

【食用部位及方法】嫩叶。春季采集，洗净后，在开水中焯一下捞出，放入凉水中反复漂洗，去除苦味后，可做凉拌菜或炒食。

花序顶生，花瓣黄色

聚合果倒卵球形，瘦果被长硬毛

委陵菜

【学名】*Potentilla chinensis*

【科属】蔷薇科，委陵菜属。

【识别特征】多年生草本；花茎被稀疏短柔毛。基生叶为羽状复叶，长圆形。伞房状聚伞花序，萼片三角卵形，副萼片是萼片的 1/2 左右且狭窄；花瓣黄色，宽倒卵形，比萼片稍长。瘦果卵球形，深褐色。花期 6~8 月；果期 8~10 月。

【分布及生境】产于全国各地。生于山坡草地、沟谷、林缘、灌丛或疏林下。

【营养及药用功效】富含蛋白质、胡萝卜素、多种维生素、矿物质等。有祛风除湿、清热解毒、消肿、凉血止痢的功效。

【食用部位及方法】春季采集嫩茎叶，沸水焯后，换清水浸泡，可做拌菜、炒食；秋季采集块根，可生食、煮食或磨成面掺入主食。

花瓣黄色，宽倒卵形

基生叶为羽状复叶，长圆形

朝天委陵菜

【学名】*Potentilla supina*

【科属】蔷薇科，委陵菜属。

【识别特征】一年生或二年生草本；叶羽状复叶，有小叶2~5对，无柄。顶生伞房状聚伞花序，萼片三角卵形，副萼片椭圆披针形，花瓣黄色。瘦果长圆形，表面具脉纹。花期6~7月；果期8~9月。

【分布及生境】产于东北、华北及甘肃、新疆、山东、河南、江苏等地区。生于田边、荒地、河岸沙地、草甸、山坡湿地等处。

【营养及药用功效】含胡萝卜素、蛋白质、多种维生素、矿物质等。有收敛止泻、凉血止血、滋阴益肾的功效。

【食用部位及方法】春季采集嫩茎叶，沸水焯后，换清水浸泡，可做拌菜、炒食；秋季采集块根，可生食、煮食或磨成面掺入主食。

萼片三角卵形，副萼片椭圆披针形

叶羽状复叶，有小叶2~5对

菊叶委陵菜

【别名】蒿叶委陵菜

【学名】*Potentilla tanacetifolia*

【科属】蔷薇科，委陵菜属。

【识别特征】多年生草本；茎高 15~65 厘米。基生叶羽状复叶。伞房状聚伞花序，多花，副萼片外被短柔毛和腺毛；花瓣黄色，倒卵形，顶端微凹，比萼片长约 1 倍。花期 6~8 月；果期 8~9 月。

【分布及生境】产于东北、华北及陕西、甘肃、山东等地区。生于山坡草地、低洼地、砂地、草原、丛林边及黄土高原。

【营养及药用功效】含胡萝卜素、蛋白质、多种维生素、矿物质等。有清热解毒、消炎止血的功效。

【食用部位及方法】春季采集嫩茎叶，可做拌菜、炒食；秋季采集块根，可生食、煮食或磨成面掺入主食。

基生叶羽状复叶

花瓣黄色，倒卵形，顶端微凹

金盏银盘

【别名】粘身草

【学名】*Bidens biternata*

【科属】菊科，鬼针草属。

【识别特征】一年生草本；茎直立。叶为一回羽状复叶，顶生小叶卵状披针形，边缘具较均匀的锯齿。头状花序，总苞基部有短柔毛，外层苞片8~10枚，条形，舌状花通常3~5朵，不育，舌片淡黄色，先端3齿裂，盘花筒状，冠檐5齿裂。花期8~9月；果期9~10月。

【分布及生境】产于华南、华东、华中、西南及河北、山西、辽宁等地区。生于旷野、荒地、路边、村边、湿润草丛中。

【营养及药用功效】含挥发油、生物碱、鞣质、皂苷、黄酮类物质。有清热解毒、散瘀活血的功效。

【食用部位及方法】幼嫩茎枝。夏季采集，去杂质晒干，泡水喝。

头状花序，总苞基部有短柔毛

叶为一回羽状复叶，顶生小叶卵状披针形

鸡冠茶

【别名】二裂委陵菜

【学名】*Sibbaldianthe bifurca*

【科属】蔷薇科，委陵菜属。

【识别特征】多年生草本或亚灌木；花茎直立或上升。羽状复叶，有小叶 5~8 对，小叶片无柄。近伞房状聚伞花序，萼片卵圆形，副萼片比萼片短或近等长；花瓣黄色，倒卵形，顶端圆钝，比萼片稍长。花期 6~8 月；果期 8~9 月。

【分布及生境】产于西北、华北及黑龙江、四川、西藏等地区。生于地边、道旁、沙滩、山坡草地、黄土坡上、半干旱荒漠草原或疏林下。

【营养及药用功效】含胡萝卜素、维生素、矿物质等。有止血、止痢的功效。

【食用部位及方法】嫩茎叶。春季采集，沸水焯后，换清水浸泡，可做拌菜或炒食。

羽状复叶，有小叶 5~8 对

花瓣黄色，倒卵形，顶端圆钝

莓叶委陵菜

【别名】雉子筵

【学名】*Potentilla fragarioides*

【科属】蔷薇科，委陵菜属。

【识别特征】多年生草本；花茎丛生、上升或铺散。基生叶羽状复叶，茎生叶常 3 小叶。伞房状聚伞花序顶生，多花，副萼片与萼片近等长，花瓣黄色，顶端圆钝或微凹。花期 4~5 月；果期 7~8 月。

【分布及生境】产于东北、华北、华东及陕西、山东、河南、湖南、四川、广西、甘肃、云南等地区。生于地边、沟边、草地、灌丛及疏林下。

【营养及药用功效】含多种维生素、氨基酸、矿物质等。有益中气、补阴虚、止血的功效。

【食用部位及方法】嫩茎叶。春季采收，洗净后放开水中焯一下，便可腌渍、炒食、凉拌、蘸酱食用或干制后冬季食用。

基生叶羽状复叶

花瓣黄色，顶端微凹

翻白草

【别名】鸡脚草

【学名】*Potentilla discolor*

【科属】蔷薇科，委陵菜属。

【识别特征】多年生草本；花茎直立、上升或微铺散。基生叶有小叶 2~4 对，茎生叶 1~2，有掌状 3~5 小叶。聚伞花序，副萼片比萼片短，外面被白色绵毛；花瓣黄色，比萼片长。花期 5~7 月；果期 7~9 月。

【分布及生境】产于东北、华北、华中、华东及陕西、山东、四川、广东等地区。生于荒地、山谷、沟边、山坡草地、草甸及疏林下。

【营养及药用功效】含多种维生素、氨基酸、矿物质等。有清热解毒、止血消肿的功效。

【食用部位及方法】嫩茎叶。春季采收，洗净后放开水中焯一下，便可腌渍、炒食、凉拌、蘸酱食用或干制后冬季食用。

副萼片比萼片短，外面被白色绵毛

基生叶有小叶 2~4 对

3. 花瓣6至多

黄花葱

【学名】*Allium condensatum*

【科属】石蒜科，葱属。

【识别特征】鳞茎狭卵状柱形，外皮红褐色。叶圆柱状或半圆柱状，中空，比花葶短。花葶圆柱状，实心，伞形花序球状，具多而密集的花；花淡黄色或白色，花被片两轮，花丝长于花被片，子房倒卵球状，花柱伸出花被外。花果期7~9月。

【分布及生境】产于东北、华北。生于向阳山坡或草地上。

【营养及药用功效】含多种维生素、氨基酸、矿物质等。有解表发汗、开胃消食的功效。

【食用部位及方法】幼嫩植株。春季采集，洗净后可直接生食，也可放入开水中焯一下，捞出在凉水中浸泡后，便可做调料、炒食、拌凉菜或蘸酱食用。

叶圆柱状，比花葶短

伞形花序球状，具多而密集的花

北黄花菜

【别名】金针菜

【学名】*Hemerocallis lilio asphodelus*

【科属】阿福花科，萱草属。

【识别特征】多年生草本；具短的根状茎。叶基生，2列，条形。花莛由叶丛中抽出，花序分枝，常由4至多数花组成假二歧状的总状花序或圆锥花序，花淡黄色或黄色，芳香。蒴果椭圆形。花期6~7月；果期8~9月。

【分布及生境】产于东北、华北及山东、江苏、陕西、甘肃等地区。生于山坡草地、湿草甸子、草原、灌丛及林下。

【营养及药用功效】含多种维生素、氨基酸、矿物质等。有清热利尿、凉血止血的功效。

【食用部位及方法】花和花蕾。夏季采集，洗净后放入开水中烫一下，捞出晾干，食用前用温水泡发，便可与肉类炒食。

花莛由叶丛中抽出

花黄色，芳香

黄花菜

【别名】柠檬萱草

【学名】*Hemerocallis citrina*

【科属】阿福花科，萱草属。

【识别特征】植株一般较高大；根近肉质。叶7~20枚。花葶长短不一，一般稍长于叶，基部三棱形，上部多少圆柱形，有分枝；苞片披针形，自下向上渐短，花梗较短；花多朵，花被淡黄色，在花蕾时顶端带黑紫色。蒴果钝三棱状椭圆形。花果期5~9月。

【分布及生境】产于秦岭以南各地区以及河北、山西和山东。生于山坡、山谷、荒地或林缘。

【营养及药用功效】含蛋白质、脂肪、矿物质、烟酸等。有健胃、利尿、消肿的功效。

【食用部位及方法】花和花蕾。夏秋季采收，经过蒸、晒、加工成干菜。食用前温水泡发开，即可与肉类一起炒食或炖煮。

花葶长短不一，一般稍长于叶

在花蕾时顶端带黑紫色

短瓣金莲花

【学名】*Trollius ledebourii*

【科属】毛茛科，金莲花属。

【识别特征】一年生或多年生草本；全体无毛，高60~100厘米，疏生3~4个叶。基生叶有长柄，五角形，3全裂，裂片分开。花单生枝顶或2~3朵组成稀疏的聚伞花序，苞片三裂，无柄；萼片5~8，黄色，花瓣10~22，长度超过雄蕊，但比萼片短，线形。蓇葖果，有喙。花果期6~7月。

【分布及生境】产于黑龙江及内蒙古东北部。生于湿草地、林间草地或河边。

【营养及药用功效】富含维生素、胡萝卜素和多种微量元素。有清热解毒的功效。

【食用部位及方法】花。春、夏季采摘，花晒干可制成金莲花茶供饮用。

花单生枝顶或2~3朵组成稀疏的聚伞花序

花瓣线形，长度超过雄蕊，但比萼片短

（二）两侧对称花

1. 有距花

双花堇菜

【别名】短距堇菜

【学名】*Viola biflora*

【科属】堇菜科，堇菜属。

【识别特征】多年生草本；地上茎较细弱。基生叶具长柄，叶片肾形、宽卵形或近圆形，基部心形。花黄色或淡黄色，花梗细弱，上部有2枚披针形小苞片，花瓣具紫色脉纹，侧方花瓣里面无须毛。蒴果长圆状卵形。花果期5~9月。

【分布及生境】产于东北、华北、西北及山东、台湾、河南、四川、云南、西藏等地区。生于高山及亚高山地带草甸、灌丛或林缘、岩石缝隙间。

【营养及药用功效】含多种维生素、蛋白质、矿物质等。有活血散瘀、止血之功效。

【食用部位及方法】嫩茎叶。春、夏季采集，经过水煮和清水浸泡后，可蘸酱、腌渍、炒食或做汤。

叶片肾形，基部心形

蒴果长圆状卵形

2. 兰形花
黄花乌头

【别名】白附子

【学名】*Aconitum coreanum*

【科属】毛茛科，乌头属。

【识别特征】多年生草本；块根倒卵球形或纺锤形。茎疏被反曲短柔毛。叶片宽菱状卵形，全裂片细裂，小裂片线形或线状披针形。顶生总状花序，萼片淡黄色，外面密被曲柔毛，上萼片船状盔形或盔形，外缘在下部缢缩。蓇葖直，种子椭圆形。花期8~9月；果期9~10月。

【分布及生境】产于东北及河北等地区。生于山地、草坡或疏林中。

【药用功效】块根入药，有祛风痰、逐寒湿、镇惊的功效。块根水浸液可作农药，防治小麦秆锈病。

【毒性】全草有毒，特别是根部毒性最强。不可以食用。

叶片宽菱状卵形，全裂片细裂

顶生总状花序，萼片淡黄色

3. 蝶形花

豆茶山扁豆

【别名】豆茶决明

【学名】*Chamaecrista nomame*

【科属】豆科，山扁豆属。

【识别特征】一年生直立草本；茎直立或铺散，茎上密生或疏生弯曲的细毛。偶数羽状复叶，互生；托叶锥形，叶柄短。花黄色，腋生 1~2 朵，花梗纤细，萼片 5，披针形，花瓣 5，倒卵形。荚果扁平，长圆状条形，两端稍偏斜，被短毛。花期 7~8 月；果期 8~9 月。

【分布及生境】产于东北、华东及河北、云南、四川等地区。生于山坡和原野的草丛中。

【营养及药用功效】含蒽醌及其苷类、黄酮及其苷类等。有清肝明目、健脾利湿、止咳化痰、清热利尿、润肠通便的功效。

【食用部位及方法】全草。夏季采收，晒干，可代茶饮用。

偶数羽状复叶，互生

花黄色，腋生 1~2 朵

决明

【别名】草决明

【学名】*Senna tora*

【科属】豆科，决明属。

【识别特征】一年生亚灌木状草本；直立、粗壮。偶数羽状复叶，小叶3对，倒卵状长椭圆形，顶端圆钝而有小尖头，托叶线状，早落。花腋生，常2朵聚生，花梗丝状；萼片稍不等大，膜质，花瓣黄色。荚果纤细，近四棱形。花果期8~11月。

【分布及生境】原产于美洲，长江以南各地区有分布。生于山坡、旷野及河滩沙地上。

【成分及药用功效】含马钱子碱、蒽醌类物质等。有清肝火、祛风湿、益肾明目的功能。

【毒性】种子和叶有毒，大量食用会引起腹泻。不建议食用。

花腋生，常2朵聚生

偶数羽状复叶，小叶3对

花苜蓿

【别名】扁豆子

【学名】*Medicago ruthenica*

【科属】豆科，苜蓿属。

【识别特征】多年生草本；茎直立或上升，四棱形。羽状三出复叶，小叶倒披针形、楔形或线形，顶生小叶稍大。花序伞形腋生，花萼钟形，花冠黄褐色，中央有紫色条纹。荚果长圆形，顶端具短喙，基部窄尖并稍弯曲。花期6~9月；果期8~10月。

【分布及生境】产于东北及甘肃、山东等地区。生于草原、砂地、河岸及砂砾质土壤的山坡旷野。

【营养及药用功效】含多种维生素、蛋白质、矿物质等。有清热解毒、止咳、止血的功效。

【食用部位及方法】嫩茎叶。春季采摘，用沸水浸烫一下，换冷水浸泡漂洗，可凉拌、炒食、炖汤、煮食、做馅、蒸食。

羽状三出复叶，小叶倒披针形

花冠黄褐色，中央有紫色条纹

天蓝苜蓿

【别名】老蜗生

【学名】*Medicago lupulina*

【科属】豆科，苜蓿属。

【识别特征】一年生、二年生或多年生草本；茎平卧或上升。羽状三出复叶，托叶卵状披针形，小叶倒卵形。花序小头状，具花10~20朵；总花梗细，挺直，比叶长；花冠黄色，子房阔卵形，花柱弯曲。荚果肾形，表面具同心弧形脉纹。花期7~8月；果期8~9月。

【分布及生境】产于南北各地以及青藏高原。生于路旁、沟边、荒地及田边等处。

【营养及药用功效】含多种维生素、蛋白质、矿物质等。有清热解毒、利湿、凉血止血、舒筋活络的功效。

【食用部位及方法】嫩茎叶。春季采集，沸水焯后，换清水浸泡，可炒食、速冻、做馅、做蘸酱菜。

羽状三出复叶

荚果肾形，表面具同心弧形脉纹

草木樨

【别名】辟汗草

【学名】*Melilotus officinalis*

【科属】豆科，草木樨属。

【识别特征】二年生草本；茎多分枝。羽状三出复叶，全缘或基部有1尖齿，小叶倒卵形，边缘具不整齐疏浅齿。总状花序腋生，花冠黄色。荚果卵形，先端具宿存花柱，表面具凹凸不平的横向细网纹。花期5~9月；果期6~10月。

【分布及生境】原产于亚欧大陆温带地区，我国华北、东北、西北地区种植较多并逸为野生。生于较湿润的果园、路旁、沟渠边及荒地上。

【成分及药用功效】含香豆素和双香豆素等有毒物质。有清热、解毒、消炎的功效。

【毒性】全草有毒且口味差，不可以食用。

总状花序腋生，花冠黄色

荚果卵形，先端具宿存花柱

257

黄毛棘豆

【别名】黄穗棘豆

【学名】*Oxytropis ochrocephala*

【科属】豆科，棘豆属。

【识别特征】多年生草本；茎极缩短，多分枝，被丝状黄色长柔毛。奇数羽状复叶，小叶6~9对，对生，上面后变无毛，下面被长柔毛。多花组成密集圆筒形总状花序，花萼筒状，密被黄色长柔毛，萼齿披针状线形，与萼筒几等长或稍短，花冠白或淡黄色。荚果膜质，卵圆形，膨胀成囊状而稍扁。花期6~7月；果期7~8月。

【分布及生境】产于华北及陕西、甘肃、四川、西藏等地区。生于山坡草地或林下。

【成分及药用功效】含苦马豆素和生物碱。有清热解毒、消肿、祛风湿、止血的功效。

【毒性】全草有毒，尤以根的毒性最大。不可以食用。

奇数羽状复叶

萼齿披针状线形

披针叶野决明

【别名】东方野决明

【学名】*Thermopsis lanceolata*

【科属】豆科，野决明属。

【识别特征】多年生草本植物；茎直立，被黄白色贴伏或伸展柔毛。叶柄短，托叶叶状，卵状披针形，小叶片狭长圆形。总状花序顶生，花排列疏松；萼钟形，密被毛；花冠黄色，旗瓣近圆形。荚果长圆形，先端具尖喙；种子圆肾形，黑褐色。5~7月开花，6~10月结果。

【分布及生境】产于东北、华北到青藏高原。生于草甸草原、碱化草甸、盐化草甸及青藏高原的向阳缓坡、平滩。

【营养及药用功效】有祛痰，止咳的功能。

【食用部位及方法】全草入药。夏秋季采收，晒干备用。水煎服。

【附注】本种为有毒植物，应用须谨慎。

花排列疏松

荚果长圆形，先端具尖喙

4. 唇形花
黄花列当

【别名】独根草

【学名】*Orobanche pycnostachya*

【科属】列当科，列当属。

【识别特征】二年生或多年生寄生草本；叶卵状披针形或披针形。花序穗状，具多数花，苞片卵状披针形；花冠黄色，筒中部稍弯曲，上唇2浅裂，下唇3裂，中裂片较大，全部裂片近圆形。花期5~6月；果期7~8月。

【分布及生境】产于东北、西北及河南、山东、安徽等地区。寄生于山坡、草地、灌丛、疏林等地的蒿属（*Artemisia*）植物根上。

【营养及药用功效】含球蛋白和天然多糖。有补肾助阳、强筋骨的功效。

【食用部位及方法】植株。春、夏季采集，煮水喝，或晒干后备用。

【附注】本品有小毒，不可过量食用，配伍禁忌遵医嘱。

花序穗状，
具多数花

花冠筒中部
稍弯曲

（三）头状花序
1. 叶不裂

全缘橐吾

【学名】*Ligularia mongolica*

【科属】菊科，橐吾属。

【识别特征】多年生草本；全株光滑。丛生叶与茎下部叶具柄，叶片卵形、长圆形或椭圆形，全缘。总状花序密集，苞片和小苞片线状钻形；头状花序多数，辐射状，总苞狭钟形或筒形，舌状花1~4，黄色，舌片长圆。瘦果圆柱形。花果期5~9月。

【分布及生境】产于华北及东北地区。生于沼泽草甸、山坡、林间及灌丛。

【营养及药用功效】含蛋白质、脂肪、纤维素、多种维生素、多种矿物质等。有宣肺利气、疏风散寒、除湿利水的功效。

【食用部位及方法】嫩茎叶。春末开花时采集，洗净泥沙，放入开水中略焯一下捞出，可凉拌、炒食或做馅食用。

叶片长圆形，全缘

总苞狭钟形或筒形

狗舌草

【别名】铜盘一枝香

【学名】*Tephroseris kirilowii*

【科属】菊科，狗舌草属。

【识别特征】多年生草本；基生叶长圆形，基部渐窄成具翅叶柄，两面被蛛丝状茸毛。头状花序排成伞房花序，舌状花13~15，舌片黄色，管状花多数。瘦果圆柱形，密被硬毛。花期5~6月；果期6~7月。

【分布及生境】产于全国各地（新疆、青海、西藏除外）。生于草地山坡或山顶向阳处。

【营养及药用功效】含有机酸、氨基酸、糖类、多种矿物质等。有利水、活血、消肿的功效。

【食用部位及方法】嫩茎叶。春季采集，将嫩茎叶放到开水中煮3~5分钟，捞出在凉水中浸泡多次，晒干后，冬季炒咸菜吃。

【毒性】全草含少量有毒生物碱，不能生食和多食。

基生叶长圆形，两面被蛛丝状茸毛

头状花序排成伞房花序

旋覆花

【别名】金佛花

【学名】*Inula japonica*

【科属】菊科，旋覆花属。

【识别特征】多年生草本；茎上部有分枝。中部叶披针形，基部多少狭窄，无柄。头状花序，排成疏散伞房花序，总苞片约6层，线状披针形，舌状花黄色，舌片线形。瘦果圆柱形，有10条浅沟。花期6~10月；果期9~11月。

【分布及生境】产于华北、东北、华中、华东等地。生于山坡路旁、湿润草地、河岸和田埂上。

【营养及药用功效】含胡萝卜素、维生素、黄酮苷以及菊糖等。有降气化痰、降逆止呕的功效。

【食用部位及方法】花。夏秋季采集，将旋覆花放入杯中，加入适量的开水冲泡即可饮用。

头状花序，排成疏散伞房花序

中部叶披针形，基部多少狭窄，无柄

蹄叶橐吾

【学名】*Ligularia fischeri*

【科属】菊科，橐吾属。

【识别特征】多年生草本；叶肾形，有锯齿，具叶柄。总状花序，苞片叶状，头状花序多数，总苞钟形，舌状花黄色。瘦果圆柱形，光滑。花果期7~10月。

【分布及生境】产于华北、华中、东北及四川、贵州、安徽、浙江、甘肃、陕西等地区。生于水边、草甸子、山坡、林缘及林下。

【营养及药用功效】含有重金属元素、蛋白质、氨基酸、维生素、脂肪及胡萝卜素等。有祛痰止咳、理气活血、止痛的功效。

【食用部位及方法】嫩叶。春、夏季采集，洗净焯水后，可凉拌、炒食、做汤或做馅食用。

【附注】重金属可在人体内富集，切不可过量食用。

总苞钟形，舌状花黄色

叶肾形，有锯齿，具叶柄

日本毛连菜

【别名】枪刀菜

【学名】*Picris japonica*

【科属】菊科，毛连菜属。

【识别特征】多年生草本；叶倒披针形，基部渐窄成翼柄，边缘有细尖齿、钝齿或浅波状，两面被硬毛。头状花序排成伞房或伞房圆锥花序，总苞圆柱状钟形，总苞片背面被近黑色硬毛，舌状小花黄色。瘦果椭圆状，棕褐色；冠毛污白色。花果期6~10月。

【分布及生境】产于全国大部分地区。生于山坡草地、林缘、林下、灌丛或高山草甸。

【营养及药用功效】含胡萝卜素、维生素、多种矿物质等。有清热、消肿及止痛的功效。

【食用部位及方法】嫩茎叶。春、夏季采集，洗净、焯水、浸泡后，可凉拌、炒食、做汤或做馅食用。

头状花序排成伞房圆锥花序

舌状小花黄色

湿生狗舌草

【学名】*Tephroseris palustris*

【科属】菊科，狗舌草属。

【识别特征】一年生或二年生草本；下部茎生叶具柄，中部茎生叶基部半抱茎，边缘疏生波状齿。头状花序排成伞房花序，花序梗密被腺状柔毛；总苞钟状，舌状花 20~25，舌片浅黄色。瘦果圆柱形，冠毛白色。花期 6~8 月；果期 7~9 月。

【分布及生境】产于黑龙江、内蒙古、河北等地区。生于沼泽及潮湿地或水池边。

【营养及药用功效】含有机酸、多种维生素、矿物质等。有清热解毒、活血消肿、解痉、抗溃疡的功效。

【食用部位及方法】嫩茎叶。春、夏季采集，将嫩茎叶放到开水中煮 3~5 分钟，捞出在凉水中浸泡多次，晒干后，冬季炒咸菜吃。

头状花序排成伞房
花序，舌片浅黄色

下部茎生叶具柄

兴安一枝黄花

【别名】朝鲜一枝黄花

【学名】*Solidago dahurica*

【科属】菊科,一枝黄花属。

【识别特征】多年生草本;茎直立,不分枝。单叶互生,叶形多变化。头状花序多数,在茎上部的分枝上排成总状花序,总苞片3~4层,淡黄绿色,膜质;舌状花黄色,雌性,管状花两性。瘦果线状柱形,光滑。花期7~8月;果期9~10月。

【分布及生境】产于东北、华北及新疆等地区。生于河岸、草甸、灌丛、林下及湿草地。

【营养及药用功效】含纤维素、维生素类、多种矿物质等。有清热解毒的功效。

【食用部位及方法】嫩茎叶。春季采集,将其放到开水中焯一下,在凉水中反复浸泡后捞出,便可晒干,冬季炒咸菜吃。

茎直立,不分枝　　　　　　舌状花黄色,雌性

菊芋

【别名】鬼子姜

【学名】*Helianthus tuberosus*

【科属】菊科，向日葵属。

【识别特征】多年生草本；具地下块茎。茎直立，被短硬毛。茎上部叶互生，叶片卵状椭圆形，叶缘具粗锯齿，具离基三出脉。头状花序单生茎顶。总苞片多层，披针形；舌状花黄色，舌片椭圆形，管状花黄色。瘦果楔形，有柔毛，上端有 2~4 个有毛的锥状扁芒。花果期 8~10 月。

【分布及生境】全国各地栽培。常逸生于田野、路旁、沟边、林间和灌丛中。

【营养及药用功效】含蛋白质、脂肪、碳水化合物、多种维生素、矿物质等。有清热解毒、利水祛湿、和中益胃的功效。

【食用部位及方法】块茎。秋季采集，洗净后，可直接生食或腌制成酱菜。

头状花序单生茎顶；舌状花黄色　　　总苞片多层，披针形

长喙婆罗门参

【学名】*Tragopogon dubius*

【科属】菊科，婆罗门参属。

【识别特征】二年生草本；茎单一或少分枝，全株具乳汁。叶线形或线状披针形，基部扩展，半抱茎。头状花序单生，总苞2层，线状披针形，先端长渐尖，明显超出花，舌状花黄色。瘦果具长喙，冠毛污白色或带黄色。花期5~8月；果期6~9月。

【分布及生境】原产于欧洲，辽宁、内蒙古、新疆等地区有分布，为外来入侵物种。生于砂质地、干山坡。

【营养及药用功效】富含胡萝卜素、矿物质、维生素等营养成分。有补肺降火、养胃生津的功效。

【食用部位及方法】嫩茎叶。春季采集，放入开水中焯一下，清水浸泡后，可凉拌、炒食或做汤。

叶线形或线状披针形

总苞线状披针形，明显超出花

华北鸦葱

【别名】笔管草

【学名】*Scorzonera albicaulis*

【科属】菊科，鸦葱属。

【识别特征】多年生草本；茎枝被白色茸毛。叶线形，全缘。头状花序在茎枝顶端排成伞房花序，总苞圆柱状，总苞片约5层，被薄柔毛，舌状小花黄色。瘦果圆柱状，有多数高起的纵肋。花果期5~9月。

【分布及生境】产于东北、华北及山东、安徽、浙江、江苏、陕西、四川、甘肃等地区。生于山坡、林缘及灌丛等处。

【营养及药用功效】富含蛋白质、矿物质和胡萝卜素等。有清热解毒、祛风除湿、平喘、通乳的功效。

【食用部位及方法】嫩叶及花茎。春季采集，洗净后可做汤或炒，或沸水焯后切碎加调料凉拌食用，也可生吃，作沙拉的配料。

舌状小花黄色

叶线形，全缘

黄瓜菜

【别名】黄瓜假还阳参

【学名】*Crepidiastrum denticulatum*

【科属】菊科，假还阳参属。

【识别特征】一年生草本；中部以上分枝。茎叶长椭圆形或披针形，无柄。总苞圆柱状，总苞片2层，外面无毛，顶端急尖；头状花序多数，约含12枚舌状小花，黄色。瘦果褐色或黑色，长椭圆形。花果期6~11月。

【分布及生境】产于北京、吉林、河北、山西、山东、湖南、四川等地。生于山坡、河谷潮湿地及岩石间。

【营养及药用功效】富含蛋白质、碳水化合物、维生素、矿物质等。有清热解毒、利尿消肿、止痛的功效。

【食用部位及方法】嫩茎叶。春、夏季采摘，清水洗净后，在开水中略焯一下捞出，可凉拌、炒食、煮汤、做馅等。

茎叶长椭圆形，无柄

头状花序多数，舌状小花黄色

山柳菊

【别名】伞花山柳菊

【学名】*Hieracium umbellatum*

【科属】菊科，山柳菊属。

【识别特征】多年生草本；茎直立，基部呈淡红紫色。茎叶互生，无柄，披针形至狭线形，基部楔形，具疏大锯齿。头状花序在茎枝顶端排成伞房花序，总苞黑绿色，钟状，舌状小花黄色。瘦果黑紫色，圆柱形，向基部收窄。花果期7~9月。

【分布及生境】产于全国各地。生于山坡草地、灌丛中。

【营养及药用功效】含蛋白质、碳水化合物、维生素、多种矿物质等。有清热解毒、利湿、消积的功效。

【食用部位及方法】嫩茎叶。春、夏季采摘，清水洗净后，在开水中略焯一下捞出，过水浸泡后，可凉拌、炒食、煮汤、做馅等。

头状花序在茎枝顶端排成伞房花序　茎叶披针形，具疏大锯齿

腺梗豨莶

【别名】毛豨莶

【学名】*Sigesbeckia pubescens*

【科属】菊科，豨莶属。

【识别特征】一年生草本；茎多分枝，表面有腺毛。基部叶卵状披针形。头状花序多数排成疏散圆锥状，花序密生紫褐色腺毛和长柔毛；内层苞片卵状长圆形，舌状花花冠黄色，有 2~3 齿。瘦果为倒卵圆形。花期 5~8 月；果期 6~10 月。

【分布及生境】产于吉林、辽宁、河北、山西、河南、甘肃、陕西、江苏、浙江。生于山坡、林缘、灌丛、溪边、旷野等处。

【营养及药用功效】富含不饱和脂肪酸和黄酮类物质。有祛风湿、利关节、解毒的功效。

【食用部位及方法】嫩茎叶。春、夏季采集，经开水焯、凉水漂后，可晒干烀咸菜吃，也可以和猪蹄、黄酒等食材一起煲汤喝。

叶卵状披针形

内层苞片卵状长圆形，舌状花花冠黄色

毛梗豨莶

【别名】光豨莶

【学名】*Sigesbeckia glabrescens*

【科属】菊科，豨莶属。

【识别特征】一年生草本；茎通常上部分枝。中部叶卵圆形，上部叶渐小。头状花序在枝端排列成疏散的圆锥花序，总苞钟状，内层苞片倒卵状长圆形；两性花花冠上部钟状，顶端4~5齿裂。瘦果倒卵形。花期4~9月；果期6~11月。

【分布及生境】产于浙江、福建、安徽、江西、湖北、湖南、四川、广东及云南等地。生于路边、旷野荒地和山坡灌丛中。

【营养及药用功效】含不饱和脂肪酸和类黄酮。有祛风除湿、通络、解毒、清热降压的功效。

【食用部位及方法】嫩茎叶。春、夏季采集，经开水焯、凉水漂后，可晒干炝咸菜吃。

中部叶卵圆形

内层苞片倒卵状长圆形

2. 叶分裂

苦苣菜

【别名】苦菜

【学名】*Sonchus oleraceus*

【科属】菊科，苦苣菜属。

【识别特征】一年生或二年生草本；中下部茎叶羽状深裂，倒披针形。头状花序少数在茎枝顶端排紧密的伞房花序，全部总苞片顶端长急尖，外层与花梗上有白色茸毛，舌状小花多数，黄色。瘦果褐色，长椭圆形或长椭圆状倒披针形。花期6~8月；果期7~9月。

【分布及生境】原产于欧洲，全国有分布。生于山坡、山谷林缘、林下、平地田间、空旷处或近水处。

【营养及药用功效】含蛋白质、糖类、微量元素以及维生素等。有清热解毒、凉血止血的功效。

【食用部位及方法】嫩茎叶。春、夏季采集，可以鲜食，晒干菜，腌咸菜，做罐头和速冻菜等。

外层苞片与花梗上有
白色茸毛

中下部茎叶羽状
深裂，倒披针形

琥珀千里光

【别名】大花千里光

【学名】*Jacobaea ambracea*

【科属】菊科，疆千里光属。

【识别特征】多年生草本；茎单生，直立。叶倒卵状长圆形，大头羽状深裂。头状花序有舌状花，排成顶生伞房花序，外层苞片 2~5，线形，花黄色。瘦果圆柱形，冠毛淡白色。花期 8~9 月；果期 9~10 月。

【分布及生境】产于东北及河北、山东、陕西、甘肃、河南等地区。生于山坡林缘、河边草甸。

【营养及药用功效】含蛋白质、纤维素、粗脂肪等。有清热、解毒、杀虫、明目的功效。

【食用部位及方法】嫩茎叶。春、夏季采集，将其放到开水中焯一下，反复浸泡后，便可晒成干菜冬季食用。

【毒性】有文献记载有较小毒性，不能过量食用。

叶倒卵状长圆形，大头羽状深裂　　头状花序有舌状花，花黄色

欧洲千里光

【学名】*Senecio vulgaris*

【科属】菊科，千里光属。

【识别特征】一年生草本；茎单生，直立。叶无柄，倒披针状匙形或长圆形，顶端钝，羽状浅裂至深裂。花序梗具数个线状钻形小苞片，外苞片顶端具黑色小尖头，头状花序无舌状花，花冠黄色，管状花檐部漏斗状。瘦果圆柱形，沿肋有柔毛；冠毛白色。花果期4~10月。

【分布及生境】产于吉林、辽宁、内蒙古、四川、贵州、云南、西藏等地区。生于草地、山坡、路旁。

【成分及药用功效】含生物碱，对人体有危害。有清热解毒、明目利湿的功效。

【毒性】全草有毒。不可以食用。

叶无柄，顶端钝，羽状浅裂
至深裂

头状花序无舌状花，花冠黄色

茼蒿

【别名】艾菜

【学名】*Glebionis coronaria*

【科属】菊科，茼蒿属。

【识别特征】一年或二年生草本；茎直立，光滑柔软富肉质。叶互生，无柄，二回浅裂、半裂或深裂，淡绿色。头状花序单生枝顶，开黄色或白色小花；总苞片 4 层，内层苞片顶端膜质扩大成附片状。瘦果有突起的翅肋。花果期 6~8 月。

【分布及生境】原产于地中海国家，全国各地有栽培，有较长的栽培历史。

【营养及药用功效】含有多种氨基酸、脂肪、蛋白质、矿物质等。有清血养心、润肺消痰的功效。

【食用部位及方法】嫩茎叶。采摘后将其洗净，沸水焯过，换清水投凉后，便可蘸酱、涮火锅或炒菜食用。

叶互生，二回浅裂、半裂或深裂

头状花序单生枝顶，开黄色小花

翼柄翅果菊

【别名】翼柄山莴苣

【学名】*Lactuca triangulata*

【科属】菊科，莴苣属。

【识别特征】二年生或多年生草本；茎直立，无毛。茎下部叶三角状戟形，基部肾状凹缺，边缘具波状牙齿，基部下延成翼状柄，茎中部以上叶向上渐小。总苞圆柱形或筒状钟形，总苞片3~4层，覆瓦状排列，舌状花黄色。瘦果压扁，冠毛白色。花果期6~9月。

【分布及生境】产于东北、华北及西北各地区。生于林下、林缘草地。

【营养及药用功效】含脂肪、蛋白质、多种维生素、矿物质等。有清热解毒的功效。

【食用部位及方法】嫩茎叶。采摘后将其洗净，可直接生食、炒菜或做火锅食用，也可用沸水焯过后，换清水投凉，蘸酱食用。

苞片3~4层，舌状花黄色

叶基部下延成翼状柄

翅果菊

【别名】多裂翅果菊

【学名】*Lactuca indica*

【科属】菊科，莴苣属。

【识别特征】多年生草本；茎直立，单生。中下部茎叶全形长椭圆形，规则或不规则二回羽状深裂。头状花序多数，在茎枝顶端排成圆锥花序；全部总苞片上部边缘染红紫色，舌状小花21枚，黄色。花果期7~10月。

【分布及生境】产于华东、东北及北京、河北、陕西、河南、湖南、广东、四川、云南等地区。生于山谷、山坡林缘、灌丛、草地及荒地。

【营养及药用功效】含脂肪、蛋白质、多种维生素及矿物质。有清热凉血、消肿解毒的功效。

【食用部位及方法】嫩茎叶。春、夏采集，清水洗净后，可直接生食，也可用沸水焯过后，蘸酱或做火锅食用。

舌状小花21枚，黄色

中下部茎叶长椭圆形，不规则二回羽状深裂

尖裂假还阳参

【别名】抱茎苦荬菜

【学名】*Crepidiastrum sonchifolium*

【科属】菊科，假还阳参属。

【识别特征】一年生草本；茎直立，上部伞房花序状分枝。叶长椭圆状卵形、长卵形或披针形，羽状深裂或半裂，基部扩大圆耳状抱茎，全部叶两面无毛。头状花序多数，在茎枝顶端排伞房状花序，舌状小花黄色。瘦果长椭圆形，冠毛白色。花果期5~9月。

【分布及生境】产于黑龙江、吉林、河北、山东、河南等地。生于山坡草地。

【营养及药用功效】富含蛋白质、胡萝卜素、维生素、矿物质等。有清热凉血、消肿解毒的功效。

【食用部位及方法】嫩茎叶。春季采集，洗净后可直接生食，也可用沸水焯过后，蘸酱食用。

舌状小花黄色

叶基部扩大圆耳状抱茎

长裂苦苣菜

【别名】曲麻菜

【学名】*Sonchus brachyotus*

【科属】菊科，苦苣菜属。

【识别特征】一年生草本；生多数须根。叶长椭圆形或倒披针形，羽状深裂、半裂或浅裂，全部叶两面光滑无毛。头状花序少数在茎枝顶端排成伞房状花序，总苞钟状，全部总苞片顶端急尖，外面光滑无毛；舌状小花多数，黄色。瘦果长椭圆状，褐色，稍压扁。花果期6~9月。

【分布及生境】产于东北、华北及西北各地区。生于山地草坡、河边或碱地等。

【营养及药用功效】含蛋白质、胡萝卜素、维生素、多种矿物质等。有清热解毒、消肿排脓的功效。

【食用部位及方法】幼苗及嫩株。春、夏季采集，洗净后，可直接蘸酱吃，或开水中焯后，凉拌、炒食或做馅等。

叶长椭圆形，羽状半裂

舌状小花多数，黄色

续断菊

【别名】花叶滇苦菜

【学名】*Sonchus asper*

【科属】菊科，苦苣菜属。

【识别特征】一年生草本；根倒圆锥状。茎直立。茎叶长椭圆形或匙状椭圆形，上部茎叶基部扩大，圆耳状抱茎。头状花序在茎枝顶端排成伞房花序，总苞宽钟状，外层总苞片被腺毛；舌状小花黄色。瘦果倒披针状，冠毛白色。花果期 5~10 月。

【分布及生境】原产于欧洲，现在遍布全国。生于山坡、林缘及水边。

【营养及药用功效】含胡萝卜素、维生素、多种矿物质等。有清热解毒、消肿止痛、止血祛瘀的功效。

【食用部位及方法】嫩茎叶。春季采摘，将其洗净，入沸水中焯几分钟，再用清水浸泡，挤去水后可凉拌、煮汤，亦可热炒。

上部茎叶基部扩大，圆耳状抱茎　　外层总苞片被腺毛

野菊

【别名】菊花脑

【学名】*Chrysanthemum indicum*

【科属】菊科，菊属。

【识别特征】多年生草本；叶长卵形，羽状半裂、浅裂，有稀疏的短柔毛。头状花序，多数在茎枝顶端排成疏松的伞房圆锥花序；总苞片约5层，边缘为白色或褐色宽膜质，舌状花黄色。花期8~9月；果期9~10月。

【分布及生境】产于东北、华北、华中、华南及西南各地区。生于山坡草地、灌丛、河边水湿地、滨海盐渍地、田边及路旁。

【营养及药用功效】含蛋白质、碳水化合物、矿物质等。有清热、解毒、散瘀、明目、降血压的功效。

【食用部位及方法】春季采集嫩茎叶，洗净，焯水后捞出，用清水浸泡去苦味，可做凉拌或蘸酱吃；秋季采摘花朵，阴干，泡茶喝。

叶长卵形，羽状半裂、浅裂

头状花序，多数在茎枝顶端

【别名】岩香菊

【学名】*Chrysanthemum lavandulifolium*

【科属】菊科，菊属。

【识别特征】多年生草本；茎直立，中部以上多分枝。中部茎叶卵形，二回羽状分裂。头状花序，通常多数在茎枝顶端排成稍紧密的复伞房花序；总苞碟形，总苞片约5层，外层线形或线状长圆形，中内层卵形，全部苞片边缘白色或浅褐色膜质；舌状花黄色，舌片椭圆形。花期8~9月；果期9~10月。

【分布及生境】产于全国大部分地区。生于山坡、岩石上、河谷、河岸及荒地等处。

【营养及药用功效】同野菊。

【食用部位及方法】同野菊。

茎叶卵形，二回羽状分裂

舌状花黄色，舌片椭圆形

丹东蒲公英

【学名】*Taraxacum antungense*

【科属】菊科，蒲公英属。

【识别特征】多年生草本；叶倒披针形，大头羽状分裂，基部下延至柄，顶端裂片阔三角形。花葶与叶近等长，头状花序，外层总苞片花期反卷，内层总苞片线状披针形，先端增厚，具白色膜质边缘；舌状花淡黄色，边缘花舌片背面有紫色条纹。瘦果淡棕色，上部具刺状突起。花期4~9月；果期5~10月。

【分布及生境】产于辽宁。生于低海拔山坡、杂草地。

【营养及药用功效】含多种维生素、蛋白质、矿物质等。有清热解毒、消肿散结、利尿催乳的功效。

【食用部位及方法】植株。春季采集，清洗后可直接生食，也用沸水焯烫后，可凉拌、炖汤、做馅或蘸酱吃。

叶大头羽状分裂，顶裂片阔三角形

头状花序，外层总苞片花期反卷

鸦葱

【别名】羊奶菜

【学名】*Takhtajaniantha austriaca*

【科属】菊科，鸦葱属。

【识别特征】多年生草本；茎簇生，无毛。基生叶线形，向下部渐窄成具翼长柄，柄基鞘状，边缘平；茎生叶鳞片状，半抱茎。头状花序单生茎端，总苞圆柱状，外层三角形，舌状小花黄色。瘦果圆柱状。花果期 4~7 月。

【分布及生境】产于东北、华北及陕西、宁夏、甘肃、山东、安徽、河南等地区。生于山坡、草滩及河滩地。

【营养及药用功效】富含蛋白质、矿物质和胡萝卜素等。有祛风除湿、理气活血、清热解毒、通乳的功效。

【食用部位及方法】嫩叶及花茎。春季采集，洗净后可做汤或炒食，或沸水焯后切碎加调料凉拌食用，也可生吃，作沙拉的配料。

基生叶线形

总苞圆柱状，外层三角形

桃叶鸦葱

【别名】老鸦葱

【学名】*Scorzonera sinensis*

【科属】菊科，鸦葱属。

【识别特征】多年生草本；茎簇生或单生。基生叶线状长椭圆形，边缘皱波状，鳞片状茎生叶少数。头状花序单生茎顶，总苞圆柱状，全部总苞片外面光滑无毛，顶端钝或急尖，舌状小花黄色。瘦果圆柱状。花果期4～9月。

【分布及生境】产于华北及辽宁、陕西、宁夏、甘肃、山东、江苏、安徽、河南等地区。生于山坡、丘陵地、沙丘、荒地或灌木林下。

【营养及药用功效】富含蛋白质、矿物质和胡萝卜素等。有清热解毒、消炎、通乳的功效。

【食用部位及方法】嫩叶、幼嫩花序。春季采摘，用沸水焯熟，然后换水浸洗干净，可凉拌、蒸食，也可做馅。

总苞片外面光滑无毛，顶端钝或急尖

基生叶线状长椭圆形，边缘皱波状

白缘蒲公英

【别名】山西蒲公英

【学名】*Taraxacum platypecidum*

【科属】菊科，蒲公英属。

【识别特征】多年生草本；叶羽状浅裂至深裂，每侧裂片3~5片，侧裂片三角形。花莛比叶长，近顶端处密被蛛丝状毛，头状花序，总苞钟状，外层总苞片具极宽的白色膜质边缘，其余部分暗绿色；舌状花黄色，边缘舌状花背面具明显的暗绿色条纹。花果期3~6月。

【分布及生境】产于东北、华北及陕西、河南、湖北、四川等地区。生于山坡草地或路旁。

【营养及药用功效】含维生素、胡萝卜素、矿物质等。有清热解毒、消肿散结、利尿催乳的功效。

【食用部位及方法】幼嫩植株。洗净后可直接生食，或将其放到开水中焯一下捞出，可炒食、凉拌或蘸酱食用。

叶羽状浅裂至深裂，每侧裂片3~5片

外层总苞片具极宽的白色膜质边缘

华蒲公英

【别名】碱地蒲公英

【学名】*Taraxacum borealisinense*

【科属】菊科，蒲公英属。

【识别特征】多年生草本。叶倒卵状披针形，边缘叶羽状浅裂，具波状齿。花葶 1 至数个，长于叶，顶端被蛛丝状毛或近无毛；头状花序，总苞小，淡绿色，总苞片 3 层，先端淡紫色，无角状突起，舌状花黄色。花果期 6~8 月。

【分布及生境】产于东北、华北及陕西、甘肃、青海、河南、四川、云南等地区。生于稍潮湿的盐碱地或原野、砾石中。

【营养及药用功效】含维生素、胡萝卜素、矿物质等。有清热解毒、消肿散结、利尿催乳的功效。

【食用部位及方法】幼嫩植株。洗净后可直接生食，或将其放到开水焯一下捞出，可炒食、凉拌或蘸酱食用。

花葶 1 至数个，长于叶

总苞片先端淡紫色，无角状突起

【别名】款冬花

【学名】*Tussilago farfara*

【科属】菊科，款冬属。

【识别特征】多年生草本；早春花叶抽出数个花葶。头状花序单生顶端，总苞钟状，总苞片线形，边缘有多层舌状花，黄色。后生出基生叶，阔心形，具长柄。花期4~5月；果期5~7月。

【分布及生境】产于华北、华中、华东、西北及吉林、贵州、云南、西藏等地区。生于山谷湿地、林下及林缘。

【营养及药用功效】含纤维素、多种维生素、矿物质等。有润肺下气、化痰止咳的功效。

【食用部位及方法】嫩茎叶、花葶。春、夏季采集，放入开水中焯一下，捞出在凉水中浸泡后，便可腌渍、炒食、调拌凉菜或蘸酱食用。

【附注】野生资源日益减少，濒临灭绝。食用请选择栽培种。

头状花序单生顶端

后生出的基生叶阔心形

东北蒲公英

【别名】婆婆丁

【学名】*Taraxacum ohwianum*

【科属】菊科，蒲公英属。

【识别特征】多年生草本；叶倒披针形，不规则羽状浅裂至深裂，每侧裂片4~5片，稍向后。花葶多数，头状花序，外层总苞片花期伏贴，宽卵形，内层总苞片比外层总苞片长2~2.5倍，舌状花黄色。花期4~5月；果期5~6月。

【分布及生境】产于黑龙江、吉林、辽宁。生于田间、路旁、山野及撂荒地。

【营养及药用功效】含纤维素、多种维生素、矿物质等。有清热解毒、消肿散结、利尿催乳的功效。

【食用部位及方法】幼嫩植株。春季采集，洗净后可直接生食，也可放入开水中焯一下，捞出在凉水中浸泡后，便可腌渍、炒食、调拌凉菜或蘸酱食用。

叶不规则羽状深裂，侧裂片稍向后

外层总苞片花期伏贴，宽卵形

蒲公英

【别名】蒙古蒲公英

【学名】*Taraxacum mongolicum*

【科属】菊科，蒲公英属。

【识别特征】多年生草本；叶倒卵状披针形，有时倒向羽状深裂或大头羽状深裂，每侧裂片 3~5 片，叶柄及主脉常带红紫色。花莛 1 至数个，头状花序，总苞钟状，淡绿色；总苞片 2~3 层，外层总苞片卵状披针形，上部紫红色，先端增厚或具角状突起，内层总苞片线状披针形，先端紫红色，具小角状突起；舌状花黄色。瘦果为暗褐色倒卵状披针形，冠毛为白色。花果期 4~10 月。

【分布及生境】产于全国大部分地区。生于田间、路旁、山野、撂荒地等处。

【营养及药用功效】同东北蒲公英。

【食用部位及方法】同东北蒲公英。

叶柄及主脉常带红紫色

外层总苞片先端具角状凸起

二、花白色

（一）辐射状花

1. 花瓣 4

宽叶独行菜

【别名】北独行菜

【学名】*Lepidium latifolium*

【科属】十字花科，独行菜属。

【识别特征】多年生草本；无毛或疏生单毛。基生叶及茎下部叶革质，长圆披针形或卵形，有叶柄；茎上部叶披针形或长圆状椭圆形，无柄。总状花序圆锥状，萼片脱落，花瓣白色，倒卵形，爪明显。短角果宽卵形或近圆形，花柱极短。种子宽椭圆形，无翅。花期 5~7 月；果期 7~9 月。

【分布及生境】产于内蒙古、西藏。生于村旁、田边、山坡及盐化草甸。

【营养及药用功效】富含蛋白质、维生素、矿物质等。有清热燥湿的功效。

【食用部位及方法】嫩茎叶。春、夏季采集，洗净焯水后，可凉拌、炒食、做汤或做馅食用。

叶长圆披针形或卵形

短角果近圆形，花柱极短

匙荠

【学名】*Leiocarpaea cochlearioides*

【科属】十字花科，匙荠属。

【识别特征】二年生草本；高达60厘米。茎多分枝，无毛。基生叶有长柄，茎生叶无柄，长圆形或长圆状倒披针形，具波状或深波状牙齿，基部有耳，半抱茎。总状花序，花白色，花瓣倒卵状椭圆形，基部突然变狭成短爪。短角果不开裂，广卵形，先端有稍弯短喙。花果期5~6月。

【分布及生境】产于黑龙江、辽宁、河北等地。生于草原地区的水泡子旁。

【营养成分】含有多种维生素、矿物质等。

【食用部位及方法】嫩茎叶。春季采摘，将其洗净，入沸水中焯几分钟，再用清水浸泡，挤去水后，可凉拌、煮汤，亦可热炒。

短角果不开裂，广卵形

总状花序，花白色

荠

【别名】枕头草

【学名】*Capsella bursa-pastoris*

【科属】十字花科，荠属。

【识别特征】二年生草本；茎直立，开花时茎高 20~50 厘米。基生叶丛生，莲座状，羽状分裂，叶片有毛；茎生叶狭披针形或披针形。总状花序顶生和腋生，花小，白色。短角果扁平，呈倒三角形。花期 5~6 月；果期 6~7 月。

【分布及生境】产于全国各地。生于林边、路旁、田间。

【营养及药用功效】含维生素 B$_2$、蛋白质、胡萝卜素、脂肪、矿物质等。有和脾利水、止血明目的功效。

【食用部位及方法】嫩茎叶。春季采集，可炒食、凉拌，做菜馅、菜羹等。食用方法多样，风味特殊。

茎生叶狭披针形或披针形

短角果扁平，呈倒三角形

白花碎米荠

【别名】山芥菜

【学名】*Cardamine leucantha*

【科属】十字花科，碎米荠属。

【识别特征】多年生草本；茎单一。基生叶有长叶柄，小叶2~3对。总状花序顶生，花后伸长；花瓣白色，长圆状楔形。长角果线形，种子长圆形。花期5~6月；果期6~7月。

【分布及生境】产于东北及河北、山西、河南、安徽、江苏、浙江、湖北、江西、陕西、甘肃等地区。生于路边、山坡湿草地、杂木林下及山谷沟边阴湿处。

【营养及药用功效】含蛋白质、胡萝卜素、矿物质等。有清热解毒、化痰止咳、活血化瘀、止痛的功效。

【食用部位及方法】嫩茎叶。春季采集，洗净后，在开水中焯一下捞出，可以凉拌、涮火锅或蘸酱菜。

总状花序顶生，花后伸长；花瓣白色

基生叶有长叶柄，小叶2~3对

2. 花瓣 5

（1）叶不裂

鹿药

【学名】*Maianthemum japonicum*

【科属】天门冬科，舞鹤草属。

【识别特征】多年生草本；茎斜生，具 4~9 叶。叶卵状椭圆形。圆锥花序，具 10~20 朵花；花单生，白色。浆果近球形，熟时红色，具 1~2 颗种子。花期 5~6 月；果期 8~9 月。

【分布及生境】产于东北、华中、华东及山西、陕西、甘肃、贵州、四川等地区。生于林下阴湿处或岩缝中。

【营养及药用功效】含蛋白质、生命活性物质、多种维生素、矿物质等。有活血祛瘀、补肾壮阳、祛风止痛功效。

【食用部位及方法】春季采集嫩茎叶，洗净后，在开水中焯烫后，可凉拌、炒食或做火锅配料；春、秋季采集根状茎，洗净，鲜用或晒干后泡水代茶饮，也可用于炖汤。

茎斜生，具 4~9 叶

圆锥花序，具 10~20 朵花

宝珠草

【学名】*Disporum viridescens*

【科属】秋水仙科，万寿竹属。

【识别特征】多年生草本；通常有长匍匐茎，茎有时分枝。叶纸质，椭圆形至卵状矩圆形，横脉明显，具短柄或近无柄。花淡绿色，1~2 朵生于茎或枝的顶端，花被片张开。浆果球形，黑色，有 2~3 颗种子。种子红褐色。花期 5~6 月；果期 7~10 月。

【分布及生境】产于黑龙江、吉林、辽宁。生于林下或山坡草地。

【营养及药用功效】含有机酸、多种维生素、矿物质等。有清肺化痰、健脾消食、舒筋活血的功效。

【食用部位及方法】根。秋季采集，可煎汤，也可以泡酒，将处理干净的宝珠草，放入泡酒容器中，倒入白酒浸泡，密封储存，浸泡 3 个月左右即可。

浆果球形，黑色

叶卵状矩圆形，近无柄

矮桃

【别名】珍珠菜

【学名】*Lysimachia clethroides*

【科属】报春花科，珍珠菜属。

【识别特征】多年生草本；叶互生，长椭圆形或阔披针形。总状花序顶生，花密集，常转向一侧，果时伸长直立；花冠白色，基部合生，裂片狭长圆形。蒴果近球形。花期 5~7 月；果期 7~10 月。

【分布及生境】产于东北、华中、西南、华南、华东及河北、陕西等地区。生于山坡林缘和草丛中。

【营养及药用功效】含胡萝卜素、维生素、多种矿物质等。有清热利湿、活血散瘀、解毒消痈的功效。

【食用部位及方法】嫩茎叶。春、夏季采集，将其用沸水烫一下，再用清水浸泡后捞出，可凉拌、炒食或做汤食用。

总状花序花密集，常转向一侧

叶互生，长椭圆形或阔披针形

龙葵

【别名】黑天天

【学名】*Solanum nigrum*

【科属】茄科，茄属。

【识别特征】一年生草本；叶卵形，先端钝，基部楔形或宽楔形，下延。伞状聚伞花序腋外生，具3~10花，花萼浅杯状，花冠白色，冠檐裂片卵圆形。浆果球形，成熟后黑色。花期5~8月；果期7~11月。

【分布及生境】全国均有分布。生于田边、荒地及村庄附近。

【营养及药用功效】含胡萝卜素、多种维生素、多种矿物质等。有清热解毒、利尿消肿的功效。

【食用部位及方法】果实。夏、秋季采摘成熟果实，可直接生食或做成果汁饮用。

【毒性】全草有毒，未成熟的浆果毒性更大，不能食用

浆果球形，黑色　　　　　　　　　　　　花冠白色，冠檐裂片卵圆形

毛蕊卷耳

【别名】寄奴花

【学名】*Cerastium pauciflorum var. oxalidiflorum*

【科属】石竹科，卷耳属。

【识别特征】多年生草本；茎基部稍上升。叶无柄，多为卵状披针形。7~10 朵花于茎顶呈二歧聚伞花序，花瓣白色，倒披针状长圆形，雄蕊 10 枚，花丝下部疏生长毛。花期 5~6 月；果期 7~8 月。

【分布及生境】产于黑龙江、吉林、辽宁等地。生于林下、山区路旁湿润处及草甸中。

【营养及药用功效】含胡萝卜素、维生素、多种矿物质等。有清热解表、降压、解毒的功效。

【食用部位及方法】嫩茎叶。春季采收，将其放到开水中焯一下，捞出在凉水中浸泡后，便可腌渍、炒食、调拌凉菜、蘸酱、做馅等。

7~10 朵花于茎顶呈二歧聚伞花序

叶无柄，多为卵状披针形

鹅肠菜

【别名】牛繁缕

【学名】*Stellaria aquatica*

【科属】石竹科，繁缕属。

【识别特征】二年生或多年生草本；具须根。茎上升，多分枝，上部被腺毛。叶对生，膜质，卵形或宽卵形，上部叶常无柄。顶生二歧聚伞花序，花梗细长，有毛；花瓣5，白色，顶端2深裂达基部，花柱5，线形。蒴果5瓣裂，每瓣顶端再2裂。花期5~8月；果期6~9月。

【分布及生境】产于我国南北各省。生于河流两旁冲积沙地的低湿处或灌丛、林缘和水沟旁。

【营养及药用功效】含矿物质、维生素及生命活性物质。有清热解毒、活血消肿功效。

【食用部位及方法】嫩茎叶。春、夏季采集，可生炒，也可焯后凉拌或做汤。

顶生二歧聚伞花序

花瓣5，顶端2深裂达基部，花柱5

繁缕

【别名】鸡儿肠

【学名】*Stellaria media*

【科属】石竹科，繁缕属。

【识别特征】一年生草本；茎直立或平卧，纤弱。叶对生，卵形，顶端锐尖，有或无叶柄。花单生叶腋或呈顶生疏散的聚伞花序，萼片5，披针形，有柔毛；花瓣5，白色，比萼片短，2深裂近基部，花柱3。蒴果卵形或长圆形。种子黑褐色。花期7~8月；果期8~9月。

【分布及生境】全国广布，为常见田间杂草。生于荒地、菜园、村旁。

【营养及药用功效】含亚麻酸、十八碳四烯酸。有清热解毒、化瘀止痛、催乳功效。

【食用部位及方法】嫩茎叶。春季采集，可洗净后生炒，也可焯后凉拌或做成汤菜。

花瓣5，白色，比萼片短

叶对生，卵形，顶端锐尖

雀舌草

【别名】天蓬草

【学名】*Stellaria alsine*

【科属】石竹科，繁缕属。

【识别特征】二年生草本；全株无毛。茎稍铺散，多分枝。叶无柄，叶片披针形。聚伞花序通常具 3~5 花，花瓣 5，白色，2 深裂几达基部，裂片条形，花柱 3。蒴果卵圆形，包于宿存萼片内。花期 5~6 月；果期 7~8 月。

【分布及生境】产于全国大部分地区。生于田间、溪岸或潮湿地。

【营养及药用功效】含粗蛋白、粗脂肪、维生素、矿物质等。有祛风散寒、续筋接骨、活血止痛、解毒的功效。

【食用部位及方法】嫩茎叶。春季采集，将其放到开水中煮3~5 分钟，捞出在凉水中浸泡后，便可腌渍、炒食、调拌凉菜、蘸酱或做馅等。

蒴果卵圆形，包于宿存萼片内

叶无柄，叶片披针形

狗筋蔓

【别名】白牛膝

【学名】*Silene baccifera*

【科属】石竹科，蝇子草属。

【识别特征】多年生草本；茎平卧而上升。叶片卵状披针形，基部楔形。花单生于茎顶或分枝顶端，具叶状苞一对，形成疏散的圆锥花序；萼阔钟形，花后膨大成半球形，果期宿存，反折，花瓣5，白色。浆果球形，成熟时黑色。花期7~8月；果期8~9月。

【分布及生境】产于我国大部分地区。生于林缘、灌丛或草地。

【营养及药用功效】含粗蛋白、粗脂肪、粗纤维、矿物质。有活血化瘀、通淋泄浊、解毒消肿的功效。

【食用部位及方法】嫩茎叶。春季采集，将其放到开水中煮3~5分钟，捞出在凉水中浸泡后，便可炒食、凉拌、蘸酱或做馅等。

浆果球形，成熟时黑色

萼阔钟形，花后膨大成半球形

狼爪瓦松

【别名】辽瓦松

【学名】*Orostachys cartilaginea*

【科属】景天科，瓦松属。

【识别特征】二年生或多年生草本。莲座叶长圆状披针形，先端有软骨质附属物；茎生叶互生，线形或披针状线形，无柄。总状花序圆柱形，紧密多花，萼片有斑点；花瓣5，白色。花果期9~10月。

【分布及生境】产于东北及山东、内蒙古等地区。生于向阳石质山坡、采光好的岩石缝及沙砾中。

【营养及药用功效】含胡萝卜素、维生素、多种矿物质等。有止血、止痢敛疮的功效。

【食用部位及方法】嫩茎叶。春、夏季采集，经开水煮3~5分钟，反复经凉水浸泡后，可晒干，冬季烀咸菜吃。

【附注】枝叶中含有大量草酸，必须焯水后，反复浸泡才能食用。

总状花序圆柱形，紧密多花

莲座叶长圆状披针形，先端有软骨质附属物

长蕊石头花

【别名】霞草

【学名】*Gypsophila oldhamiana*

【科属】石竹科，石头花属。

【识别特征】多年生草本；根粗壮。茎数个由根颈处生出。叶片长圆形，平行脉。伞房状聚伞花序较密集，顶生或腋生；花萼钟形或漏斗状，花瓣5，粉红色。蒴果卵球形，稍长于宿存萼。花期6~9月；果期8~10月。

【分布及生境】产于辽宁、河北、山西、陕西、山东、江苏、河南等地。生于山坡草地、灌丛、沙滩乱石间或海滨沙地。

【营养及药用功效】含蛋白质、胡萝卜素、维生素、矿物质等。有清热凉血、消肿止痛、化腐生肌、长骨的功效。

【食用部位及方法】嫩茎叶。春季采集，将其放到开水中焯一下，便可炒食、蘸酱、腌渍或做成什锦袋菜。

伞房状聚伞花序较密集

花瓣5，粉红色

挂金灯

【别名】红姑娘

【学名】*Alkekengi officinarum* var. *franchetii*

【科属】茄科，酸浆属。

【识别特征】多年生草本；茎直立，节部稍膨大。植株下部的叶互生，上部的叶对生，叶卵形或宽卵形，顶端渐尖，基部楔形。花单生叶腋，花白色，花萼钟状，5裂，被短柔毛。浆果球形，成熟时橙红色，被膨大的宿存萼片包围。花果期6~10月。

【分布及生境】产于北方各地。生于田间、路边及荒地中。

【营养及药用功效】含蛋白质、脂肪、碳水化合物、维生素、多种矿物质等。有清热解毒、利尿的功效。

【食用部位及方法】成熟果实。秋季采集，可以直接食用，冬季食用味道更好，也可制作果酱等。

浆果被膨大的宿存萼片包围

花单生叶腋，花白色

西伯利亚蓼

【别名】剪刀股

【学名】*Knorringia sibirica*

【科属】蓼科，西伯利亚蓼属。

【识别特征】多年生草本；叶长椭圆形或披针形，基部戟形或楔形，无毛；托叶鞘筒状。圆锥状花序顶生，花稀疏，苞片漏斗状，无毛；花梗短，中上部具关节；花被5深裂，黄绿色，花被片长圆形，雄蕊7~8。瘦果卵形，具3棱，黑色，有光泽。花果期6~9月。

【分布及生境】产于东北、西北、华北、西南、华东及河南、湖北等地。生于路边、湖边、河滩、山谷湿地、沙质盐碱地。

【营养及药用功效】具有疏风清热，利水消肿，清肠胃积热。主治目赤肿痛，皮肤湿痒，便秘，水肿，腹水。

【食用部位及方法】在中国西藏供食用；全草或根茎可入药。

花被5深裂，黄绿色

叶披针形，无毛

戟叶蓼

【别名】水麻芍

【学名】Persicaria thunbergii

【科属】蓼科，蓼属。

【识别特征】一年生草本；茎直立或上升，四棱形，沿棱有倒生刺。茎上部叶近无柄；叶片戟形，茎中部叶卵形。花序顶生或腋生，聚伞状花序，着生 5~10 朵花，苞片绿色；花梗很短，花被白色。坚果卵圆状三棱形，外被宿存的花被。花期 7~8 月，果期 8~9 月。

【分布及生境】产于中国各地。生于山坡林下、湿草地及水边。

【营养及药用功效】花中含有槲皮苷；全草含有水蓼素。有清热解毒、止泻的功效，用于治毒蛇咬伤、泻痢等。

【食用部位及方法】全草入药。夏秋采收，鲜用或晒干备用。水煎服。

上部叶近无柄，戟形

聚伞状花序，着生 5~10 朵花

紫斑风铃草

【别名】吊钟花

【学名】*Campanula punctata*

【科属】桔梗科，风铃草属。

【识别特征】多年生草本；全体被刚毛。茎下部叶心状卵形，边缘具不整齐钝齿。花下垂，花萼边缘有芒状长刺毛；花冠白色，带紫斑，筒状钟形，裂片有睫毛。果实半球状倒锥形。花期6~9月；果期7~10月。

【分布及生境】产于东北、华北及河南、陕西、甘肃、四川、湖北等地区。生于山地林中、灌丛及草地中。

【营养及药用功效】含胡萝卜素、维生素、矿物质、风铃草素及菊糖。有清热解毒、止痛的功效。

【食用部位及方法】嫩茎叶。春、夏季采集，洗净、焯水、浸泡后，可凉拌、炒食、做汤或做馅食用。

花冠内面带紫斑

花冠白色，筒状钟形

野西瓜苗

【别名】香铃草

【学名】*Hibiscus trionum*

【科属】锦葵科、木槿属。

【识别特征】一年生草本；全体被细软毛。茎直立或稍卧生。叶掌状 3 至 5 深裂。花单生于叶腋，小苞片线形，花萼钟形，具纵向紫色条纹，中部以上合生；花淡黄色，花瓣 5，内面基部紫色，花药黄色，花柱枝 5。蒴果长圆状球形。花期 7~8 月；果期 9~10 月。

【分布及生境】产于全国各地。生于平原、山野、丘陵或田埂等处，是常见的田间杂草。

【营养及药用功效】含蛋白质、碳水化合物、矿物质等。有清热解毒、祛风除湿、止咳、利尿功效。

【食用部位及方法】嫩茎叶。春季采摘，清水洗净后，在开水中焯几分钟，反复浸泡后捞出晒干，冬天烀咸菜吃。

叶掌状 3 至 5 深裂

花萼钟形，具纵向紫色条纹

曼陀罗

【别名】醉心花

【学名】*Datura stramonium*

【科属】茄科，曼陀罗属。

【识别特征】一年生草本或半灌木状；茎粗壮，多分枝。叶广卵形，边缘有不规则波状浅裂，裂片顶端急尖。花单生于枝杈间或叶腋，花萼筒状，有5棱角；花冠漏斗状，白色或淡紫色，檐部5浅裂。蒴果直立，卵状，表面生有坚硬针刺。种子卵圆形，稍扁，黑色。花期7~8月；果期9~10月。

【分布及生境】产于全国各地。生于住宅旁、路边或草地上。

【成分及药用功效】含莨菪碱、阿托品及东莨菪碱等生物碱。有祛风湿、止喘定痛的功效。

【毒性】全草有毒，果实特别是种子毒性最大，嫩叶次之。不可以食用。

花萼筒状，有5棱角

叶广卵形，边缘有不规则波状浅裂

白花酢浆草

【别名】山酢浆草

【学名】*Oxalis acetosella*

【科属】酢浆草科，酢浆草属。

【识别特征】多年生草本；茎短缩不明显。叶基生小叶 3，无毛。总花梗基生，单花，与叶柄近等长；萼片 5，花瓣 5，白色或稀粉红色，倒心形，先端凹陷，具白色或带紫红色脉纹。蒴果卵球形。种子卵形，褐色或红棕色，具纵肋。花期 7~8 月；果期 8~9 月。

【分布及生境】产于东北、华北、西北及西南地区。生于针阔混交林和灌丛中。

【营养及药用功效】含多种维生素、胡萝卜素、矿物质等。有清热解毒、消肿散瘀的功效。

【食用部位及方法】嫩株。春、夏季采收，洗净后，可直接生食、蘸酱食用、制罐头及榨汁制成饮料等。

蒴果卵球形

叶基生小叶 3，无毛

棉团铁线莲

【别名】野棉花

【学名】*Clematis hexapetala*

【科属】毛茛科，铁线莲属。

【识别特征】多年生直立草本；老枝圆柱形。叶片近革质绿色，单叶至复叶一至二回羽状深裂，长椭圆状披针形至椭圆形，全缘。花序顶生，圆锥状聚伞花序，花单生，萼片白色，长椭圆形或狭倒卵形，花蕾时像棉花球。瘦果倒卵形，宿存花柱有灰白色长柔毛。花期6~8月；果期7~10月。

【分布及生境】产于华北、东北及甘肃、陕西、安徽等地区。生于固定沙丘、干山坡或山坡草地。

【营养及药用功效】含蛋白质、纤维素、矿物质等。有行气活血、祛风湿、止痛的功效。

【食用部位及方法】嫩茎叶。春季采集，沸水焯后，换清水浸泡，可做拌菜、炒食，也可晒干食用。

花序顶生，萼片白色

宿存花柱有灰白色长柔毛

3. 花瓣6至多

黄精

【别名】鸡头黄精

【学名】*Polygonatum sibiricum*

【科属】天门冬科，黄精属。

【识别特征】多年生草本；根状茎膨大。茎高50~90厘米，有时呈攀援状。叶4~6枚轮生，线状披针形，先端拳卷或弯曲。花被筒乳白色，中部稍缢缩，6瓣裂。浆果成熟时为黑色。花期5~6月；果期8~9月。

【分布及生境】产于东北、华北及陕西、宁夏、甘肃、河南、山东、安徽、浙江等地区。生于林下、灌丛或山坡阴处。

【营养及药用功效】含蛋白质、碳水化合物、维生素、矿物质等。有润肺滋阴、补脾益肾的功效。

【食用部位及方法】春季采集嫩茎叶，开水中焯一下，便可炒食、蘸酱、凉拌；秋季采集根，清水洗净，切片晒干，泡水喝。

叶4~6枚轮生，先端拳卷或弯曲

花被筒乳白色，6瓣裂

狭叶黄精

【学名】*Polygonatum stenophyllum*

【科属】天门冬科，黄精属。

【识别特征】多年生草本；根状茎圆柱状。茎叶轮生，每轮具 4~6 叶。叶条状披针形，先端渐尖。花序腋生，总花梗和花梗都极短，苞片白色膜质，花被白色，花被筒在喉部稍缢缩。花期 6 月；果期 7~8 月。

【分布及生境】产于东北地区。生于林下或灌丛。

【营养及药用功效】含蛋白质、碳水化合物、维生素、矿物质等。有平肝熄风、养阴明目、清热凉血、生津止渴、滋补肝肾的功效。

【食用部位及方法】春季采集嫩茎叶，将其放到开水中焯一下，便可炒食、蘸酱、腌渍或做成什锦袋菜；秋季采集根，清水洗净，切片晒干，泡水喝。

总花梗和花梗极短

茎叶轮生，每轮具 4~6 叶

龙须菜

【别名】雉隐天冬

【学名】*Asparagus schoberioides*

【科属】天门冬科，天门冬属。

【识别特征】多年生直立草本；根稍肉质。高 60~100 厘米，茎上部有分枝，叶状枝窄条形，镰刀状。叶鳞片状，近披针形。花腋生，黄绿色，花梗很短。浆果熟时红色。花期 5~6 月；果期 8~9 月。

【分布及生境】产于东北及河北、河南、山东、山西、陕西、甘肃等地区。生于草坡或林下。

【营养及药用功效】含蛋白质、胡萝卜素、维生素等。有舒筋、活血的功效。

【食用部位及方法】嫩茎叶。春季采集，将其放到开水中焯一下，便可炒食、蘸酱、腌渍或做成什锦袋菜。

茎上部有分枝，叶状枝窄条形

花腋生，黄绿色，花梗很短

铃兰

【别名】铃铛花

【学名】*Convallaria keiskei*

【科属】天门冬科，铃兰属。

【识别特征】多年生草本；根茎细长，匍匐生长。叶2枚，叶片椭圆形，先端急尖，基部稍狭窄。花莛高，稍外弯；苞片披针形，膜质，短于花梗；花乳白色，阔钟形，下垂。浆果球形，熟后红色。种子椭圆形，扁平，4~6颗。花期5~6月；果期6~7月。

【分布及生境】产于东北、华北、西北、华东及华中地区。生于深山幽谷中，阴坡林下潮湿处或沟边。

【成分及药用功效】含铃兰毒苷、铃兰黄酮苷、万年青皂苷等。有强心利尿、温阳利水、活血祛风的功效。

【毒性】全株有毒，特别是根茎和花的毒素最多。不可以食用。

叶2枚，叶片椭圆形

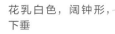

花乳白色，阔钟形，下垂

茖葱

【别名】寒葱

【学名】*Allium ochotense*

【科属】石蒜科，葱属。

【识别特征】多年生草本；鳞茎近圆柱状。叶倒披针状椭圆形，基部沿叶柄稍下延。花莛圆柱状，伞形花序球状，具多而密集的花；小花梗近等长，花白色或带绿色，子房具3圆棱，每室具1胚珠。花期6~7月；果期7~8月。

【分布及生境】产于东北及河北、山西、陕西、甘肃、四川、湖北等地区。生于阴湿山坡、山地林下、林缘草甸及灌丛等处。

【营养及药用功效】含蛋白质、维生素、矿物质等。有止血、散瘀、化痰、镇痛的功效。

【食用部位及方法】幼嫩植株。春季采集，洗净后可直接生食，也可放入开水中焯一下，捞出在凉水中浸泡后，便可腌渍、炒食、拌凉菜或蘸酱食用。

叶基部沿叶柄稍下延

伞形花序球状，花白色

芍药

【别名】赤芍药

【学名】*Paeonia lactiflora*

【科属】芍药科，芍药属。

【识别特征】多年生草本；下部茎生叶为二回三出复叶，上部茎生叶为三出复叶；小叶狭卵形，边缘具白色骨质细齿。花数朵，生茎顶和叶腋，苞片4~5，披针形；萼片4，花瓣9~13，倒卵形，白色，花丝黄色。蓇葖果，顶端具喙。花期5~6月；果期8~9月。

【分布及生境】产于东北、华北及甘肃等地区。生于山坡、山沟阔叶林下、林缘、灌丛间及草甸上。

【营养及药用功效】含蛋白质、维生素、微量元素等。有清热凉血、祛瘀止痛、清泻肝火、敛阴收汗的功效。

【食用部位及方法】花。夏季在花欲开放时采摘，洗净花瓣后，可以泡水或熬粥喝。

蓇葖果，顶端具喙

花瓣9~13，倒卵形

槭叶草

【别名】腊八菜

【学名】*Mukdenia rossii*

【科属】虎耳草科，槭叶草属。

【识别特征】多年生草本；叶基生，具长柄，叶片阔卵形，掌状 5~9 浅裂至深裂，无毛。花葶被黄褐色腺毛，多歧聚伞花序多花，萼片狭卵状长圆形，单脉；花瓣白色，披针形，单脉。蒴果，果瓣先端外弯，果柄弯垂。种子多数。花期 5~6 月；果期 7~8 月。

【分布及生境】产于吉林、辽宁等地。生于水边、沟谷、石崖上及江河边石砬子上。

【营养及药用功效】含多种维生素、氨基酸、矿物质等。有养心安神、减缓心跳的功效。

【食用部位及方法】幼嫩全草。春、夏季采收，洗净后放开水中焯一下，便可腌渍、炒食、凉拌、蘸酱食用或干制后冬季食用。

花瓣白色，披针形

叶片掌状 5~9 深裂

多被银莲花

【别名】竹节香附

【学名】*Anemone raddeana*

【科属】毛茛科，银莲花属。

【识别特征】多年生草本；根状茎横走，圆柱形。基生叶 1，有长柄，叶片三全裂，全裂片有细柄。花葶近无毛，苞片 3，三全裂，中全裂片倒卵形或倒卵状长圆形，顶端圆形；花梗 1，萼片 9~15，白色，长圆形或线状长圆形，顶端圆或钝。花期 4~5 月；果期 5~6 月。

【分布及生境】产于东北及山东等地。生于山地林下或阴湿草地。

【成分及药用功效】含皂苷类、油脂类、生物碱等。有祛风湿、散寒、消痈肿的功效。

【毒性】全草有毒，尤以根茎部含量最多。不可以食用。

萼片 9~15，线状长圆形

基生叶 1，有长柄

（二）两侧对称花

1. 花瓣 2

露珠草

【别名】牛泷草

【学名】*Circaea cordata*

【科属】柳叶菜科，露珠草属。

【识别特征】一年生粗壮草本；毛被通常较密。叶狭卵形至宽卵形，边缘具锯齿至近全缘。总状花序顶生，或基部具分枝，萼片淡绿色，开花时反曲，花瓣白色，倒卵形，先端凹缺。果实斜倒卵形至透镜形。花期6~8月；果期7~9月。

【分布及生境】产于东北、华北、西北、华东及河南、四川、贵州、西藏等地区。生于排水良好的落叶林中。

【营养及药用功效】含蛋白质、多种矿物质及维生素等。有清热、解毒、止痒的功效。

【食用部位及方法】嫩茎叶。春季采集，将其放到开水中煮沸，捞出，在凉水中浸泡后，便可晒干，冬季炒咸菜吃。

叶狭卵形至宽卵形　　　　　　　萼片淡绿色，开花时反曲

水珠草

【别名】露珠草

【学名】*Circaea canadensis* subsp. *quadrisulcata*

【科属】柳叶菜科，露珠草属。

【识别特征】一年生草本；叶卵形，边缘具锯齿。总状花序，花梗与花序轴垂直，被腺毛；萼片紫红色，反曲，花瓣倒心形，粉红色。果实梨形至近球形。花期6~8月；果期7~9月。

【分布及生境】产于东北、华北、西北、华东及河南、四川等地区。生于温带落叶阔叶林及针阔混交林中。

【营养及药用功效】含多种矿物质、维生素、胡萝卜素等。有宣肺止咳、理气活血、利尿解毒的功效。

【食用部位及方法】嫩茎叶。春季采集，将嫩茎叶放到开水中煮沸捞出，在凉水中浸泡后，便可晒干，冬季炒咸菜吃。

叶卵形，边缘具锯齿

萼片紫红色，反曲

2. 有距花
鸡腿堇菜

【别名】胡森堇菜

【学名】*Viola acuminata*

【科属】堇菜科，堇菜属。

【识别特征】多年生草本；根状茎较粗。通常无基生叶，叶片卵状心形，托叶叶状，通常羽状深裂呈流苏状。花具长梗，淡紫色或近白色，下瓣里面常有紫色脉纹，萼片线状披针形，子房圆锥状，无毛。蒴果椭圆形，无毛。花果期5~9月。

【分布及生境】产于东北、华北和华中地区。生于杂木林林下、林缘、灌丛、山坡草地或溪谷湿地等处。

【营养及药用功效】含多种维生素、蛋白质、矿物质等。有清热解毒、排脓消肿的功效。

【食用部位及方法】嫩茎叶。春、夏季采集，经过水煮和清水浸泡后，可蘸酱、腌渍、炒食、调拌凉菜等。

花具长梗，淡紫色或近白色　　　　　托叶叶状，通常羽状深裂呈流苏状

蒙古堇菜

【别名】白花堇菜

【学名】*Viola mongolica*

【科属】堇菜科，堇菜属。

【识别特征】多年生草本；无地上茎。叶基生，叶片卵状心形，果期叶片较大，边缘具钝锯齿，叶柄具狭翅。花梗细，通常高出于叶，萼片椭圆状披针形或狭长圆形，基部附属物末端浅齿裂，具缘毛；花白色，侧方花瓣里面近基部稍有须毛，距管状，稍向上弯，末端钝圆。花期5~6月；果期6~7月。

【分布及生境】产于东北及甘肃、内蒙古等地区。生于针叶林林下、阔叶林林缘以及石砾地。

【营养及药用功效】同紫花地丁。

【食用部位及方法】同紫花地丁。

叶基生，叶片卵状心形
距管状，稍向上弯，末端钝圆

3. 唇形花

野芝麻

【别名】野藿香

【学名】*Lamium barbatum*

【科属】唇形科，野芝麻属。

【识别特征】多年生草本；茎四棱形，具浅槽。茎下部的叶卵圆形，叶柄长。轮伞花序 4~14 花，苞片狭线形或丝状，花萼钟形；花冠白或浅黄色，稍上方呈囊状膨大，被疏绒毛状毛被，中裂片倒肾形，先端深凹。花期 4~6 月；果期 7~8 月。

【分布及生境】产于东北、华北、华东及陕西、甘肃、湖北、湖南、四川、贵州等地区。生于路边、溪旁、田埂及荒坡上。

【营养及药用功效】含挥发油、多种维生素、胡萝卜素、皂苷等。有凉血止血、活血止痛、利湿消肿的功效。

【食用部位及方法】嫩茎叶。春、夏季采集，经开水焯、凉水浸泡后，可晒干炟咸菜吃。

茎下部的叶卵圆形，叶柄长

轮伞花序 4~14 花，花冠白色

紫苏

【别名】白苏

【学名】*Perilla frutescens*

【科属】唇形科，紫苏属。

【识别特征】一年生直立草本；茎四棱形。叶阔卵形或圆形，叶柄长，两面绿色或紫色，或仅下面紫色。轮伞花序 2 花，偏向一侧，萼檐二唇形，下部被长柔毛，花冠白色，内面在下唇片基部略被微柔毛，冠筒短。小坚果近球形，具网纹。花期 8~11 月；果期 8~12 月。

【分布及生境】产于全国各地。生于山地路旁、村边荒地，或栽培于房舍旁。

【营养及药用功效】富含维生素、蛋白质、矿物质以及芳香油等。有发汗、镇痛、解毒的功效。

【食用部位及方法】春、夏季采集嫩叶，可生食或腌渍，和肉类一起煮，可增加后者的香味。秋季采收果实，可榨取食用油。

花萼下部被长柔毛，花冠白色

叶阔卵形或圆形，叶柄长

地笋

【别名】地瓜苗

【学名】*Lycopus lucidus*

【科属】唇形科，地笋属。

【识别特征】多年生草本；根茎横走，具节。茎直立，不分枝，节上带紫红色。叶近无柄，长圆状披针形，亮绿色。轮伞花序无梗，花萼钟形，花冠白色。小坚果倒卵圆状四边形，褐色。花期6~9月；果期8~11月。

【分布及生境】产于全国各地。生于沼泽地、水边、沟边等潮湿处。

【营养及药用功效】富含蛋白质、矿物质、糖类等。有降血脂、通九窍、利关节、养气血等功能。

【食用部位及方法】春、夏季采摘嫩茎叶，可凉拌、炒食或做汤；晚秋以后采集地下茎，鲜食或炒食，或做成酱菜等，口味独特，堪称野菜珍品。

轮伞花序无梗，花萼钟形，花冠白色　　　茎直立，不分枝

夏至草

【别名】小益母草

【学名】*Lagopsis supina*

【科属】唇形科，夏至草属。

【识别特征】多年生草本；具圆锥形的主根。茎四棱形，具沟槽，密被微柔毛。叶轮廓为圆形，裂片有圆齿或长圆形犬齿，叶片两面均绿色。轮伞花序疏花，花萼管状钟形，外密被微柔毛，花冠白色。小坚果长卵形，褐色。花期4~5月；果期5~6月。

【分布及生境】产于全国大部分地区。生于路旁、旷地上。

【营养及药用功效】含粗纤维、粗脂肪、蛋白质等。有活血调经、清热利湿、祛瘀止痛的功效。

【食用部位及方法】嫩茎叶。春季采集，将其放到开水中焯一下，多泡一会儿，便可炒食、蘸酱、腌渍或做成什锦袋菜。

叶轮廓为圆形，裂片有长圆形犬齿　　　轮伞花序疏花，花萼管状钟形

4. 蝶形花
白花草木樨

【别名】白香草木樨

【学名】*Melilotus albus*

【科属】豆科，草木樨属。

【识别特征】一年生或二年生草本；茎直立，几无毛。叶互生，羽状三出复叶，具叶柄，叶边缘具齿，无毛；托叶尖刺状锥形。总状花序顶生或腋生，花多数，花序细长，苞片线性，花冠为白色短钟形。荚果椭圆形。花期6~7月；果期7~8月。

【分布及生境】产于东北、华北、西北及西南各地区。生于干旱河谷、江边、灌丛、耕地边和山坡上。

【营养及药用功效】含多种维生素、蛋白质、矿物质等。有清热利湿、消食除积、祛痰止咳的功效。

【食用部位及方法】幼苗和嫩茎叶。春季采摘，用沸水浸烫一下，换冷水浸泡漂洗，可凉拌、炒食、炖汤、煮食、做馅、蒸食。

羽状三出复叶，具叶柄

荚果椭圆形

（三）头状花序

鳢肠

【别名】旱莲草

【学名】*Eclipta prostrata*

【科属】菊科，鳢肠属。

【识别特征】一年生草本；茎直立或斜升，有分枝，常呈红褐色，被伏毛，折断后可流出黑色汁液。叶片披针形，全缘或略具细齿。头状花序顶生或腋生，总苞浅钟形，舌状花白色。舌状花的瘦果扁四棱形，管状花的瘦果三棱形。花期 6~9 月；果期 7~10 月。

【分布及生境】产于全国各地。生于水田边、沟渠边及湿润地。

【营养及药用功效】含胡萝卜素、维生素、多种矿物质等。有凉血、止血、消肿、强壮之功效。

【食用部位及方法】嫩茎叶。春、夏季采集，洗净后，在开水中焯一下，可凉拌、炒食或煮粥。

茎直立或斜升，常呈红褐色

总苞浅钟形，舌状花白色

苍术

【别名】赤术

【学名】*Atractylodes Lancea*

【科属】菊科，苍术属。

【识别特征】多年生草本；茎直立。茎叶羽状深裂或半裂，全部叶质地硬，无毛，边缘有针刺状缘毛或三角形刺齿。头状花序单生茎枝顶端，总苞钟状，苞叶针刺状羽状全裂或深裂，小花白色。花果期6~10月。

【分布及生境】产于东北、华中、华北及甘肃、陕西、江苏、浙江、江西、安徽、四川等地区。生于山坡草地、林下、灌丛及岩石缝隙中。

【营养及药用功效】含微量元素、黄酮类、维生素类等。有祛风散寒的功效。

【食用部位及方法】嫩茎叶。春、夏季采集，洗净、焯水、浸泡后，可凉拌、炒食、做汤或做馅食用。

茎叶羽状半裂，无毛

苞叶针刺状羽状深裂，小花白色

东风菜

【别名】白云草

【学名】*Aster scaber*

【科属】菊科，紫菀属。

【识别特征】二年生草本；茎直立。叶片心形，边缘有具小尖头的齿，叶两面被微糙毛，下面浅色。头状花序圆锥伞房状排列，总苞片约3层，覆瓦状排列；舌状花约10个，舌片白色。瘦果倒卵圆形或椭圆形。花期6~10月；果期8~10月。

【分布及生境】产于东北、华北、华中及东南各地区。生于山谷坡地、草地和灌丛中。

【营养及药用功效】含蛋白质、粗纤维、胡萝卜素、维生素、烟酸等。有清热解毒、活血消肿的功效。

【食用部位及方法】嫩茎叶。春、夏季采集，洗净、焯水、浸泡后，可凉拌、炒食、做汤或做馅食用。

叶片心形，边缘有具小尖头的齿　　舌状花约10个，舌片白色

小蓬草

【别名】小飞蓬

【学名】*Erigeron canadensis*

【科属】菊科，飞蓬属。

【识别特征】一年生草本；茎直立，密被长硬毛。叶互生，密集，叶倒披针形，边缘有长缘毛。头状花序极多数，排列呈圆锥状，总苞圆筒形；边花雌性，花冠白色，中央花两性，淡黄色。瘦果长圆状。花期7~8月；果期8~9月。

【分布及生境】产于南北各地区。生于山坡、草地、林缘、田野、路旁及住宅附近。

【营养及药用功效】含维生素、蛋白质、胡萝卜素等。有清热、燥湿的作用。

【食用部位及方法】嫩茎叶。春季采收，将其放到开水中焯一下捞出，在凉水中反复浸泡换水后，便可腌渍、炒食、调拌凉菜、蘸酱食用或做什锦袋菜等。

叶互生，密集

花冠白色，中央花两性，淡黄色

牛膝菊

【别名】辣子草

【学名】*Galinsoga parviflora*

【科属】菊科，牛膝菊属。

【识别特征】一年生草本；高 10~80 厘米。茎不分枝或自基部分枝，分枝斜升，表面有贴伏短柔毛和少量腺毛。叶对生，呈卵形或长椭圆状卵形。头状花序呈半球形，有 4~5 个舌状花，舌片白色。瘦果黑色或黑褐色，表面有白色微毛。花果期 7~10 月。

【分布及生境】原产南美洲，南北各地均有分布。生于路边及空旷地。

【营养及药用功效】富含胡萝卜素、维生素、多种矿物质等。有清热解毒的功效。

【食用部位及方法】嫩茎叶。春、夏季采集，风味独特，可炒食、做汤、作火锅用料。

叶对生，呈卵形或长椭圆状卵形

头状花序呈半球形，有 4~5 个舌状花

一年蓬

【别名】千层塔

【学名】*Erigeron annuus*

【科属】菊科，飞蓬属。

【识别特征】一年生或二年生草本；高30~100厘米。叶长圆形或宽卵形，上部叶较小。头状花序多数，排列成疏圆锥花序，总苞半球形；外围的雌花舌状，2层，白色，线形，中央的两性花管状，黄色。瘦果披针形，扁压。花期7~8月；果期8~9月。

【分布及生境】原产于北美洲，在中国已归化，遍布全国各地区。生于山坡、林缘、荒地及路旁。

【营养及药用功效】富含胡萝卜素、维生素、多种矿物质等。有清热解毒、消食止泻的功效。

【食用部位及方法】嫩茎叶。春、夏季采摘，经开水焯、凉水漂后，可炒食、凉拌、做汤等。

外围的雌花舌状，2层，线形

叶长圆形或宽卵形 →

高山蓍

【别名】锯齿草

【学名】*Achillea alpina*

【科属】菊科，蓍属。

【识别特征】多年生草本；茎直立，高 30~80 厘米。叶无柄，条状披针形，羽状深裂或全裂。头状花序多数，集成伞房状，总苞近球形，边缘舌状花 6~8 朵，白色。瘦果宽倒披针形，有淡色边肋。花果期 7~9 月。

【分布及生境】产于东北、华北及宁夏、甘肃等地区。生于山坡灌丛、林缘、山坡草地、河岸湿地及山涧河谷湿地。

【成分及药用功效】含蓍素、荚蒾醇和左旋水苏碱等。有解毒消肿、祛风、活血、止血、镇痛的功效。

【毒性】全草有毒，叶中毒性最强。不可以食用。

头状花序多数，集成伞房状

叶无柄，条状披针形，羽状深裂或全裂

福王草

【别名】盘果菊

【学名】*Nabalus tatarinowii*

【科属】菊科，耳菊属。

【识别特征】多年生草本；茎直立，上部多分枝。中下部茎叶心形或卵状心形。头状花序含 5 枚舌状小花，多数，沿茎枝排成疏松的圆锥状花序或少数沿茎排列成总状花序，舌状小花黄白色。瘦果线形或长椭圆状。花期 7~8 月，果期 9~10 月。

【分布及生境】产于东北、西北、华北、华东、华中及西南各地区。生于山谷、山坡林缘、林下、草地或水旁潮湿地。

【营养及药用功效】含蛋白质、纤维素、脂肪等。有抗病毒、抗溃疡、改善睡眠的功效。

【食用部位及方法】嫩茎叶。春、夏季采集，将其放到开水中焯一下，清水浸泡后，便可晒成干菜冬季食用。

中下部茎叶心形或卵状心形　　　　头状花序含 5 枚舌状小花

中华苦荬菜

【别名】苦菜

【学名】*Ixeris chinensis*

【科属】菊科，苦荬菜属。

【识别特征】多年生草本；茎单生或少数茎成簇生。基生叶多数，茎生叶2~4枚，长披针形。头状花序通常在茎枝顶端排成伞房花序，总苞圆柱状，总苞片3~4层，外层及最外层宽卵形，内层长椭圆状倒披针形；舌状小花白色或黄色，干时带红色。花期6~7月；果期7~9月。

【分布及生境】产于南北各省。生于山坡林缘、灌丛、草地、田野路旁。

【营养及药用功效】富含蛋白质、胡萝卜素、维生素、矿物质等。有清热凉血、消肿解毒的功效。

【食用部位及方法】嫩茎叶。春、夏采集，洗净后，可直接生用，也可以用沸水焯过后，蘸酱食用，是一道有凉血、败火作用的佳肴。

总苞圆柱状

舌状小花白色

朝鲜蒲公英

【别名】白花蒲公英

【学名】*Taraxacum coreanum*

【科属】菊科，蒲公英属。

【识别特征】多年生草本。叶倒披针形，先端锐尖，基部渐狭成柄，羽状浅裂至深裂，侧裂片平展或倒向。花莛数个，头状花序，总苞宽钟状，外层总苞片卵状披针形，先端具明显角状突起，带红紫色；舌状花白色，稀淡黄色，边缘花舌片背面有紫色条纹。花果期 4~6 月。

【分布及生境】产于黑龙江、吉林、辽宁、内蒙古及河北等地区。生于原野或路旁。

【营养及药用功效】含维生素、胡萝卜素、矿物质等。有清热解毒、消肿散结、利尿催乳的功效。

【食用部位及方法】幼嫩植株。洗净后可直接生食，或将其放到开水中焯一下捞出，可炒食、凉拌或蘸酱食用。

总苞片先端背面具小角或增厚

（四）穗状花序

叉分蓼

【别名】酸不溜

【学名】*Koenigia divaricata*

【科属】蓼科，冰岛蓼属。

【识别特征】多年生草本；茎自基部分枝，呈叉状。叶披针形，顶端急尖。花序圆锥状，分枝开展，苞片卵形，内具2~3朵花，花梗与苞片近等长，顶部具关节，花被5深裂，白色。瘦果黄褐色，有光泽，超出宿存花被约1倍。花期7~8月；果期8~9月。

【分布及生境】产于东北、华北及山东等地区。生于山坡草地、山谷灌丛。

【营养及药用功效】含胡萝卜素、维生素、多种矿物质等。有清热、消积、散瘿、止泻的功效。

【食用部位及方法】幼苗、嫩茎。春季采集，幼苗洗净后可直接凉拌或炒食；嫩茎具有独特酸味，可生食或拌菜。

花序圆锥状，分枝开展

瘦果黄褐色，有光泽

酸模叶蓼

【别名】大马蓼

【学名】*Persicaria lapathifolia*

【科属】蓼科，蓼属。

【识别特征】一年生草本；茎直立，节部膨大。叶披针形或宽披针形，上面绿色，常有一个大的黑褐色新月形斑点；托叶鞘筒状，膜质。总状花序呈穗状，花紧密，花被5，淡红色或白色。瘦果宽卵形，双凹，包于宿存花被内。花期6~8月；果期7~9月。

【分布及生境】产于南北各地区。生于田边、路旁、水边、荒地或沟边湿地。

【营养及药用功效】含胡萝卜素、维生素、多种矿物质等。有清热解毒、活瘀消肿的功效。

【食用部位及方法】幼苗，嫩茎叶。春、夏季采集，嫩茎叶味酸，洗净后在开水中焯一下捞出，可凉拌、炒食或做汤。

托叶鞘筒状，膜质

花序呈穗状，花紧密

银线草

【别名】灯笼花

【学名】*Chloranthus japonicus*

【科属】金粟兰科，金粟兰属。

【识别特征】多年生草本；根状茎多节，横走，有香气。茎直立，不分枝。叶对生，倒卵形，边缘有齿牙状锐锯齿，齿尖有一腺体。穗状花序单一，苞片三角形，花白色。核果近球形或倒卵形，绿色。花期 4~5 月；果期 5~7 月。

【分布及生境】产于吉林、辽宁、河北、山西、山东、陕西、甘肃等地。生于山坡、山谷杂木林下阴湿处或沟边草丛中。

【营养及药用功效】富含维生素、蛋白质、矿物质等。有祛湿散寒、活血止痛、散瘀解毒的功效。

【食用部位及方法】嫩茎叶。春季采集，放入开水中焯一下，清水浸泡后，可凉拌炒食或做汤等。

穗状花序单一，花白色

核果近球形或倒卵形，绿色

小白花地榆

【学名】*Sanguisorba tenuifolia* var. *alba*

【科属】蔷薇科，地榆属。

【识别特征】多年生草本；茎有棱，光滑。基生叶为羽状复叶，有小叶 7~9 对，小叶有柄，茎生叶与基生叶相似。穗状花序长圆柱形，通常下垂，萼片长椭圆形，花白色，外面无毛，花丝扁平扩大，比萼片长 1~2 倍。果有 4 棱，无毛。花果期 8~9 月。

【分布及生境】产于黑龙江、吉林、辽宁、内蒙古等地区。生于湿地、草甸、林缘及林下。

【营养及药用功效】含胡萝卜素、多种维生素、矿物质等。有凉血止血、收敛止泻、清热解毒的功效。

【食用部位及方法】嫩茎叶。春季采集，沸水焯后，换清水浸泡，可做拌菜或炒食。

基生叶为羽状复叶

穗状花序长圆柱形，通常下垂

兴安升麻

【别名】地龙芽

【学名】*Actaea dahurica*

【科属】毛茛科，类叶升麻属。

【识别特征】多年生草本；雌雄异株。下部茎生叶为二回或三回三出复叶，叶片三角形，顶生小叶宽菱形，三深裂，侧生小叶长椭圆状卵形。花序复总状，萼片宽椭圆形至宽倒卵形。蓇葖生于心皮柄上。花期 7~8 月；果期 8~9 月。

【分布及生境】产于东北、华北各地区。生于山地、林缘、灌丛以及山坡疏林或草地中。

【营养及药用功效】含蛋白质、脂肪、纤维素、矿物质等。有清热解毒、消炎止痛的功效。

【食用部位及方法】嫩茎叶。春季采集，沸水焯后，换清水浸泡，可做拌菜、炒食、做汤和腌菜。

【毒性】全草有毒、嫩叶无毒，采摘须在开花前进行。

下部茎生叶为二回或三回三出复叶

蓇葖生于心皮柄上

大三叶升麻

【别名】牻牛卡架

【学名】*Actaea heracleifolia*

【科属】毛茛科，类叶升麻属。

【识别特征】多年生草本；根状茎粗壮，表面黑色。下部的茎叶为二回三出复叶，叶轮廓三角状卵形；小叶边缘有粗齿，茎上部叶通常为一回三出复叶。花序具 2~9 条分枝，苞片钻形，萼片黄白色，倒卵状圆形，心皮 3~5 枚，有短柄。蓇葖果下部有细柄。花期 7~8 月；果期 8~9 月。

【分布及生境】产于东北三省。生于山坡草丛或灌木丛中。

【营养及药用功效】含蛋白质、脂肪、纤维素、矿物质等。有清热泻火、升阳的功效。

【食用部位及方法】嫩茎叶。春季采集，沸水焯后，换清水浸泡，可拌菜、炒食、做汤和腌菜。

茎上部叶通常为一回三出复叶

蓇葖果下部有细柄

单穗升麻

【别名】窟窿牙

【学名】Actaea simplex

【科属】毛茛科，类叶升麻属。

【识别特征】多年生草本；茎单一。下部茎叶为二至三回羽状三出复叶，叶片卵状三角形，茎上部叶较小。总状花序少分枝，花药黄白色，心皮 2~7 枚。蓇葖果长 7~9 毫米，柄长达 5 毫米。花期 7~8 月；果期 8~9 月。

【分布及生境】产于东北、华北、西南及安徽、甘肃、广东、河南、湖北、江西、陕西、浙江等地区。生于山地草坪、潮湿的灌丛、草丛或草甸的草墩中。

【营养及药用功效】含蛋白质、脂肪、纤维素、矿物质等。有散风解毒、升阳发表的功效。

【食用部位及方法】嫩茎叶。春季采集，沸水焯后，换清水浸泡，可拌菜、炒食、做汤和腌菜。

总状花序少分枝

蓇葖果长 7~9 毫米，柄长达 5 毫米

假升麻

【别名】山荞麦秧子

【学名】*Aruncus sylvester*

【科属】蔷薇科，假升麻属。

【识别特征】多年生草本；茎圆柱形，带暗紫色。大型羽状复叶，通常二回，稀三回，总叶柄无毛；小叶片3~9，菱状卵形。大型穗状圆锥花序，苞片线状披针形，萼筒杯状，花瓣倒卵形，白色。蓇葖果直立，果梗下垂。花期6月；果期8~9月。

【分布及生境】产于东北及河南、甘肃、陕西、湖南、江西、安徽、浙江、四川、云南、广西、西藏等地区。生于山沟、山坡杂木林下。

【营养及药用功效】富含多种维生素、蛋白质、矿物质等。有补虚、收敛、解热的功效。

【食用部位及方法】嫩茎叶。春季采集，沸水焯后，换清水浸泡，可做炒食、煮汤、炝拌、盐渍等。

大型羽状复叶，通常二回

花瓣倒卵形，白色

大落新妇

【别名】荞麦芽

【学名】*Astilbe grandis*

【科属】虎耳草科，落新妇属。

【识别特征】多年生草本；高达 1 米。基生叶二至三回三出复叶，小叶广卵形，基部偏斜，边缘具重锯齿；茎生叶与基生叶相似或稍小。圆锥花序较宽，花轴与花梗密被腺毛，花色淡，花瓣白色或淡粉紫色。花期 6~7 月；果期 8~9 月。

【分布及生境】产于东北三省。生于阔叶林下或灌丛中。

【营养及药用功效】富含多种维生素、蛋白质、矿物质等。有祛风除湿、强筋壮骨、活血祛瘀、止痛、镇咳的功效。

【食用部位及方法】嫩茎叶。春季采集，可炒食、速冻、做馅、做蘸酱菜或干菜。

基生叶二至三回三出复叶

花轴与花梗密被腺毛，花瓣白色

（五）伞状花序

和尚菜

【别名】土冬花

【学名】*Adenocaulon himalaicum*

【科属】菊科，和尚菜属。

【识别特征】多年生草本；根状茎匍匐，茎直立。下部茎叶肾形或圆肾形，基出三脉。花序梗被灰白色蛛丝状毛，总苞半球形，总苞片 5~7 个，宽卵形，全缘，果期向外反曲；花白色，裂片卵状长椭圆形。瘦果棍棒状，被多数头状具柄的腺毛。花果期6~11 月。

【分布及生境】产于全国各地。生于河岸、湖旁、峡谷、阴湿密林下。

【营养及药用功效】含纤维素、多种维生素、矿物质等。有止咳平喘、活血行瘀、利水消肿的功效。

【食用部位及方法】嫩茎叶。春、夏季采集，在沸水中焯后，放入净水中浸泡，可以凉拌、清炒或者蘸酱吃。

下部茎叶圆肾形，基出三脉

花白色，裂片卵状长椭圆形

石防风

【学名】*Kitagawia terebinthacea*

【科属】伞形科，石防风属。

【识别特征】多年生草本；植株高达 1.2 米。叶椭圆形或三角状卵形，二回羽状全裂，第一回羽片 3~5 对，下部羽片具短柄，小裂片卵状披针形。复伞形花序多分枝，花序梗顶端有茸毛或糙毛，小总苞片线形，花瓣白色，倒心形。果椭圆形，背腹扁。花期 7~9 月；果期 9~10 月。

【分布及生境】产于东北及内蒙古、河北、山东等地区。生于林下、林缘及山坡草地。

【营养及药用功效】含胡萝卜素、维生素、多种矿物质等。有散风清热、降气祛痰之功效。

【食用部位及方法】嫩茎叶。春季采摘，清水洗净后，在开水中焯一下捞出，可凉拌、炒食、做汤或做馅食用。

叶椭圆形或三角状卵形，二回羽状全裂

果椭圆形，背腹扁

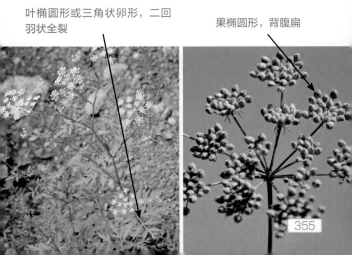

香芹

【别名】山香芹

【学名】*Libanotis seseloides*

【科属】伞形科，岩风属。

【识别特征】多年生草本；茎单一，直立。基生叶有长柄，茎生叶叶柄较短或无柄；叶片轮廓长三角形，多回羽状全裂。复伞形花序基部有密毛，花瓣在花蕾中为绿黄色，开放时为白色。分生果宽椭圆形，背棱和中棱突起。花期 8~9 月；果期 10 月。

【分布及生境】产于辽宁、吉林、河北等地。生于干旱草地、草甸、灌丛、河边、林缘及路边等地。

【营养及药用功效】含胡萝卜素、维生素、多种矿物质等。有清热除烦、平肝、利水消肿、凉血、止血的功效。

【食用部位及方法】嫩茎叶。春季采摘，在开水中焯几分钟，反复浸泡后捞出晒干，冬天烀咸菜吃。

叶片轮廓长三角形，多回羽状全裂

复伞形花序，花瓣开放时为白色

泽芹

【别名】山藁本

【学名】*Sium suave*

【科属】伞形科，泽芹属。

【识别特征】多年生草本；茎有条纹，通常在近基部的节上生根。叶片轮廓呈长圆形，羽状分裂，有羽片 3~9 对。复伞形花序顶生和侧生，总苞片 6~10，披针形，小总苞片线状披针形，花白色，萼齿细小。果实卵形，分生果的果棱肥厚，近翅状。花期 8~9 月；果期 9~10 月。

【分布及生境】产于东北、华东及华北各地区。生于湿草甸子、沼泽、溪边及水边较潮湿处。

【营养及药用功效】含胡萝卜素、维生素、矿物质等。有散风寒、止头痛、降血压的功效。

【食用部位及方法】嫩茎叶。春季采集，用开水焯后，再放在冷开水中浸泡捞出，即可炒食、蘸酱或做汤食用。

复伞形花序顶生和侧生，
花白色

叶片轮廓呈长圆形，羽状
分裂

珊瑚菜

【别名】北沙参

【学名】*Glehnia littoralis*

【科属】伞形科，珊瑚菜属。

【识别特征】多年生草本；叶长圆状卵形，三出式二回羽状分裂。复伞形花序顶生，密生长柔毛；小伞房花序有花 15~20，花白色，萼齿 5，卵状披针形。果实近圆球形，具茸毛，果棱有翅。花期 6~7 月；果期 7~8 月。

【分布及生境】产于辽宁、河北、山东、江苏、浙江、福建、台湾、广东等地。生于海边沙滩或栽培于肥沃疏松的砂质土壤。

【营养及药用功效】含蛋白质、维生素、矿物质、烟酸等。有养阴清肺、益胃生津的功效。

【食用部位及方法】嫩茎叶。春、夏季采摘，洗净后，在开水中焯一下捞出，可做凉拌、炒食或腌制酱菜等。

叶长圆状卵形，三出式二回羽状分裂

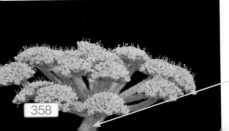

复伞形花序顶生，密生浓密的长柔毛

大齿山芹

【别名】碎叶山芹

【学名】*Ostericum grosseserratum*

【科属】伞形科，山芹属。

【识别特征】多年生草本；植株高达 1 米。茎中空，有浅钝沟纹，上部叉状分枝。叶鞘长披针形，边缘白色膜质；叶宽三角形，二至三回 3 裂。伞形花序，花瓣白色，倒卵形。果宽椭圆形，背棱突起。花期 7~9 月；果期 8~10 月。

【分布及生境】产于安徽、河南、山西、福建、吉林、浙江、河北、江苏、辽宁、陕西等地。生于草地、溪沟旁、山坡及林缘灌丛中。

【营养及药用功效】含胡萝卜素、维生素、多种矿物质等。有温脾散寒、补中益气的功效。

【食用部位及方法】嫩茎叶。春季采摘，清水洗净后，在开水中焯一下捞出，可凉拌、炒食、做汤或做馅食用。

茎上部叉状分枝

伞形花序，花瓣白色

防风

【别名】关防风

【学名】Saposhnikovia divaricata

【科属】伞形科，防风属。

【识别特征】多年生草本；根粗壮，细长圆柱形。茎单生，自基部分枝较多。叶片卵形或长圆形，二回或近于三回羽状分裂。复伞形花序，伞辐 5~7，小伞形花序有花 4~10，小总苞片 4~6，线形或披针形；花瓣倒卵形，白色。双悬果狭圆形或椭圆形，幼果有海绵质瘤状突起。花期 8~9 月；果期 9~10 月。

【分布及生境】产于北方各地区。生长于草原、丘陵、多砾石山坡。

【成分及药用功效】含防风色酮醇、升麻素苷、香草酸等。有发汗、祛痰、祛风、发表、镇痛的功效。

【药用部位及方法】根。秋季采集，洗净，晒干药用。

叶片长圆形，二回或近于三回羽状分裂

小伞形花序有花 4~10

棱子芹

【学名】*Pleurospermum uralense*

【科属】伞形科，棱子芹属。

【识别特征】多年生草本；茎直立，中空。基生叶与茎下部叶有长叶柄和叶鞘，叶片二至三回羽状全裂，轮廓近三角形。复伞形花序顶生或腋生，伞辐 10~40；小伞形花序具多花，花白色。果披针状椭圆形，具 5 条隆起的中空的果棱。花期 6~7 月；果期 7~8 月。

【分布及生境】产于辽宁、吉林、内蒙古、河北、山西等地区。生于林下、林缘草甸、山谷溪边。

【营养及药用功效】含胡萝卜素、维生素、多种矿物质等。有活血、补血、养血的功效。

【食用部位及方法】嫩茎叶。春季采摘，清水洗净后，在开水中焯几分钟，反复浸泡后捞出晒干，冬天炒咸菜吃。

复伞形花序顶生或腋生

基生叶有长叶柄和叶鞘

白芷

【别名】大活

【学名】*Angelica dahurica*

【科属】伞形科，当归属。

【识别特征】多年生高大草本；茎通常带紫色，中空。叶二至三回羽状分裂，叶柄下部为囊状膨大的膜质叶鞘。复伞形花序，小总苞片 5~10，线状披针形，膜质，花白色；花瓣倒卵形。花期 7~8 月；果期 8~9 月。

【分布及生境】产于东北及华北地区。生于林下、林缘、溪旁、灌丛及山谷草地。

【营养及药用功效】含胡萝卜素、维生素、多种矿物质等。有祛风散寒、通窍止痛、消肿排脓、燥湿止带的功效。

【食用部位及方法】春夏季采集嫩茎，剥皮后可供食用。秋季采集新鲜的白芷根，可以用于制作泡菜。干白芷根气味芳香，可以做调味料。

复伞形花序，花白色

叶柄下部为囊状膨大的膜质叶鞘

【别名】野胡萝卜

【学名】*Cnidium monnieri*

【科属】伞形科，蛇床属。

【识别特征】一年生草本；茎多分枝。下部叶具短柄，卵形至三角状卵形，二至三回三出式羽状全裂，上部叶柄全部鞘状。花瓣白色，先端具内折小舌片。分生果长圆状，胚乳腹面平直。花期6~7月；果期8~9月。

【分布及生境】产于全国大部分地区。生于田边、路旁、草地及河边湿地。

【成分及药用功效】含挥发油、糖类、多种微量元素等，也含香豆素类化合物，有小毒。有温肾壮阳、燥湿杀虫、祛风止痒的功效。

【食用部位及方法】嫩茎叶。春季采集，清洗后入水焯熟，再用清水反复浸泡捞出，可凉拌、炒食或做汤。

【毒性】种子有毒。采摘嫩茎叶时勿混入。

叶三角状卵形，二至三回三出式羽状全裂

花瓣白色，先端具内折小舌片

拐芹

【别名】拐芹当归

【学名】*Angelica polymorpha*

【科属】伞形科，当归属。

【识别特征】多年生草本；茎单一，中空。叶片呈三角状卵形，二至三回三出式羽状分裂，小叶柄通常膝曲或弧形弯曲。复伞形花序，小苞片狭线形，紫色；花瓣匙形至倒卵形，白色。果实长圆形至近长方形，基部凹入。花期 8~9 月；果期 9~10 月。

【分布及生境】产于东北及河北、山东、江苏等地区。生于山沟溪流旁、杂木林下、灌丛间及阴湿草丛中。

【营养及药用功效】含胡萝卜素、维生素、多种矿物质等。有祛风散寒、消肿止痛的功效。

【食用部位及方法】嫩茎叶。春季采摘，清水洗净后，在开水中焯一下捞出，可凉拌、炒食、做汤或做馅食用。

叶片呈三角状卵形，二至三回三出式羽状分裂

小苞片狭线形，紫色

毒芹

【别名】野芹菜

【学名】*Cicuta virosa*

【科属】伞形科，毒芹属。

【识别特征】多年生粗壮草本；茎直立，圆筒形。叶鞘膜质，叶片轮廓呈三角形，二至三回羽状分裂；较上部的叶柄短。复伞形花序，总苞片无，小总苞片线状披针形；小伞形花序有花 15~35，花瓣白色，倒卵形或近圆形。花期 7~8 月；果期 8~9 月。

【分布及生境】产于东北及内蒙古、河北、陕西、甘肃、四川、新疆等地区。生于杂木林下、湿地或水沟边。

【成分及药用功效】含有毒芹碱。有拔毒、祛瘀、止痛的功效。

【毒性】全草有剧毒，以根茎毒性最强，晚秋和早春期间毒性更大。不可以食用。

叶片轮廓呈三角形，二至三回羽状分裂

小伞形花序有花 15~35，花瓣白色

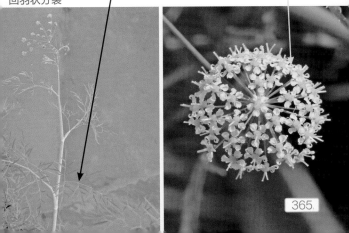

东北羊角芹

【别名】小叶羊角芹

【学名】*Aegopodium alpestre*

【科属】伞形科，羊角芹属。

【识别特征】多年生草本；茎具条纹，中空。叶片通常三出式二回羽状分裂，先端渐尖，基部楔形。复伞形花序顶生和侧生，无总苞片和小总苞片，小伞形花序花柄不等长；花瓣倒卵形，白色，有内折的小舌片。果实长圆形或长圆状卵形，主棱明显。花果期 6~8 月。

【分布及生境】产于东北及新疆等地区。生于杂木林下或山坡草地。

【营养及药用功效】含胡萝卜素、维生素、多种矿物质等。有祛风、止痛之功效。

【食用部位及方法】嫩茎叶。春、夏季采摘，洗净后，在开水中焯一下捞出，可做凉拌菜或炒食，或腌制酱菜等。

叶片通常三出式二回羽状分裂

花瓣倒卵形，白色，有内折的小舌片

【学名】*Anthriscus sylvestris*

【科属】伞形科，峨参属。

【识别特征】二年生或多年生草本；根茎较粗壮，茎多分枝。基生叶有长柄，叶片呈卵形，二回羽状分裂。复伞形花序，伞幅4~15，小总苞片5~8，花白色，通常带绿或黄色。果实长卵形至线状长圆形。花果期4~5月。

【分布及生境】产于辽宁、河北、河南、新疆等地，生于山坡林下、路旁以及山谷溪边石缝中。

【营养及药用功效】含胡萝卜素、维生素、多种矿物质等。有益气健脾、活血止痛的功效。

【食用部位及方法】嫩茎叶。春季、夏季采摘，洗净后，在开水中焯一下捞出，可做凉拌菜、炒食、腌制酱菜等。

茎多分枝，枝顶生复伞形花序　　果实长卵形至线状长圆形

鸭儿芹

【别名】鸭脚板

【学名】*Cryptotaenia japonica*

【科属】伞形科，鸭儿芹属。

【识别特征】多年生草本；茎直立，有分枝。叶片轮廓三角形，3小叶，边缘有不规则的重锯齿。复伞形花序呈圆锥状，总苞片1，花序梗不等长，小伞形花序有花2~4；花白色，倒卵形，花丝短于花瓣。分生果线状长圆形。花期7~8月；果期9~10月。

【分布及生境】产于全国各地（除新疆、青海、西藏外）。生于山地、山沟及林下较阴湿的地区。

【营养及药用功效】含蛋白质、维生素、矿物质、烟酸等。有清热解毒、活血消肿的功效。

【食用部位及方法】嫩茎叶。春、夏季采集，洗净后，在开水中焯一下捞出，可做凉拌、炒食或腌制酱菜等。

叶片轮廓三角形，3小叶

分生果线状长圆形

水芹

【别名】水芹菜

【学名】*Oenanthe javanica*

【科属】伞形科，水芹属。

【识别特征】多年生草本；茎直立或基部匍匐。叶片轮廓三角形，一至二回羽状分裂，基生叶有柄，上部叶无柄。复伞形花序顶生，小总苞片线形；有花20余朵，花瓣白色，倒卵形，花柱直立或两侧分开。果实近椭圆形，侧棱较背棱和中棱隆起。花期6~7月；果期8~9月。

【分布及生境】产于全国南北各省。生于沼泽、湿地、沟边及水田中。

【营养及药用功效】含维生素、矿物质、水芹素和槲皮素等。有清热利湿、止血、降血压的功效。

【食用部位及方法】嫩茎及叶柄。春、夏季采集，洗净后，放进沸水中焯几分钟，可凉拌或炒食。

叶片轮廓三角形，一至二回羽状分裂

花瓣白色，倒卵形，花柱直立或两侧分开

短毛独活

【别名】东北牛防风

【学名】*Heracleum moellendorffii*

【科属】伞形科，独活属。

【识别特征】多年生草本；茎直立，有棱槽。叶有柄，广卵形，三出式分裂，裂片不规则3~5裂，茎上部叶有显著宽展的叶鞘。复伞形花序顶生和侧生，伞幅12~30，小总苞片5~10，披针形；花瓣白色，二型。分生果圆状倒卵形，顶端凹陷。花期7~8月；果期8~9月。

【分布及生境】产于全国南北各地。生于阴坡山沟旁、林缘或草甸子。

【营养及药用功效】含蛋白质、多种维生素、矿物质等。有祛风除湿、发表散寒、止痛的功效。

【食用部位及方法】嫩茎叶。春、夏季采摘，洗净后，在开水中焯一下捞出，可做凉拌、炒食或腌制酱菜等。

叶广卵形，三出式分裂　　　　　　　　花瓣白色，二型

三、花紫色

（一）辐射对称花

1. 花瓣 4

锥果芥

【学名】*Stevenia maximowiczii*

【科属】十字花科，曙南芥属。

【识别特征】一年生或二年生草本；高 20~60 厘米，植株因被毛浓密而呈灰白色。基生叶早枯，茎生叶片匙状倒卵形，全缘。花序伞房状，果期伸长；花梗细丝状；花瓣粉红色。长角果连同针状花柱呈细锥状。花期 6~7 月；果期 7~8 月。

【分布及生境】产于辽宁、河北、山东、河南、江苏、浙江等地。生于山坡、水沟边。

【营养及药用功效】富含胡萝卜素、维生素、多种矿物质等。有利肺、豁痰的功效。

【食用部位及方法】幼苗、嫩茎叶。春、夏季采集，洗净后放入开水中略焯一下捞出，可凉拌、做汤或炒食。

茎生叶片匙状
倒卵形，全缘

花序伞房状，
果期伸长

毛萼香芥

【别名】香花芥

【学名】*Clausia trichosepala*

【科属】十字花科，香芥属。

【识别特征】二年生草本；茎直立，具疏生单硬毛。叶长圆状椭圆形或窄卵形，边缘有不等尖锯齿。总状花序顶生，萼片直立，顶端有少数白色长硬毛；花瓣倒卵形，基部具线形长爪，花柱极短，柱头显著 2 裂。长角果窄线形，果瓣具 1 明显中脉。花果期 5~8 月。

【分布及生境】产于华北及山东、吉林等地区。生于山坡、林缘。

【营养及药用功效】含胡萝卜素、维生素、粗纤维、矿物质等。有消肿、利尿的功效。

【食用部位及方法】嫩茎叶。春季采集，将其放到开水中焯一下捞出，在凉水中多次浸泡换水后，便可晒干，冬季烀咸菜吃。

总状花序顶生

萼片直立，顶端有少数白色长硬毛

诸葛菜

【别名】二月兰

【学名】*Orychophragmus violaceus*

【科属】十字花科，诸葛菜属。

【识别特征】一年生或二年生草本；茎直立。下部茎生叶大头羽状全裂，上部叶长圆形或窄卵形，基部耳状抱茎。花紫色或褪成白色，花瓣宽倒卵形，密生细脉纹。花期 4~5 月；果期 5~6 月。

【分布及生境】产于辽宁、河北、山西、山东、河南、安徽、江苏、浙江、湖北、江西、陕西、甘肃、四川等地。生于平原、山地、路旁或地边。

【营养成分】含胡萝卜素、维生素、矿物质等。种子含油，是很好的油料植物，特别是亚油酸比例较高。

【食用部位及方法】嫩茎叶。春季采集，用开水焯烫后，再放在冷开水中浸泡捞出，即可炒食、蘸酱或做汤食用。

花紫色，花瓣宽倒卵形

上部叶长圆形，基部耳状抱茎

柳兰

【别名】铁筷子

【学名】*Chamerion angustifolium*

【科属】柳叶菜科，柳兰属。

【识别特征】多年生草本；茎不分枝。叶披针形，边缘有细齿，具短叶柄。总状花序顶生，花两性，红紫色，萼裂片4，条状披针形，花瓣4，倒卵形。蒴果圆柱形。花期8月；果期9月。

【分布及生境】产于东北、华北、西北及四川、云南、西藏等地区。生于山坡林缘、水边、路旁草地。

【营养及药用功效】含维生素、多种有机酸、微量元素等。有下乳、润肠、调经活血、消肿止痛、接骨的功效。

【食用部位及方法】嫩茎叶。春季采集，沸水焯熟，换凉水浸泡3小时，去除苦味后可炝拌、炖食或做汤。

花瓣4，倒卵形

总状花序顶生，花红紫色

头花蓼

【别名】尼泊尔蓼

【学名】*Persicaria capitata*

【科属】蓼科，蓼属。

【识别特征】一年生草本；茎下部叶卵形或三角状卵形顶端急尖，基部沿叶柄下延成翅，托叶鞘筒状，膜质。头状花序顶生或腋生，总苞片叶状，每苞内具 1 花；花被通常 4 裂，淡紫红色或白色，花被片长圆形。瘦果宽卵形，双凸镜状。花期 7~8 月，果期 9~10 月。

【分布及生境】产于全国各地（除新疆外）。生于路旁、荒地、田间、田边及住宅附近，常聚生成片生长。

【营养及药用功效】有清热解毒、收敛固肠的功能。用于喉痛、目赤、牙龈肿痛、关节疼痛、红白痢疾、大便失常、肾痛等。

【食用部位及方法】全草入药。夏、秋季采收，切段，洗净，晒干。水煎服。

头状花序顶生或腋生

叶三角状卵形顶端急尖

2. 花瓣 5

（1）叶全缘

商陆

【别名】山萝卜

【学名】*Phytolacca acinosa*

【科属】商陆科，商陆属。

【识别特征】多年生草本；叶片薄纸质，椭圆形、长椭圆形或披针状椭圆形。总状花序顶生或与叶对生，圆柱状，直立，密生多花；花两性，花被片 5，白色，花丝白色，钻形，基部成片状，宿存，花药椭圆形，粉红色。果序直立，浆果扁球形，熟时黑色。花期 5~8 月；果期 6~10 月。

【分布及生境】产于全国大部分地区，生于沟谷、山坡林下、林缘路旁。

【营养及药用功效】含胡萝卜素、维生素、矿物质等。有利尿消肿的功效。

【食用部位及方法】嫩茎叶。春、夏季采集，在开水中焯一下，清水浸泡后，可凉拌或炒食。

【毒性】根有毒，不能食用。

花药椭圆形，粉红色

叶片薄纸质，长椭圆形

山茄子

【别名】人参晃子

【学名】*Brachybotrys paridiformis*

【科属】紫草科，山茄子属。

【识别特征】多年生草本；茎直立，疏被短伏毛。基部茎生叶鳞片状，稍被短伏毛，具长柄；上部 5~6 叶近轮生，倒卵形或倒卵状椭圆形。花序顶生，花 6 朵生于花序轴上部，花冠近钟状，紫色，冠筒较冠檐短，喉部具三角状梯形附属物。小坚果四面体形。花果期 4~6 月。

【分布及生境】产于辽宁、吉林、黑龙江等地。生于林下、草坡、田边等处。

【营养及药用功效】含胡萝卜素、多种维生素、微量元素等。有清热解毒、生津止渴的功效。

【食用部位及方法】嫩茎叶。春季采集，将其用沸水烫一下，再用清水浸泡出苦味，可凉拌、炒食或做汤。

小坚果四面体形

上部 5~6 叶近轮生

附地菜

【别名】黄瓜香

【学名】*Trigonotis peduncularis*

【科属】紫草科，附地菜属。

【识别特征】二年生草本；茎常斜升。基生叶具柄，两面被糙伏毛。花序生茎顶，幼时卷曲，后渐次伸长，花冠淡蓝，喉部附属物带黄色。花果期 4~7 月。

【分布及生境】产于全国大多数地区。生于平原、丘陵草地、林缘、田间及荒地。

【营养及药用功效】含蛋白质、脂肪、碳水化合物、多种维生素和矿物质等。有清热、消炎、止痛的功效。

【食用部位及方法】嫩叶或幼株。春季采集，将其洗净后，在开水中焯一下捞出，可凉拌、炒食、煮粥等，有清香味。

花序生茎顶，幼时卷曲

花冠淡蓝，喉部附属物带黄色

北附地菜

【别名】朝鲜附地菜

【学名】*Trigonotis radicans*

【科属】紫草科，附地菜属。

【识别特征】多年生草本；茎丛生，直立或平卧。基生叶卵形或卵状椭圆形，侧脉不明显。花梗较长，被短伏毛，花萼深裂，花冠淡蓝色或淡粉色，喉部具黄色附属物。小坚果斜三棱锥状四面体形。花期6~8月；果期7~9月。

【分布及生境】产于河北、辽宁、吉林、黑龙江。生于山地阔叶林林缘、灌丛及溪边草地。

【营养及药用功效】含蛋白质、脂肪、粗纤维、多种微量元素。有清热、消炎、止痛的功效。

【食用部位及方法】嫩叶或幼株。春季采集，洗净后，在开水中焯一下捞出，腌渍、炒食、调拌凉菜、做汤、做馅和蘸酱食用。

叶卵形或卵状椭圆形

花萼深裂，花冠淡粉色或淡蓝色

聚合草

【别名】友谊草

【学名】*Symphytum officinale*

【科属】紫草科，聚合草属。

【识别特征】多年生草本；全株被硬毛和短伏毛。茎直立，有分枝。基生叶披针形，具长柄，中上部叶渐小，无柄，基部下延。聚伞花序含多数花，花冠淡紫色、紫红色或黄白色，先端外卷。花果期5~10月。

【分布及生境】原产于俄罗斯欧洲部分地区及高加索，我国1963年引进，现广泛栽培。

【营养及药用功效】富含蛋白质、矿物质和多维素等。有活血凉血、清热解毒的功效。

【食用部位及方法】嫩茎叶。春、夏季采集，清水洗净后，在开水中焯一下后，可凉拌或炒食。

【毒性】根和叶有毒。只可少量或偶尔食用。

聚伞花序含多数花，花冠淡紫色　　　　　基生叶披针形，具长柄

野亚麻

【别名】疗毒草

【学名】*Linum stelleroides*

【科属】亚麻科，亚麻属。

【识别特征】一年生或二年生草本；茎自中部以上多分枝。叶线状披针形。聚伞花序，萼片边缘有黑色腺点，宿存；花瓣5，倒卵形，淡红色、淡紫色或蓝紫色。蒴果球形或扁球形。花期6~9月；果期8~10月。

【分布及生境】产于东北及内蒙古、河南、宁夏、甘肃、青海、江苏、广西等地区。生于平坦沙地、固定沙丘、干燥山坡及草原上。

【营养及药用功效】含氨基酸、多种维生素及矿物质等。有养血润燥、祛风解毒的功效。

【食用部位及方法】嫩茎叶。春、夏季采集，将其放入开水中煮3~5分钟，捞出在凉水中浸泡后凉拌、做汤或炒食。

花瓣5，倒卵形，淡紫色

萼片边缘有黑色腺点，宿存

坚硬女娄菜

【别名】光萼女娄菜

【学名】*Silene firma*

【科属】石竹科，蝇子草属。

【识别特征】一年生或二年生草本；全株无毛。叶片椭圆状披针形，基部渐狭成短柄状，顶端急尖，仅边缘具缘毛。假轮伞状间断式总状花序，花萼卵状钟形，果期微膨大，脉绿色，萼齿狭三角形；花瓣白色，不露出花萼，花柱不外露。蒴果长卵形，比宿萼短。花期6~7月；果期7~8月。

【分布及生境】产于我国北部和长江流域。生于草坡、灌丛或林缘草地。

【营养及药用功效】含蛋白质、多种维生素及矿物质等。有清热解毒、催乳、调经、除湿、利尿的功效。

【食用部位及方法】嫩茎叶。春季采集，将其入沸水焯一下，投凉后凉拌或炒菜。

假轮伞状间断式总状花序

蒴果长卵形，比宿萼短

长药八宝

【别名】八宝景天

【学名】*Hylotelephium spectabile*

【科属】景天科，八宝属。

【识别特征】多年生草本；茎直立。叶对生或3叶轮生，卵形至宽卵形。花序大型，伞房状，顶生，花密生；萼片5，线状披针形至宽披针形，花瓣5，淡紫红色至紫红色，披针形至宽披针形。蓇葖直立。花期8~9月；果期9~10月。

【分布及生境】产于东北及安徽、陕西、河南、山东、河北等地区。生于低山多石山坡上。

【营养及药用功效】含维生素、矿物质、膳食纤维等。有祛风利湿、活血散瘀、止血止痛的功效。

【食用部位及方法】嫩茎叶。春、夏季采集，经开水焯、凉水漂后，可晒干炒咸菜吃。

花序伞房状，顶生，花密生　　　叶对生或3叶轮生，卵形至宽卵形

箭头蓼

【别名】雀翘

【学名】*Persicaria sagittata*

【科属】蓼科，蓼属。

【识别特征】一年生草本；茎四棱形，沿棱具倒生皮刺。叶宽披针形或长圆形，基部箭形，下面沿中脉具倒生短皮刺，托叶鞘膜质。花序头状，苞片椭圆形，每苞内具2~3花；花梗短，花被淡紫红色。瘦果宽卵形，包于宿存花被内。花期7~8月，果期8~9月。

【分布及生境】产于除新疆、西藏外的全国各地。生于山坡、草地、沟边、灌丛及湿草甸子等处，常聚生成片生长。

【营养及药用功效】有祛风除湿、清热解毒、消肿止痛、止痒的功能。

【食用部位及方法】全草入药。夏、秋季采收，切段，洗净，鲜用或晒干。水煎服或捣汁服；外用鲜草适量捣烂敷患处。

花序头状，苞片椭圆形

叶宽披针形或长圆形

香蓼

【学名】*Persicaria viscosa*

【科属】蓼科，蓼属。

【识别特征】一年生或多年生草本；植株具特殊香味。茎高达 90cm，多分枝；叶卵状披针形或宽披针形，先端渐尖或尖，基部楔形。总状花序呈穗状，顶生或腋生，花紧密；花被淡红色，花被片椭圆形。瘦果宽卵形，黑褐色，有光泽。花期 7~9月，果期 8~10 月。

【分布及生境】产于东北、华东、华中、华南及陕西、四川、云南、贵州等地。生于路旁湿地、沟边草丛。

【营养及药用功效】主要药用成分为水蓼二醛、密叶辛木素、水蓼酮和水蓼素等。有理气除湿、健胃消食、清热解毒、祛痰止咳等功效。

【食用部位及方法】全草均可入药。夏、秋季采收。水煎服；外用捣烂敷患处。

叶卵状披针形，先端尖　　　　　　　总状花序呈穗状，花紧密

（2）叶有齿

假酸浆

【别名】冰粉

【学名】*Nicandra physalodes*

【科属】茄科，假酸浆属。

【识别特征】一年生草本；茎直立，有棱条。叶卵形或椭圆形，边缘有具圆缺的粗齿。花与叶对生，花萼 5 裂，果时包围果实，花冠钟状，浅蓝色。浆果球状，黄色。花果期 7~10 月。

【分布及生境】原产于南美洲。我国南北均有栽培，并逸为野生。生于田边、荒地或住宅区。

【营养及药用功效】含假酸浆酮、假酸浆苷。有镇静、祛痰、清热解毒之功效。

【食用部位及方法】种子。秋季采摘果实，将里面的籽取出来，经过浸泡、凝固之后，便可以制成晶莹剔透、口感凉滑的凉粉。

花冠钟状，浅蓝色　　　　叶卵形，边缘有具圆缺的粗齿

聚花风铃草

【学名】*Campanula glomerata* subsp. *speciosa*

【科属】桔梗科、风铃草属。

【识别特征】多年生草本；茎直立，高大。茎生叶椭圆形、长卵形至卵状披针形，边缘有尖锯齿。花数朵集成头状花序，生于茎中上部叶腋间，花萼裂片钻形；花冠紫色、蓝紫色或蓝色，管状钟形。蒴果倒卵状圆锥形。花期7~9月；果期8~10月。

【分布及生境】产于东北地区。生于草地及灌丛中。

【营养及药用功效】富含胡萝卜素、维生素、矿物质等。有清热解毒、止痛的功效。

【食用部位及方法】嫩茎叶。春、夏季采集，洗净、焯水、浸泡后，可凉拌、炒食、做汤或做馅食用。

茎直立，高大

花数朵集成头状花序，花冠紫色

牧根草

【别名】山生菜

【学名】*Asyneuma japonicum*

【科属】桔梗科，牧根草属。

【识别特征】多年生草本；根肉质，胡萝卜状。茎丛生，高大而粗壮，不分枝。叶片由卵圆形至上部的卵状披针形，边缘具锯齿，上面疏生短毛，下面无毛。花萼筒部球状，花冠紫蓝色或蓝紫色。蒴果球状。花期7~8月；果期9月。

【分布及生境】产于东北地区。生于阔叶林下或杂木林下，偶见于草地中。

【营养及药用功效】含脂肪、纤维素、碳水化合物、蛋白质等。有养阴清肺、清虚火、止咳的功效。

【食用部位及方法】嫩茎叶。春、夏季采集，将其在水中焯一下，捞出在凉水中浸泡后，便可腌渍、炒食、凉拌、做汤或做馅食用。

花萼筒部球状，花冠紫蓝色

茎丛生，高大而不分枝

石沙参

【学名】*Adenophora polyantha*

【科属】桔梗科，沙参属。

【识别特征】多年生草本；茎一至数枝发自一条茎基上。基生叶心状肾形，边缘具不规则粗锯齿，基部沿叶柄下延。花序常不分枝而呈假总状花序，花梗短，花萼裂片狭三角状披针形，花冠紫色，钟状，喉部稍收缢。蒴果卵状椭圆形。花果期8~10月。

【分布及生境】产于华北及辽宁、山东、江苏、安徽、陕西、甘肃、宁夏、河南等地区。生于山地林中、灌丛及草地中。

【营养及药用功效】含纤维素、多种维生素、矿物质等。有清热养阴、祛痰止咳的功效。

【食用部位及方法】嫩茎叶。春季采集，洗净、焯水、浸泡后，可凉拌、炒食、做汤或做馅食用。

茎一至数枝发自一条茎基上

花冠紫色，钟状，喉部稍收缢

狭叶沙参

【别名】北方沙参

【学名】*Adenophora gmelinii*

【科属】桔梗科，沙参属。

【识别特征】多年生草本；茎单生或丛生。茎生叶多数为条形，少为披针形，无柄。聚伞花序，花萼完全无毛，裂片条状披针形；花冠宽钟状，淡紫色，花柱稍短于花冠。蒴果椭圆状。种子椭圆状。花期 7~9 月；果期 8~10 月。

【分布及生境】产于东北、华北地区。生于山坡、草地或灌丛下。

【营养及药用功效】含纤维素、维生素类、多种矿物质等。有滋阴清肺、化痰止咳、养胃生津的功效。

【食用部位及方法】根。秋季采集，洗净切片炖煮。可单独煎水服用，也可以加入其他药材、肉类或果蔬类食物一起炖汤。

茎生叶多数为条形，无柄

花冠宽钟状，淡紫色

荠苨

【别名】杏叶沙参

【学名】Adenophora trachelioides

【科属】桔梗科，沙参属。

【识别特征】多年生草本；有白色乳汁。茎单生，无毛，有时具分枝。叶片心形，顶端钝，边缘为单锯齿或重锯齿。花序分枝大多长而几乎平展，组成大圆锥花序，花冠钟状，蓝色、蓝紫色或白色，花盘筒状。蒴果卵状圆锥形。种子黄棕色。花期7~9月。

【分布及生境】产于辽宁、河北、山东、江苏、浙江、安徽及山西等地。生于山坡草地或林缘。

【营养及药用功效】富含胡萝卜素、多种维生素、微量元素及生命活性物质。有清热、化痰、解毒的功效。

【食用部位及方法】嫩茎叶。春、夏季采集，洗净、焯水、浸泡后，可凉拌、炒食、做汤或蘸酱食用。

花冠钟状，蓝紫色

叶片心形，顶端钝

薄叶荠苨

【学名】*Adenophora remotiflora*

【科属】桔梗科，沙参属。

【识别特征】多年生草本；茎高大。叶有长柄，卵状披针形。聚伞花序常为单花，形成狭圆锥花序，花萼筒部倒卵状，花萼裂片大，花冠蓝色、蓝紫色或白色，花柱与花冠近等长。蒴果卵状圆锥形。花期 7~8 月。

【分布及生境】产于东北地区。生于林缘、林下或草地中。

【营养及药用功效】富含胡萝卜素、多种维生素、微量元素及生命活性物质。有清热、化痰、解毒的功效。

【食用部位及方法】嫩茎叶。春、夏季采集，洗净、焯水、浸泡后，可凉拌、炒食、做汤或蘸酱食用。

聚伞花序常为单花，形成狭圆锥花序

蒴果卵状圆锥形

桔梗

【别名】包袱花

【学名】*Platycodon grandiflorus*

【科属】桔梗科，桔梗属。

【识别特征】多年生草本；通体无毛。叶卵状椭圆形至披针形，边缘具细锯齿。花单朵顶生，花萼钟状，五裂片，被白粉，花冠大，蓝紫色。蒴果球状倒圆锥形。花期7~9月；果期8~10月。

【分布及生境】产于全国大部分地区。生于向阳山坡、草丛或灌丛。

【营养及药用功效】富含维生素、菊糖、桔梗酸、多种矿物质等。有宣肺利气、清热利咽、祛痰镇咳、排脓的功效。

【食用部位及方法】春季采摘嫩茎叶，入开水中焯一下，清水浸泡后，可凉拌或炒食；秋季采集根，剥去外皮，清水洗净，可炒食或炖食，也可制成朝鲜酱菜，风味独特。

花冠大，蓝紫色

蒴果球状倒圆锥形

展枝沙参

【学名】*Adenophora divaricata*

【科属】桔梗科，沙参属。

【识别特征】多年生草本；茎有时被细长硬毛。叶全部轮生，菱状卵形至菱状圆形，边缘具锯齿。花序常为宽金字塔状，分枝部分轮生或全部轮生，花蓝紫色，花柱常多少伸出花冠。花期7~8月；果期8~9月。

【分布及生境】产于东北及山西、河北、山东等地区。生于林下、灌丛中和草地中。

【营养及药用功效】富含胡萝卜素、矿物质、维生素等。有养阴清热、润肺化痰、益胃生津的作用。

【食用部位及方法】春季采集幼嫩茎叶，放入开水中焯一下，清水浸泡后，便可腌渍、凉拌、炒食或做成什锦袋菜；秋季采集根，清水洗净，可提取淀粉或酿酒。

叶全部轮生，菱状卵形

花蓝紫色，花柱常多少伸出花冠

多歧沙参

【学名】*Adenophora potaninii* subsp. *wawreana*

【科属】桔梗科，沙参属。

【识别特征】多年生草本；根胡萝卜状。茎叶卵状披针形，边缘具不整齐锯齿。圆锥花序，花萼裂片狭小，条形或钻形，花冠呈紫色或蓝色，花柱伸出花冠。蒴果宽椭圆状。花果期7~10月。

【分布及生境】产于内蒙古、山西、辽宁、河北、河南等地区。生于阴坡草丛、疏林下、灌木林中。

【营养及药用功效】富含胡萝卜素、矿物质、维生素等。有养阴清热、润肺化痰、益胃生津的功效。

【食用部位及方法】春季采集嫩茎叶，可腌渍、凉拌、炒食或做成什锦袋菜；秋季采集根，切片晒干泡水喝。

茎叶卵状披针形，边缘具不整齐锯齿

花萼裂片狭小，条形或钻形

（3）叶分裂

缬草

【别名】臭草

【学名】*Valeriana officinalis*

【科属】忍冬科，缬草属。

【识别特征】多年生高大草本；须根簇生。茎中空，有纵棱。茎生叶卵形至宽卵形，羽状深裂，裂片7~11。花序顶生，呈伞房状三出聚伞圆锥花序；花冠淡紫红色，花冠钟形，裂片5，椭圆形。瘦果长卵形，基部近平截。花期6~7月；果期8~9月。

【分布及生境】产于东北至西南各地。生于山坡草地、林下、沟边。

【营养及药用功效】含维生素、碳水化合物、多种矿物质等。有安神镇静、祛风解痉、生肌止血、止痛的功效。

【食用部位及方法】嫩茎叶。春、夏季采集，将其放到开水中焯一下，便可炒食、蘸酱、腌渍或做成什锦袋菜。

茎叶对生，羽状深裂

伞房状三出聚伞圆锥花序

冬葵

【别名】冬寒菜

【学名】*Malva verticillata* var. *crispa*

【科属】锦葵科，锦葵属。

【识别特征】一年生草本；茎被柔毛，多分枝。叶圆形，裂片三角状圆形，边缘具细锯齿；叶柄瘦弱，托叶卵状披针形，疏被柔毛。花小，单生或数朵簇生叶腋，粉白色，花瓣5，较萼片略长。果扁球形，网状。花期6~9月；果期8~10月。

【分布及生境】产于湖南、四川、贵州、云南、江西、甘肃等地区。生于路旁、田间及村屯住宅附近。

【营养及药用功效】含蛋白质、碳水化合物、矿物质、烟酸等。有利尿、催乳、润肠、通便的功效。

【食用部位及方法】幼苗或嫩茎叶。春、夏季采摘，可炒食、做汤、做馅食用。

叶圆形，裂片三角状圆形

花小，单生或数朵簇生叶腋

东北老鹳草

【学名】*Geranium erianthum*

【科属】牻牛儿苗科，老鹳草属。

【识别特征】多年生草本；具束生稍肥厚纤维状根。叶基生和茎上互生，叶片五角状肾圆形，掌状 5~7 深裂至叶片的 2/3 处。聚伞花序顶生，长于叶，总花梗被糙毛和腺毛；花瓣紫红色，长为萼片的 1.5 倍，先端圆形、微凹，基部宽楔形。蒴果被短糙毛和腺毛。花期 7~8 月；果期 8~9 月。

【分布及生境】产于内蒙古、吉林。生于林缘草甸、灌丛和林下。

【营养及药用功效】含淀粉、可溶性糖。有清湿热、疏风通络、强筋健骨、止泻痢的功效。

【食用部位及方法】根。将其洗净后，晒干磨成细粉，浸泡、过滤后得到淀粉可掺入玉米面或面粉中食用。

蒴果被短糙毛和腺毛

叶片五角状肾圆形，掌状 5~7 深裂

中华花葱

【别名】小花葱

【学名】*Polemonium chinense*

【科属】花葱科，花葱属。

【识别特征】多年生草本；茎直立。羽状复叶，下方的对生，小叶互生，全缘。聚伞圆锥花序顶生或上部叶腋生，疏生多花；花冠紫蓝色，花药卵圆形，花萼钟状，与萼筒近相等长。蒴果卵形，种子纺锤形。花果期6~8月。

【分布及生境】产于黑龙江、吉林、辽宁、内蒙古、河北等地区。生于向阳草坡、湿草甸子。

【营养及药用功效】含胡萝卜素、多种维生素、矿物质等。有止血、祛痰、镇痛的功效。

【食用部位及方法】嫩茎叶。春季采集，沸水焯后，换清水多次浸泡，晒干后留着冬天炒咸菜吃。

羽状复叶，小叶互生

花冠紫蓝色，花药卵圆形

白头翁

【别名】耗子花

【学名】*Pulsatilla chinensis*

【科属】毛茛科，白头翁属。

【识别特征】多年生草本；基生叶 4~5，有长柄，叶片宽卵形，三全裂，有密长柔毛。花莛 1~2，有柔毛，苞片 3，基部合生，三深裂；花直立，萼片蓝紫色，长圆状卵形，雄蕊长约为萼片之半。聚合果，瘦果纺锤形，宿存花柱有长柔毛。花期 4~5月；果期 6~7月。

【分布及生境】产于东北、华北及河南、山东、江苏、安徽、湖北、陕西、四川、甘肃等地区。生于草地、干山坡、林缘、河岸及灌丛中。

【成分及药用功效】含有白头翁素、白头翁皂苷、白头翁酸等。有除湿、利尿的功效。

【毒性】全草有毒，尤其是根部的毒性最强。不可以食用。

叶片宽卵形，三全裂

萼片蓝紫色，长圆状卵形

3. 花瓣 6
东北玉簪

【别名】剑叶玉簪

【学名】*Hosta ensata*

【科属】天门冬科，玉簪属。

【识别特征】多年生草本；根状茎有长的走茎。叶基生，长圆状披针形，叶柄上部具狭翅。花葶由叶丛中抽出，具 1~4 枚白色膜质的苞片；总状花序，具花 10~20 朵；花蓝紫色，花被下部结合成管状，上部开展呈钟状，先端 6 裂。蒴果长圆形，室背开裂。花期 8~9 月；果期 9~10 月。

【分布及生境】产于吉林、辽宁。生于阴湿山地、山坡草地、路旁及河边沙滩上。

【营养及药用功效】含蛋白质、多种维生素、矿物质等。有清热解毒、消肿止痛的功效。

【食用部位及方法】嫩茎叶。春季采摘，用沸水焯一下，换清水浸泡 3~5 分钟后，可炒食、凉拌或蘸酱食用。

叶长圆状披针形

花蓝紫色，先端 6 裂

山韭

【别名】岩葱

【学名】*Allium senescens*

【科属】石蒜科，葱属。

【识别特征】多年生草本；鳞茎单生或数枚聚生。叶狭条形，基部近半圆柱状，上部扁平，短于或稍长于花葶。花葶圆柱状，伞形花序近球状，具多而稍密集的花，花紫红色至淡紫色，花被片两轮，子房基部无凹陷的蜜穴。花期7~8月；果期8~9月。

【分布及生境】产于东北、华北及河南、甘肃、新疆等地区。生于干燥的石质山坡、林缘、荒地、路旁等处。

【营养及药用功效】含蛋白质、维生素、矿物质等。有温中、行气的功效。

【食用部位及方法】幼嫩植株。春季采集，洗净后可直接生食，也可放入开水中焯一下，捞出在凉水中浸泡后，便可做调料、炒食、拌凉菜或蘸酱食用。

伞形花序具多而稍密集的花

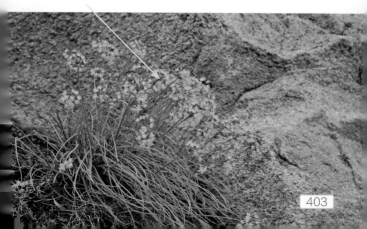

薤白

【别名】小根蒜

【学名】*Allium macrostemon*

【科属】石蒜科，葱属。

【识别特征】多年生草本；鳞茎近球状，基部常具小鳞茎。叶 3~5 枚，中空，比花葶短。花葶圆柱状，伞形花序具多而密集的花，或间具珠芽，珠芽暗紫色，花淡紫色，子房近球状，花柱伸出花被外。花期 6~7 月；果期 7~8 月。

【分布及生境】产于东北、华北。生于田间、路旁、山野及荒地等处。

【营养及药用功效】含多种维生素、氨基酸、矿物质等。有温中通阳、理气宽胸、散结导滞的功效。

【食用部位及方法】鳞茎和幼嫩植株。春季采集，洗净后可直接生食，也可放入开水中焯一下捞出，便可做调料、炒食、拌凉菜或蘸酱食用。

伞形花序间具暗紫色珠芽

花柱伸出花被外

长梗韭

【学名】*Allium neriniflorum*

【科属】石蒜科，葱属。

【识别特征】多年生草本；植株无葱蒜气味。鳞茎单生，卵球状至近球状。叶圆柱状或近半圆柱状，等长于或长于花莛。花莛圆柱状，伞形花序疏散，小花梗长；花红色至紫红色，花被片基部互相靠合成管状，花丝约为花被片长的 1/2，基部合生，子房圆锥状球形，花柱常与子房近等长，柱头 3 裂。花期 7~8 月；果期 8~9 月。

【分布及生境】产于东北及河北、内蒙古等地区。生于山坡、湿地、草地或海边沙地。

【成分及药用功效】含单宁、强心苷、皂苷、生物碱和硫化物等。有通阳、散结、下气的功效。

【毒性】全草有毒，尤以鳞茎含量最多。不可以食用。

伞形花序疏散，小花梗长

鳞茎单生，卵球状至近球状

马蔺

【别名】马兰花

【学名】*Iris lactea*

【科属】鸢尾科，鸢尾属。

【识别特征】多年生密丛草本；须根细长而坚韧。叶基生，坚韧，条形或剑形。花茎高 10~30 厘米，下部具 2~3 枚茎生叶，上端着生 2~4 朵花；花淡蓝色或蓝紫色，外花被裂片倒披针形，内花被裂片披针形，较小而直立，花柱分枝 3，花瓣状，顶端 2 裂。蒴果长椭圆形。花期 5~6 月；果期 8~9 月。

【分布及生境】产于全国各地。生于干燥砂质草地、路边、山坡草地等处。

【营养及药用功效】含淀粉、脂肪、月桂酸等。有清热利湿、止血解毒的功效。

【食用部位及方法】种子。秋季采摘果实，晒干，打碎取种子，炒食、磨粉制作糕点或酿酒。

蒴果长椭圆形

叶坚韧，条形或剑形

绵枣儿

【别名】石枣儿

【学名】*Barnardia japonica*

【科属】天门冬科，绵枣儿属。

【识别特征】多年生草本；鳞茎卵形。基生叶通常2~5枚，狭带状，柔软。花葶通常比叶长，总状花序具多数花，花粉红色，小，花被片近椭圆形，基部稍合生而成盘状，先端钝而且增厚；雄蕊稍短于花被片，花丝近披针形，基部稍合生，花柱长约为子房的1/2~2/3。花期7~8月；果期9~10月。

【分布及生境】产于全国各地（除西北外）。生于多石山坡、草地、林缘及砂质地等处。

【营养及药用功效】含淀粉、糖类及生物碱等。有活血解毒、消肿止痛、催生的功效。

【食用部位及方法】鳞茎。有小毒，不可以直接食用。安全的做法是：将鳞茎洗净，提取淀粉酿酒。

花葶通常比叶长

果近倒卵形

知母

【别名】兔子油草

【学名】*Anemarrhena asphodeloides*

【科属】天门冬科，知母属。

【识别特征】多年生草本；全株无毛。叶基部丛生，呈禾叶状，具多条平行脉。花葶比叶长得多，总状花序，苞片小，卵形或卵圆形，先端长渐尖；花被片条形，花粉红色。蒴果六棱长卵形，顶端有短喙。花果期 6~9 月。

【分布及生境】产于东北、华北及山东、陕西、甘肃等地区。生于山坡、草原、杂草丛中或路旁较干燥向阳地边。

【营养及药用功效】含有多种知母皂苷、胆碱、烟酰胺及还原糖等。有清热泻火、滋阴润燥的功效。

【食用部位及方法】根。秋季采收，去掉杂物，洗净切片，可以泡水喝，做药膳、煮粥等。

花葶比叶长得多

花被片条形，花粉红色

球序韭

【别名】野葱

【学名】*Allium thunbergii*

【科属】石蒜科，葱属。

【识别特征】多年生草本；鳞茎常单生。叶三棱状条形，短于花葶。花葶中生，圆柱状，中空，伞形花序球状，具多而极密集的花；花红色至紫色，花被片椭圆形，外轮舟状，花丝等长，约为花被片长的 1.5 倍，子房倒卵状球形，花柱伸出花被外。花期 8~9 月；果期 9~10 月。

【分布及生境】产于东北、华北及河南、陕西、山东、江苏等地区。生于草地、湿草地、山坡及林缘等处。

【营养及药用功效】含多种维生素、氨基酸、矿物质等。有利尿、润肠、清热去烦的功效。

【食用部位及方法】幼嫩全草。春夏季采收，洗净后可直接生食，也可腌渍、炒食、拌凉菜或蘸酱食用。

花葶中生，圆柱状

伞形花序具多而极密集的花

千屈菜

【别名】水柳

【学名】*Lythrum salicaria*

【科属】千屈菜科，千屈菜属。

【识别特征】多年生草本；高约 1 米。叶对生或 3 片轮生，基部圆形或心形，有时稍抱茎。聚伞花序，花簇生，花瓣 6，红紫色或淡紫色，倒披针状长椭圆形。蒴果扁圆形。花期 7~8 月；果期 8~9 月。

【分布及生境】产于全国各地，亦有栽培。生于河岸、湖畔、溪沟边和潮湿草地。

【营养及药用功效】含千屈菜苷、胆碱、维生素及黄酮类化合物。有清热解毒、凉血止血、破瘀通经的功效。

【毒性】有文献记载全株有毒，不建议食用，更不能长期、大量食用。

叶对生或 3 片轮生，有时稍抱茎

花瓣 6，红紫色或淡紫色，倒披针状长椭圆形

（二）两侧对称花

1. 有距花

库页堇菜

【学名】*Viola sacchalinensis*

【科属】堇菜科，堇菜属。

【识别特征】多年生草本；高可达 20 厘米。叶片心形、卵状心形或肾形，先端钝圆，基部心形或宽心形，边缘具钝锯齿，托叶边缘密生流苏状细齿。花生于茎上部叶的叶腋，具长梗，花梗超出叶，萼片披针形，基部的附属物末端具齿裂；花淡紫色，侧瓣长圆状，里面基部有须毛。蒴果椭圆形，先端尖，无毛。花果期 4~9 月。

【分布及生境】产于吉林、辽宁等地。生于山地林下以及林缘。

【营养及药用功效】含多种维生素、蛋白质、矿物质等。有润肠通便的功效。

【食用部位及方法】嫩茎叶。春夏季采集，经过水煮和清水浸泡后，可蘸酱、腌渍、炒食、调拌凉菜等。

花具长梗

叶片卵状心形，基部心形

紫花地丁

【别名】光瓣堇菜

【学名】*Viola philippica*

【科属】堇菜科，堇菜属。

【识别特征】多年生草本；无地上茎。叶多数，基生，莲座状，呈长圆状卵形。花中等大，紫堇色或淡紫色，喉部色较淡并带有紫色条纹，无须毛，距细管状，末端圆，花柱棍棒状，前方具短喙。蒴果长圆形。种子卵球形，淡黄色。花期 4~5 月；果期 6~7 月。

【分布及生境】产于全国大部分地区。生于田间、荒地、山坡草丛、林缘或灌丛中。

【营养及药用功效】含蛋白质、多种维生素、矿物质等。有清热解毒、凉血消肿的作用。

【食用部位及方法】幼嫩植株。春季采摘，用沸水焯一下，换清水浸泡 3~5 分钟后，可炒食、做汤、和面蒸食或煮菜粥。

叶多数，呈长圆状卵形

蒴果长圆形

早开堇菜

【别名】尖瓣堇菜

【学名】*Viola prionantha*

【科属】堇菜科，堇菜属。

【识别特征】多年生草本；根状茎垂直，短而粗壮。叶多为基生叶，花期呈卵形，果期显著增大，三角状卵形，最宽处靠近中部，基部呈心形；叶柄较粗壮，果期增长一倍以上。花大，为紫堇色或淡紫色，喉部色淡并有紫色条纹，侧方花瓣有须毛。蒴果为长椭圆形。花期4~5月；果期6~7月。

【分布及生境】产于东北、华北及陕西、山东、江苏、河南、湖北、宁夏、甘肃、云南等地区。生于山坡草地、沟边、宅旁向阳处。

【营养及药用功效】同紫花地丁。

【食用部位及方法】同紫花地丁。

叶花期呈卵形

侧方花瓣有须毛

细距堇菜

【别名】弱距堇菜

【学名】*Viola tenuicornis*

【科属】堇菜科，堇菜属。

【识别特征】多年生细弱草本；无地上茎。叶基生，卵形或宽卵形，具浅圆齿，叶柄细。花梗细，中部稍下有2线形小苞片，萼片绿或带紫红色；花紫堇色，花瓣倒卵形，距圆筒状，末端圆而上弯。蒴果椭圆形，无毛。花期5~6月；果期6~7月。

【分布及生境】产于东北及甘肃、陕西、山西、河北等地区。生于林下、灌丛林中、山坡草地较湿润处及林缘。

【营养及药用功效】含纤维素、多种维生素、矿物质等。有清热解毒、消肿止痛的功效。

【食用部位及方法】幼嫩植株。春季采收，用沸水焯一下，换清水浸泡3~5分钟后捞出，可炒食、凉拌或蘸酱食用。

叶宽卵形，具浅圆齿

距圆筒状，末端圆而上弯

2. 兰形花

山梗菜

【别名】苦菜

【学名】*Lobelia sessilifolia*

【科属】桔梗科，半边莲属。

【识别特征】多年生草本；高达 120 厘米。叶螺旋状排列，无柄，宽披针形至条状披针形，边缘有细锯齿。总状花序顶生，苞片叶状，花萼筒杯状钟形，花冠蓝紫色，外面无毛，内面生长柔毛。蒴果倒卵状。花果期 7~9 月。

【分布及生境】产于东北及云南、广西、浙江、台湾、山东、河北等地区。生于平原或山坡湿草地。

【营养及药用功效】富含多种矿物质、维生素、胡萝卜素等营养成分。有祛痰止咳、利尿消肿、清热解毒的功效。

【食用部位及方法】嫩茎叶。春、夏季采摘，经开水焯、凉水漂后，可炒食、凉拌或做汤等。

花萼筒杯状钟形，花冠蓝紫色

叶无柄，宽披针形

西伯利亚远志

【别名】瓜子草

【学名】*Polygala sibirica*

【科属】远志科，远志属。

【识别特征】多年生草本；下部叶卵形，具短柄。总状花序腋外生或假顶生，具少数花；小苞片3枚，钻状披针形，花瓣3，蓝紫色，龙骨瓣具流苏状附属物。蒴果近倒心形，具狭翅及短缘毛。花期4~7月；果期5~8月。

【分布及生境】产于全国各地。生于沙质土、石砾山地灌丛、林缘或草地。

【营养及药用功效】含多种矿物质、维生素及生命活性物质。有安神益智、活血散瘀、祛痰镇咳、解热止痛功效。

【食用部位及方法】嫩叶。春季采食，用沸水焯熟，换凉水浸泡2小时，淘洗去苦味后凉拌，也可搭配其他食材炖食、炒食、做汤。

花瓣3，蓝紫色，龙骨瓣具流苏状附属物

总状花序腋外生或假顶生

鸭跖草

【别名】淡竹叶

【学名】*Commelina communis*

【科属】鸭跖草科，鸭跖草属。

【识别特征】一年生披散草本；茎多分枝。叶披针形至卵状披针形。总苞片佛焰苞状，与叶对生。聚伞花序，下面一枝仅有1朵不孕花，上面一枝具孕性花3~4朵；花瓣深蓝色，花瓣3。蒴果椭圆形，有种子4颗。花果期6~10月。

【分布及生境】产于云南、四川、甘肃以东的南北各地区。生于村旁、水边草丛中，极为常见。

【营养及药用功效】含蛋白质、脂肪、碳水化合物、胡萝卜素、多种维生素、多种矿物质等。有清热泻火、解毒、利水消肿的功效。

【食用部位及方法】嫩茎叶。春、夏季采摘，清水洗净后焯一下，挤出水分，可凉拌、炒食、煮汤。

叶披针形至卵状披针形

花瓣深蓝色，花瓣3

北乌头

【别名】草乌

【学名】*Aconitum kusnezoffii*

【科属】毛茛科，乌头属。

【识别特征】多年生草本；块根圆锥形。茎高 80~150 厘米，无毛，等距离生叶，通常分枝。叶片纸质或近革质，五角形，三全裂。顶生总状花序，通常与其下的腋生花序形成圆锥花序，具9~22 朵花，萼片紫蓝色，上萼片盔形。蓇葖果，直立。花期7~9 月；果期 9~10 月。

【分布及生境】产于东北、华北各地区。生于山地、草坡或疏林中。

【成分及药用功效】块根含生物碱，经炮制后可入药。有祛风除湿、温经止痛的功效。

【毒性】全草有毒，块根剧毒。不可以食用。

顶生总状花序，萼片紫蓝色

蓇葖果，直立

3. 蝶形花

歪头菜

【别名】豆叶菜

【学名】*Vicia unijuga*

【科属】豆科，野豌豆属。

【识别特征】多年生草本；数茎丛生，茎基部表皮褐红色。叶轴末端为细刺尖头，偶见卷须，托叶戟形，小叶一对，卵状披针形。总状花序，明显长于叶，花萼紫色，斜钟状或钟状，花冠蓝紫色、紫红色或淡蓝色。荚果扁、长圆形。花期 6~7 月；果期 8~9 月。

【分布及生境】产于东北、华北、华东、西南等地。生于山地、林缘、草地、沟边及灌丛。

【营养及药用功效】富含膳食纤维、碳水化合物、维生素和矿物质等。有解热、利尿、理气、止痛的功效。

【食用部位及方法】嫩茎叶。春季采集，用开水焯熟，换凉水浸泡后，炒食、凉拌或做汤。

总状花序，花冠紫红色　　　　　　数茎丛生，具小叶一对

野火球

【别名】野车轴草

【学名】*Trifolium lupinaster*

【科属】豆科，车轴草属。

【识别特征】多年生草本；根粗壮。茎直立，单生，基部无叶。掌状复叶，通常小叶 5 枚；托叶膜质，大部分抱茎呈鞘状。头状花序着生顶端和上部叶腋，具花 20～35 朵。荚果长圆形，膜质，棕灰色。种子阔卵形，平滑。花果期 6～10 月。

【分布及生境】产于东北、华北及新疆等地区。生于低湿草地、林缘和山坡。

【营养及药用功效】含蛋白质、脂肪、纤维素、矿物质等。有清热、消炎、镇痛、止咳的功效。

【食用部位及方法】嫩茎叶。春季采集，沸水焯后，换清水浸泡，可做拌菜、炒食、做汤和腌菜。

头状花序，具花
20~35 朵

掌状复叶，通常小叶 5 枚

苜蓿

【别名】紫苜蓿

【学名】*Medicago sativa*

【科属】豆科，苜蓿属。

【识别特征】多年生宿根草本；茎多分枝。羽状三出复叶，托叶较大，卵状披针形，小叶片呈倒卵状长圆形。花序总状或头状，花梗短，萼钟状，花冠紫色。果实螺旋形，熟时呈棕褐色。花期5~7月；果期为6~8月。

【分布及生境】原产于亚洲西部，全国各地都有栽培或呈半野生状态。生于田边、路旁、旷野、草原、河岸及沟谷等地。

【营养及药用功效】含维生素、蛋白质、多种矿物质、类胡萝卜素和叶黄素等。有清热利尿、凉血淋的功效。

【食用部位及方法】嫩茎叶。春夏季采集，洗净，入沸水中焯过，捞出后再过几次清水，沥干，切碎凉拌、炒食、做馅或拌面粉蒸食。

花序总状或头状；花冠紫色

果实螺旋形，熟时呈棕褐色

硬毛棘豆

【别名】猫尾巴花

【学名】*Oxytropis hirta*

【科属】豆科，棘豆属。

【识别特征】多年生草本；茎极缩短。叶基生，奇数羽状复叶，小叶 3~23，对生，卵状披针形。多花组成密长穗形总状花序，长于叶，密被长硬毛，苞片线状披针形，比花萼长；花萼筒形或钟形，密被白色长硬毛，花冠蓝紫、紫红或黄白色。荚果长卵圆形，密被长硬刚毛，喙长 3~4 毫米。花期 5~8 月；果期 7~10 月。

【分布及生境】产于东北、华北及河南、湖北、陕西、甘肃等地区。生于山坡、丘陵、山地林缘草甸及草甸草原等处。

【成分及药用功效】含苦马豆素和生物碱。有清热解毒、止血的功效。

【毒性】全草有毒，尤以根的毒性最大。不可以食用。

奇数羽状复叶

花冠蓝紫色

米口袋

【别名】大根地丁

【学名】*Gueldenstaedtia verna*

【科属】豆科，米口袋属。

【识别特征】多年生草本；根圆锥状。茎缩短，在根茎丛生。叶长椭圆形，托叶、花萼和花梗均有长柔毛。伞形花序腋生，花萼钟形，花冠紫色。荚果圆筒形，被长柔毛。花期4月；果期5~6月。

【分布及生境】产于东北、华北、华东及陕西、甘肃等地区。生于山坡、草地、路旁等处。

【营养及药用功效】含纤维素、氨基酸、矿物质等。有清热解毒、消肿止痛的功效。

【食用部位及方法】幼嫩植株、种子。春季采嫩苗叶，焯熟后用清水浸泡，捞出调味后食用；夏季采荚果取种子，洗净后煮食。

荚果圆筒形，被长柔毛

伞形花序，花冠紫色

狭叶米口袋

【学名】*Gueldenstaedtia stenophylla*

【科属】豆科，米口袋属。

【识别特征】多年生草本；主根细长。茎较缩短。羽状复叶，被疏柔毛，托叶三角形。伞形花序具2~3花，花冠粉红色，花序梗纤细，较叶为长，花梗极短。荚果圆筒形，被疏柔毛。种子肾形，具凹点。花期4月；果期5~6月。

【分布及生境】产于西北、东北、华北、华东及中南地区。生于草地、丘陵、山坡、沟边和路旁等处。

【营养及药用功效】含纤维素、氨基酸、矿物质等。有清热解毒、散瘀消肿之功效。

【食用部位及方法】幼嫩植株、种子。春季采嫩苗叶，焯熟后用清水浸泡，捞出调味后食用；夏季采荚果取种子，洗净后煮食。

伞形花序具2~3花

羽状复叶，被疏柔毛

4. 唇形花

黄芩

【别名】香水水草

【学名】*Scutellaria baicalensis*

【科属】唇形科，黄芩属。

【识别特征】多年生草本；茎分枝。叶披针形或线状披针形，全缘。总状花序，下部苞叶叶状，上部卵状披针形或披针形；花萼果时伸长，有较高的盾片，花冠紫红或蓝色。小坚果黑褐色，卵球形。花期7~8月；果期8~9月。

【分布及生境】产于华北及黑龙江、辽宁、河南、甘肃、陕西、山东、四川等地区。生于向阳草坡地、休荒地上。

【营养及药用功效】含蛋白质、胡萝卜素、多种维生素和矿物质等。有清热燥湿、泻火解毒、止血安胎的功效。

【食用部位及方法】叶。夏、秋季采集，将采摘的干净鲜叶放入烧热的铁锅中，轻轻翻炒，搓揉，干燥后即可泡茶饮用。

花萼果时伸长，有较高的盾片

叶披针形或线状披针形，全缘

山罗花

【学名】*Melampyrum roseum*

【科属】列当科，山罗花属。

【识别特征】一年生直立草本；茎通常多分枝。叶片披针形至卵状披针形，花萼常被糙毛，脉上常生多细胞柔毛，萼齿长三角形，生有短睫毛；花冠紫红色，筒部长为檐部长的2倍左右，上唇内面密被须毛。蒴果卵状渐尖，被鳞片状毛。花期8~9月；果期9~10月。

【分布及生境】产于东北、华中、华东及河北、山西、陕西、甘肃等地区。生于山坡灌丛及草丛中。

【药用功效】含蛋白质、碳水化合物、维生素和矿物质等。有清热解毒、消散痈肿的功效。

【食用部位及方法】根。秋季采集，除去杂质，洗净晒干，可于夏季代茶饮，清凉解暑。

冠紫红色，筒部长为檐部长的
2倍

蒴果卵状渐尖

疏柔毛罗勒

【别名】九层塔

【学名】*Ocimum basilicum* var. *pilosum*

【科属】唇形科，罗勒属。

【识别特征】一年生草本；茎多分枝上升，呈紫色。叶柄被疏柔毛，叶片卵圆形至卵状长圆形。轮伞花序含 6 花，组成总状花序，花冠淡紫色。花期 7~9 月；果期 9~11 月。

【分布及生境】产于华中及河北、广东、广西、贵州、四川、云南等地区。作为芳香植物栽培。

【营养及药用功效】含膳食纤维、胡萝卜素、维生素、多种矿物质及挥发油等。具疏风行气、化湿消食的功效。

【食用部位及方法】嫩茎叶。春、夏季采集，洗净后，可生食凉拌或挂面糊油炸食用。

叶片卵圆形至卵状长圆形

轮伞花序含 6 花，花冠淡紫色

返顾马先蒿

【学名】*Pedicularis resupinata*

【科属】列当科，马先蒿属。

【识别特征】多年生草本；茎上部多分枝。叶长圆状披针形，有钝圆重锯齿。花序总状，苞片叶状；花冠淡紫红色，花冠筒基部向右扭旋，下唇及上唇呈返顾状。蒴果斜长圆状披针形。花期6~8月；果期7~9月。

【分布及生境】产于东北、华北及山东、陕西、安徽、甘肃、四川、贵州等地区。生于湿润草地及林缘。

【成分及药用功效】含皂苷及生物碱，并含有较大量的钠盐。有祛风湿、利尿的功效。

【毒性】全草有毒，人畜误食后出现呕吐、腹痛、腹泻等消化道症状，不能食用。

叶长圆状披针形，有钝
圆重锯齿

花冠筒基部向右扭旋，
下唇及上唇呈返顾状

荆芥

【别名】凉薄荷

【学名】*Nepeta cataria*

【科属】唇形科，荆芥属。

【识别特征】多年生草本；全株被短柔毛。茎基部四棱形，四面有纵沟。叶对生，叶卵状至三角状心形。轮伞花序集生于枝顶呈假穗状，花冠唇形，青紫或淡红色。小坚果卵形，几三棱状。花期 7~9 月；果期 9~10 月。

【分布及生境】产于新疆、甘肃、陕西、河南、山西、山东、湖北、贵州、四川和云南等地区。生于宅旁或灌丛中。

【营养及药用功效】富含胡萝卜素、多种维生素、微量元素及生命活性物质。有抗炎镇痛的功效。

【食用部位及方法】嫩茎叶。春、夏季采集，洗净、焯水、浸泡后，可凉拌、炒食、蘸酱或煮粥食用。

叶对生，叶卵状至三角状心形

花冠唇形，青紫色

藿香

【别名】芭蒿

【学名】*Agastache rugosa*

【科属】唇形科，藿香属。

【识别特征】多年生草本；茎直立，四棱形。叶心状卵形至长圆状披针形，先端尾状长渐尖。轮伞花序多花，组成顶生穗状花序，花冠淡紫蓝色，冠檐二唇形。成熟小坚果卵状长圆形。花期6~9月；果期9~11月。

【分布及生境】产于全国各地。生于山坡、林间、山沟溪流旁、路边及住宅附近。

【营养及药用功效】富含胡萝卜素、蛋白质、脂肪、碳水化合物、维生素、矿物质和芳香挥发油。有化湿醒脾、辟秽和中、解暑、发表散热的功效。

【食用部位及方法】嫩茎叶。春、夏季采集，可凉拌、炒食、炸食，也可做粥。亦可作为烹饪佐料去掉鱼的腥味，口感更佳。

轮伞花序多花，组成顶生
穗状花序

叶心状卵形

水棘针

【别名】土荆芥

【学名】Amethystea caerulea

【科属】唇形科，水棘针属。

【识别特征】一年生草本；呈金字塔形分枝。叶三角形或近卵形，3深裂。花序为由松散具长梗的聚伞花序所组成的圆锥花序；苞叶与茎叶同形，花萼钟形，花冠蓝或紫蓝色，花柱细长。果为小坚果，倒卵球状三棱形。花期8~9月；果期9~11月。

【分布及生境】产于华北、东北、西北地区。生于田边、旷野、沙地、河滩、路边及溪旁。

【营养及药用功效】含胡萝卜素、粗纤维、多种维生素、矿物质等。有疏风解表、宣肺平喘的功效。

【食用部位及方法】嫩茎叶。春、夏季采集，经开水焯、凉水漂后，可晒干炒咸菜吃。

呈金字塔形分枝

花萼钟形，花冠紫蓝色

海州香薷

【别名】香薷

【学名】*Elsholtzia splendens*

【科属】唇形科，香薷属。

【识别特征】一年生直立草本；高 30~50 厘米。叶披针形，锯齿整齐，先端具尾状骤尖，染紫色。穗状花序顶生，偏向一侧，由多数轮伞花序所组成；苞片宽卵圆形，排成二列。小坚果长圆形，黑棕色，具小疣。花果期 9~11 月。

【分布及生境】产于辽宁、河北、山东、河南、江苏、江西、浙江、广东等地。生于山坡路旁或草丛中。

【营养及药用功效】富含胡萝卜素、蛋白质、脂肪、碳水化合物、维生素、矿物质和芳香挥发油。有发表解暑、行水散湿的功效。

【食用部位及方法】嫩茎叶。春、夏季采集，可凉拌、炒食、油炸，也可做粥、饮料等。

叶披针形，锯齿整齐

穗状花序偏向一侧，由多数轮伞花序所组成

活血丹

【别名】连钱草

【学名】*Glechoma longituba*

【科属】唇形科，活血丹属。

【识别特征】多年生草本；茎基部通常呈淡紫红色。叶片心形或近肾形，叶柄较长。轮伞花序通常 2 花，花萼管状，齿卵状三角形，先端芒状；花冠淡蓝、蓝至紫色，下唇具深色斑点。花期 4~5 月；果期 5~6 月。

【分布及生境】产于全国大部分地区。生于林缘、疏林下、草地中、溪边等阴湿处。

【营养及药用功效】含有机酸、胆碱、维生素及水苏糖等。有利湿通淋、清热解毒、散瘀消肿的功能。

【食用部位及方法】嫩茎叶。春、夏季采集，可凉拌、炒食、做饮料等，也可以泡茶喝。

【附注】孕妇、儿童不可食用；不可过量食用，泡茶宜单独使用，不可与其他药物一起使用。

茎基部通常呈淡紫红色　　　　　轮伞花序通常 2 花，花冠淡蓝

毛建草

【别名】毛尖茶

【学名】*Dracocephalum rupestre*

【科属】唇形科，青兰属。

【识别特征】多年生草本；根茎直，生出多数茎。茎不分枝，渐升，四棱形，疏被倒向的短柔毛，常带紫色。叶对生，叶片三角状卵形，先端钝，基部常为深心形，边缘具圆锯齿，两面有毛，叶下面网状脉明显。轮伞花序密集，通常数朵生于茎顶成头状；花具短梗，苞片大者倒卵形，花冠两唇形，紫蓝色。花期7~9月。

【分布及生境】产于辽宁、内蒙古、河北、山西、青海等地区。生于高山草原、草坡或疏林下阳处。

【营养及药用功效】含有多种维生素、氨基酸、矿物质等。有解热消炎、凉肝止血的功效。

【食用部位及方法】嫩叶。夏季采摘，可制茶饮用。

叶对生，三角状卵形

花冠两唇形，紫蓝色

薄荷

【别名】野薄荷

【学名】*Mentha canadensis*

【科属】唇形科，薄荷属。

【识别特征】多年生草本；茎直立，高 30~60 厘米，下部数节具纤细的须根，多分枝。叶片长圆状披针形，沿脉上密生余部疏生微柔毛。轮伞花序腋生，花梗纤细，花萼管状钟形，萼齿 5，狭三角状钻形，花冠淡紫色。小坚果卵珠形，黄褐色，具小腺窝。花期 7~9 月；果期 10 月。

【分布及生境】产于南北各地区。生于水旁潮湿地。

【营养及药用功效】含维生素、蛋白质、矿物质以及精油等。有疏散风热、清利头目的功效。

【食用部位及方法】幼嫩茎尖。春、夏季采集，放入开水中焯一下，清水浸泡后，可凉拌、炒食，做饮料以及调料等。

叶片长圆状披针形

轮伞花序腋生，花冠淡紫色

山菠菜

【别名】东北夏枯草

【学名】*Prunella asiatica*

【科属】唇形科，夏枯草属。

【识别特征】多年生草本；具有匍匐茎及从下部节上生出的密集须根。茎多数，钝四棱形，上部带紫红色。茎叶卵圆形，在脉上被微疏柔毛。轮伞花序聚集于枝顶组成穗状花序，花冠淡紫或深紫色。花期 5~7 月；果期 8~9 月。

【分布及生境】产于黑龙江、吉林、辽宁、山西等地。生于路旁、山坡草地、灌丛及潮湿地上。

【营养及药用功效】含粗蛋白、粗纤维、维生素和矿物质等。有清肝明目、清热、散郁结、强心利尿、降低血压的功效。

【食用部位及方法】春季采集幼嫩茎尖，放入开水中焯一下，清水浸泡后，可凉拌、炒食或做汤。夏季采集全草泡茶喝。

轮伞花序聚集于枝顶组成穗状花序，花冠紫色

萼檐二唇形，先端红色

甘露子

【别名】地蚕

【学名】*Stachys sieboldii*

【科属】唇形科，水苏属。

【识别特征】多年生草本；根状茎匍匐，顶端有螺蛳形的肥大块茎。茎四棱形，在棱及节上有硬毛。叶对生，卵形或椭圆长卵形。轮伞花序多数远离，排列成顶生假穗状花序，小苞片条形，花萼狭钟形；花冠二唇形，粉红色至紫红色。小坚果卵球形。花期7~8月；果期9月。

【分布及生境】产于华北及西北各地区，各地有栽培。生于湿润地及积水处。

【营养及药用功效】含碳水化合物、多种矿物质和维生素等。有祛风清热、活血散瘀、利湿的功效。

【食用部位及方法】根状茎。秋季采收，可以做成罐头，或用开水焯熟后腌制成酱菜。

轮伞花序多数远离，花冠粉红色　　　根状茎顶端有螺蛳形的肥大块茎

华水苏

【别名】水苏

【学名】*Stachys chinensis*

【科属】唇形科，水苏属。

【识别特征】多年生草本；茎四棱形，在棱及节上被倒向柔毛状刚毛。茎叶长圆状披针形，叶柄极短。轮伞花序通常 6 花，花萼钟形，外面沿肋上及齿缘被柔毛状刚毛，花冠紫色，冠檐二唇形，内面无毛，下唇 3 裂，中裂片近圆形。花期 6~8 月；果期 7~9 月。

【分布及生境】产于东北、华北及陕西、甘肃等地区。生于水沟旁及沙地上。

【营养及药用功效】含矿物质、维生素、氨基酸等营养成分。有祛风解毒、止血的功效。

【食用部位及方法】嫩茎叶。春、夏季采集，经开水焯烫、凉水浸泡后，可晒干烀咸菜吃。

茎叶长圆状披针形，叶柄极短

轮伞花序通常 6 花，花冠紫色

香薷

【别名】山苏子

【学名】*Elsholtzia ciliata*

【科属】唇形科，香薷属。

【识别特征】直立草本；茎通常自中部以上分枝，钝四棱形，具槽。叶对生，卵形或椭圆状披针形，叶柄边缘具狭翅。穗状花序偏向一侧，由多花的轮伞花序组成，苞片宽卵圆形或扁圆形，花冠淡紫色，冠檐二唇形。花期 7~10 月，果期 10 月至翌年 1 月。

【分布及生境】产于全国各地（除新疆、青海外）。生于路旁、山坡、荒地、林内、河岸。

【营养及药用功效】含矿物质、维生素及芳香物质。有发汗解表、和中利湿的作用。

【食用部位及方法】嫩茎叶。春、夏季采收，用清水洗干净，然后放入开水中略微焯一下，捞出后可凉拌、炒菜，也可以制茶饮、药膳等。

叶对生，椭圆状披针形

苞片宽卵圆，花冠淡紫色

毛水苏

【别名】山升麻

【学名】*Stachys baicalensis*

【科属】唇形科，水苏属。

【识别特征】多年生草本；根状茎横走。单叶对生，近无柄，长椭圆状披针形至披针形。轮伞花序通常6花，花淡紫色，远离而排列成长假穗状花序；苞片披针形，边缘具刚毛，花冠二唇形，花冠管内具毛环，雄蕊4，二强。小坚果倒卵圆状三角形，黑色，无毛。花期7月；果期8月。

【分布及生境】产于东北及内蒙古、山东、山西、陕西等地区。生于湿草地及河岸上。

【营养及药用功效】含矿物质、维生素、胡萝卜素等。有祛风解毒、止血之功效。

【食用部位及方法】嫩茎叶。春、夏季采集，经开水焯烫，凉水浸泡后，可晒干炜咸菜吃。

轮伞花序通常6花，花淡紫色

单叶对生，近无柄

风轮菜

【学名】*Clinopodium chinense*

【科属】唇形科，风轮菜属。

【识别特征】多年生草本；茎基部匍匐具细纵纹，密被短柔毛及腺微柔毛。叶卵形，具圆锯齿，叶脉微凹陷。轮伞花序多花，花萼窄管形，花冠紫红色。花期 6~8 月；果期 8~10 月。

【分布及生境】产于南北各地区。生于山坡、草丛、路边、沟边、灌丛及林下。

【营养及药用功效】富含矿物质、维生素等营养成分。有疏风清热、解毒消肿、止血的功效。

【食用部位及方法】嫩茎叶。春季采集幼嫩茎尖，放入开水中焯一下，清水浸泡后，可凉拌、炒食或做汤；夏季采集带花的枝叶，可用来泡茶或制作调料。

叶卵形，叶脉微凹陷　　　　　轮伞花序多花，花冠紫红色

麻叶风轮菜

【学名】*Clinopodium urticifolium*

【科属】唇形科，风轮菜属。

【识别特征】多年生草本；高可达 80 厘米。茎疏被倒向细糙硬毛。叶卵形或卵状长圆形，基部近平截或圆，两面被毛。花密被腺微柔毛，花萼窄管形，上部带紫红色，被腺微柔毛，花冠紫红色。小坚果倒卵球形。花期 6~8 月；果期 8~10 月。

【分布及生境】产于黑龙江、辽宁、河北、河南、山西、陕西、四川等地区。生于山坡、草地、路旁、林下。

【营养及药用功效】富含矿物质、维生素、胡萝卜素等。有疏风清热、解毒止痢、活血止血的功效。

【食用部位及方法】嫩茎叶。春季采集，放入开水中焯一下，清水浸泡后，可凉拌、炒食或做汤，也可用于制作香料和调味料。

茎疏被倒向细糙硬毛

花萼上部带紫红色，被腺微柔毛

野苏子

【别名】大叶香薷

【学名】*Pedicularis grandiflora*

【科属】列当科，马先蒿属。

【识别特征】高大草本；常多分枝。茎粗壮，中空。叶互生，卵状长圆形，两回羽状全裂，裂片羽状深裂至全裂，有白色胼胝的粗齿。花序长总状，花稀疏，紫红色。果卵圆形，有凸尖。花果期7~10月。

【分布及生境】产于东北、华北及宁夏、山东、河南、安徽、江苏等地区。生于开旷耕地、路边、沟谷、灌丛中及密林边缘。

【营养及药用功效】含矿物质、胡萝卜素、维生素等。有清热解毒、活血化瘀、健脾的功效。

【食用部位及方法】夏、秋季采收茎叶，可将其绞碎搭配其他蔬菜食用；春、秋季采挖根，除去泥土及杂质，洗净、晒干后，泡水代茶饮。

花序长总状，花稀疏，紫红色　　　果卵圆形，有凸尖

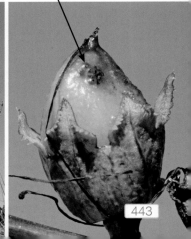

益母草

【别名】月母草

【学名】*Leonurus japonicus*

【科属】唇形科，益母草属。

【识别特征】一年生或二年生草本；茎直立，四棱形。茎下部叶片轮廓卵形，掌状 3 裂后再分裂，花序上的叶不分裂。轮伞花序腋生，花萼筒状钟形，具 5 刺状齿；花冠二唇形，粉红色或淡紫色，上唇外被柔毛，下唇 3 裂。小坚果三棱形，先端平截，淡褐色。花果期 7~10 月。

【分布及生境】产于全国各地。生于山野、河滩草丛中及溪边湿润处。

【营养及药用功效】含蛋白质、胡萝卜素、维生素等。有活血祛瘀、调经消水的功效。

【食用部位及方法】幼苗、嫩茎叶。春、夏季采集，清水洗净，入开水中焯一下后，可凉拌、炒食、煮粥、与肉类炖食。

花序上的叶不分裂

花冠二唇形，粉红色或淡紫色

444

细叶益母草

【别名】狭叶益母草

【学名】*Leonurus sibiricus*

【科属】唇形科，益母草属。

【识别特征】一年生或二年生草本；有圆锥形的主根。茎直立，钝四棱形。茎中部的叶轮廓为卵形，掌状3全裂；花序最上部的苞叶轮廓近于菱形，3全裂成狭裂片。轮伞花序腋生，多花，向顶渐次密集组成长穗状，花无梗，花萼管状钟形，花冠白、粉红或紫红色。小坚果长圆状三棱形，褐色。花期7~9月；果期9月。

【分布及生境】产于东北及内蒙古、河北、山西、陕西等地区。生于石质及砂质草地上或松林中。

【营养及药用功效】同益母草。

【食用部位及方法】同益母草。

花序最上部的苞叶3全裂成狭裂片

轮伞花序腋生，多花

列当

【别名】紫花列当

【学名】*Orobanche coerulescens*

【科属】列当科，列当属。

【识别特征】二年生或多年生寄生草本；全株密被长绵毛。茎直立。叶卵状披针形。穗状花序，花冠蓝紫色，筒部在花丝着生处稍上方缢缩，口部稍扩大，上唇2浅裂，下唇3裂。花期6~7月；果期8~9月。

【分布及生境】产于东北、华北、西南及山东、湖北、陕西、宁夏、甘肃等地区。寄生于山坡、草地、灌丛、疏林等地的蒿属（*Artemisia*）植物根上。

【营养及药用功效】含球蛋白和天然多糖。有补肾助阳、强筋骨的功效。

【食用部位及方法】植株。春、夏季采集，煮水喝，或晒干后备用。

【附注】本品有小毒，不可过量食用，配伍禁忌遵医嘱。

穗状花序，花冠蓝紫色

花冠筒在口部稍扩大

（三）头状花序

1. 叶不裂

全叶马兰

【别名】全叶鸡儿肠
【学名】*Aster pekinensis*
【科属】菊科，紫菀属。
【识别特征】多年生草本；茎中部以上有帚状分枝。叶下面灰绿，两面密被粉状短茸毛。头状花序单生枝端且排成疏伞房状。总苞半球形，总苞片3层，覆瓦状排列，舌状花淡紫色。瘦果倒卵形，有浅色边肋。花期6~10月；果期7~11月。
【分布及生境】产于东北、西北、华中、华东地区。生于山坡、林缘、灌丛、路旁。
【营养及药用功效】含氨基酸、多种维生素及矿物质等。有清热解毒、化痰止咳功效。
【食用部位及方法】嫩茎叶。春、夏季采集，将其放到开水中煮3~5分钟，捞出在凉水中浸泡后，凉拌、做汤或炒食。

舌状花淡紫色

头状花序单生枝端且排成疏伞房状

草地风毛菊

【别名】驴耳风毛菊

【学名】*Saussurea amara*

【科属】菊科，风毛菊属。

【识别特征】多年生草本；茎直立。叶片披针状长椭圆形或长披针形。头状花序在茎枝顶端排成伞房状或伞房圆锥花序，总苞钟状或圆柱形，总苞片4层，全部苞片外面绿色或淡绿色，小花淡紫色。瘦果长圆形，有4肋；冠毛白色，2层。花果期7~10月。

【分布及生境】产于东北、西北及河北、山西、北京等地区。生于荒地、路边、森林草地、山坡、草原及盐碱地。

【成分及药用功效】含香豆素、强心苷和蒽醌等物质。有祛风活络、散瘀止痛的功效。

【毒性】全草有毒，长期摄入会造成肝肾损伤。不可以食用。

头状花序在茎枝顶端排成伞房圆锥花序

总苞钟状或圆柱形，小花淡紫色

牛蒡

【别名】大力子

【学名】*Arctium lappa*

【科属】菊科，牛蒡属。

【识别特征】三年生草本；高达2米。基生叶宽卵形，基部心形，下面灰白或淡绿色，被茸毛。头状花序排成伞房或圆锥状伞房花序，总苞卵形或卵球形，总苞片先端有软骨质钩刺，小花紫红色。瘦果倒长卵圆形。花果期6~9月。

【分布及生境】产于全国各地。生于山坡、山谷、林缘、灌丛、河边潮湿地、村庄路旁或荒地。

【营养及药用功效】富含蛋白质、碳水化合物、粗纤维、胡萝卜素、多种维生素、烟酸以及矿物质元素。有清热解毒、疏风利咽之功效。

【食用部位及方法】根。秋季采集，将鲜牛蒡切片晒干，然后放在锅里小火炒，而后泡水喝。

基生叶宽卵形，基部心形

总苞片先端有软骨质钩刺；小花紫红色

449

紫菀

【别名】驴耳朵菜

【学名】*Aster tataricus*

【科属】菊科，紫菀属。

【识别特征】多年生草本；茎直立，表面有沟槽。基部叶长圆状或椭圆状匙形，至上部叶渐狭小。头状花序多数，在茎和枝端排列成复伞房状，舌状花蓝紫色。瘦果倒卵状长圆形，紫褐色。花期7~9月；果期8~10月。

【分布及生境】产于东北及山西、河北、河南、陕西、甘肃等地区。生于山坡林缘、草地、草甸及河边草地。

【营养及药用功效】含蛋白质、碳水化合物、维生素、烟酸、胡萝卜素、多种微量元素。有温肺下气、消痰止咳的功效。

【食用部位及方法】嫩茎叶。春季采集，将其放到开水中焯一下，捞出在凉水中浸泡后，可腌渍、炒食、凉拌和蘸酱食用。

基部叶长圆状或椭圆状匙形

舌状花有深紫色斑点

三脉紫菀

【别名】三脉马兰
【学名】*Aster ageratoides*
【科属】菊科，紫菀属。
【识别特征】多年生草本；茎高达 1 米。叶纸质，两面被茸毛，下面沿脉有粗毛，中部叶长圆状披针形，边缘有 3~7 对浅或深锯齿。头状花序，排成伞房或圆锥伞房状，舌片线状长圆形，浅紫或白色，管状花黄色。瘦果倒卵状长圆形。花期 7~9 月；果期 8~10 月。
【分布及生境】产于全国各地。生于林下、林缘、灌丛及山谷湿地。
【营养及药用功效】含蛋白质、维生素、胡萝卜素、多种微量元素。有清热解毒、祛痰止咳的功效。
【食用部位及方法】嫩茎叶。春季采集，将其放到开水中焯一下捞出，在凉水中浸泡后，可腌渍、炒食、凉拌或蘸酱食用。

叶长圆状披针形，边缘有
3~7 对浅锯齿

头状花序，排成伞房或圆锥伞房状

马兰

【别名】路边菊

【学名】*Aster indicus*

【科属】菊科，紫菀属。

【识别特征】多年生草本；茎直立，上部有短毛。叶倒披针形或倒卵状矩圆形，基部渐狭成具翅的长柄。头状花序单生于枝端，并排列成疏伞房状，花托圆锥形；舌状花 15~20 个，舌片浅紫色。瘦果倒卵状矩圆形，极扁。花期 5~9 月；果期 8~10 月。

【分布及生境】产于江苏、江西、河南、山西等地。生于林下、林缘、灌丛及山谷湿地。

【营养及药用功效】含维生素、蛋白质、胡萝卜素、多种微量元素等。有清热解毒、消食积、利小便、散瘀止血之功效。

【食用部位及方法】嫩茎叶。春季采集，将其放到开水中焯一下捞出，在凉水中浸泡后，可腌渍、炒食、凉拌或蘸酱食用。

花托圆锥形，舌片浅紫色

叶倒披针形或倒卵状矩圆形

刺儿菜

【别名】小蓟

【学名】*Cirsium arvense* var. *integrifolium*

【科属】菊科，蓟属。

【识别特征】多年生草本；茎直立，通常不分枝。叶片长椭圆形或椭圆状披针形，叶缘具小齿和小刺，幼时被蛛丝状毛。头状花序单生茎顶，花冠紫红色。瘦果扁椭圆形，冠毛羽状。花果期5~7月。

【分布及生境】产于全国各地（除云南、西藏、广东、广西外）。生于山坡、河边或荒地、田间。

【营养及药用功效】含蛋白质、脂肪、碳水化合物、胡萝卜素、多种维生素、矿物质等。有清热消肿、凉血止血的功效。

【食用部位及方法】嫩茎叶。春、夏季采摘，清水洗净后，在开水中略焯一下捞出，可凉拌、炒食、煮汤、做馅等。

头状花序生茎顶，花冠紫红色

叶片椭圆状披针形

绒背蓟

【别名】猫腿姑

【学名】*Cirsium vlassovianum*

【科属】菊科，蓟属。

【识别特征】多年生草本；茎直立，有条棱。叶披针形或椭圆状披针形，上面绿色，下面灰白色，被稠密的茸毛。头状花序单生茎顶或生花序枝端，总苞长卵形，全部苞片外面有黑色黏液腺，小花紫色。瘦果褐色，稍压扁。花果期 5~9 月。

【分布及生境】产于东北、华北地区。生于山坡林中、林缘、河边或潮湿地。

【营养及药用功效】含胡萝卜素、多种维生素、矿物质等。有祛风、除湿、止痛的功效。

【食用部位及方法】嫩茎叶。春、夏季采摘，清水洗净后，在开水中略焯一下捞出，可凉拌、炒食、煮汤、做馅等。

总苞长卵形，小花紫色

叶披针形，下面灰白色

2. 叶分裂

山马兰

【别名】山鸡儿肠

【学名】*Aster lautureanus*

【科属】菊科，紫菀属。

【识别特征】多年生草本；茎单生或簇生，上部分枝。叶近革质，披针形或长圆状披针形，有疏齿或羽状浅裂。总苞片3层，覆瓦状排列，内层披针状长椭圆形，有膜质穗状边缘。舌状花淡蓝色，管状花黄色。花期8~9月；果期9~10月。

【分布及生境】产于东北、华北及陕西、山东、河南、江苏等地区。生于山坡、草原、灌丛中。

【营养及药用功效】含蛋白质、碳水化合物、维生素等。有清热解毒、凉血止血的功效。

【食用部位及方法】嫩茎叶。春、夏季采摘，清水洗净后，在开水中略焯一下捞出，可凉拌、炒食、煮汤、做馅等。

总苞片3层，舌状花淡蓝色

叶长圆状披针形，有疏齿

蒙古风毛菊

【别名】华北风毛菊

【学名】*Saussurea mongolica*

【科属】菊科，风毛菊属。

【识别特征】多年生草本；茎直立，单一，纤细。叶片卵状三角形或卵形，基部楔形或心形，下半部羽状深裂，两面被糙短毛。头状花序密集成复伞房状，花序梗密被短柔毛，总苞狭筒状钟形，花紫红色。瘦果稍扁，三棱形。花期7~8月；果期8~9月。

【分布及生境】产于东北、华北及陕西、甘肃、山东、青海等地区。生于山坡、林下、灌丛中、路旁及草坡。

【营养及药用功效】富含蛋白质、胡萝卜素、维生素、矿物质等。有抗菌消炎的功效。

【食用部位及方法】嫩茎叶。春、夏季采集，将其放到开水中焯一下，便可炒食、蘸酱、腌渍或做成什锦袋菜。

叶片卵状三角形

总苞狭筒状钟形，花紫红色

456

林泽兰

【别名】尖佩兰

【学名】*Eupatorium lindleyanum*

【科属】菊科，泽兰属。

【识别特征】多年生草本；茎直立，单一，嫩茎及叶都被细柔毛。叶对生，无柄，叶片不分裂或三全裂，线状被针形，中裂片大。复伞房花序，总苞狭筒形，每头状花序有管状花5朵，总苞片背面稍带紫红色，花冠淡红色。瘦果圆柱形，有5纵棱及多数腺体。花期7~8月；果期9~10月。

【分布及生境】生于山坡林缘、草地、草甸及河边湿草地。

【营养及药用功效】富含胡萝卜素、矿物质、维生素等。有发表祛湿、和中化湿的功效。

【食用部位及方法】嫩茎叶。春、夏季采集，经开水焯、凉水浸泡后，可晒干炒咸菜吃。

复伞房花序，花冠淡红色

叶对生，无柄，叶片不分裂或三全裂

亚洲蓍

【学名】*Achillea asiatica*

【科属】菊科，蓍属。

【识别特征】多年生草本；高 15~50 厘米。茎单生或数个，中上部有分枝。叶绿或灰绿色，二至三回羽状全裂。头状花序多数，舌状花粉红色，稀白色，管状花淡粉红色。瘦果楔状矩圆形。花果期 7~9 月。

【分布及生境】产于新疆、内蒙古、河北、辽宁、黑龙江等地区。生于山坡草地、河边、草场、林缘湿地。

【成分及药用功效】全草含琥珀酸、延胡索酸、α-呋喃甲酸、乌头酸等。有解毒消肿、祛风、活血、止血、镇痛之作用。

【毒性】全草有毒，叶中毒性最强。不可以食用。

叶绿或灰绿色，二至三回羽状全裂　　　头状花序多数，舌状花粉红色

多花麻花头

【别名】多头麻花头

【学名】*Klasea centauroides* subsp. *polycephala*

【科属】菊科，麻花头属。

【识别特征】多年生草本；茎高可达 80 厘米。叶片长椭圆形，羽状深裂，中上部茎叶渐小。头状花序在茎枝顶端排成伞房花序，总苞长卵形，上部无收缩，小花两性，花冠紫色或粉红色。瘦果淡白色或褐色，楔状长椭圆状；冠毛刚毛锯齿状，分散脱落。花果期 7~9 月。

【分布及生境】产于东北及华北各地区。生于山坡、路旁或农田中。

【营养及药用功效】含粗纤维、胡萝卜素、维生素等。有清热、解毒的功效。

【食用部位及方法】嫩茎叶。春季采集，将其放到开水中焯烫，便可炒食或蘸酱食用。

叶片长椭圆形，羽状深裂

总苞长卵形，花冠粉红色

459

丝毛飞廉

【别名】飞簾

【学名】*Carduus crispus*

【科属】菊科，飞廉属。

【识别特征】二年生或多年生草本；株高可达 150 厘米。叶长椭圆形或倒披针形，羽状深裂或半裂，全部茎叶基部下延成茎翼，茎翼齿裂，齿顶有针刺。头状花序花序梗极短，通常 3~5 个集生于分枝顶端或茎端，总苞片多层，覆瓦状排列，小花白色或紫色。瘦果稍压扁，冠毛污白色。花果期 4~10 月。

【分布及生境】产于全国各地。生于山坡草地、田间、荒地河旁及林下。

【营养及药用功效】含胡萝卜素、维生素和矿物质等。有祛风、清热利湿、凉血止血、活血消肿的功效。

【食用部位及方法】嫩茎叶。春季采集，洗净后，用沸水焯烫，可凉拌、炒食或做汤。

茎叶基部下延成茎翼，齿裂，齿顶有刺

头状花序梗极短，通常 3~5 个集生

烟管蓟

【学名】*Cirsium pendulum*

【科属】菊科，蓟属。

【识别特征】多年生草本；高 1~3 米。茎直立，上部分枝，被蛛丝状节毛。叶长椭圆形，不规则二回羽状分裂，边缘有针刺状缘毛。头状花序下垂，在茎枝顶端排成总状圆锥花序，总苞钟状，小花紫色或红色。瘦果偏斜楔状倒披针形，冠毛污白色。花果期 6~9 月。

【分布及生境】产于东北、华北及陕西、甘肃等地区。生于河岸、草地、山坡林缘。

【营养及药用功效】含胡萝卜素、维生素和矿物质。有解毒、止血、补虚之功效。

【食用部位及方法】嫩茎叶。春、夏季采集，将其放到开水中焯一下，清水浸泡后，便可炒食或蘸酱食用。

叶长椭圆形，不规则二回羽状分裂

头状花序下垂，总苞钟状

461

野蓟

【别名】牛戳口

【学名】*Cirsium maackii*

【科属】菊科，蓟属。

【识别特征】多年生草本；茎被长毛，头状花序下部有密茸毛。叶长椭圆形、披针形，向下渐窄成翼柄，有时半抱茎，羽状半裂、深裂或几全裂。头状花序单生茎端，或排成伞房花序，小花紫红色。瘦果偏斜倒披针状；冠毛白色。花果期6~9月。

【分布及生境】产于东北及河北、山东、江苏、安徽、浙江、四川等地区。生于山坡草地、林缘、草甸及林旁。

【营养及药用功效】含胡萝卜素、维生素和矿物质等。有凉血止血、消肿解毒的功效。

【食用部位及方法】嫩茎叶。春、夏季采集，将其放到开水中焯一下，清水浸泡后，便可炒食或蘸酱食用。

叶羽状半裂、深裂或几全裂　　头状花序，小花紫红色

大刺儿菜

【别名】刺蓟

【学名】*Cirsium arvense* var. *setosum*

【科属】菊科，蓟属。

【识别特征】多年生草本；茎直立，上部分枝。叶互生，基部叶具柄，上部叶基部抱茎，羽状分裂且有刺。头状花序，单生或数个聚生枝端，密被绵毛；总苞片外层顶端具长刺，花为红色。瘦果，冠毛羽状。花期6~8月；果期8~9月。

【分布及生境】产于东北、华北及陕西、河南等地区。生于农田、路旁或荒地。

【营养及药用功效】富含胡萝卜素、维生素和矿物质等。有凉血、止血、祛瘀、消痈肿的功效。

【食用部位及方法】嫩茎叶。春、夏季采集，将其洗净，沸水焯过，投凉后便可蘸酱、炒菜或做汤食用。

茎直立，上部分枝

总苞片外层顶端具长刺，花红色

风毛菊

【别名】八棱麻

【学名】*Saussurea japonica*

【科属】菊科，风毛菊属。

【识别特征】多年生草本；茎下部叶具柄，叶片长椭圆形或披针形，羽状深裂。头状花序多数排列成伞房状圆锥花序，外层总苞片长卵形，顶端有扁圆形的紫红色的膜质附片，小花紫红色。花果期6~11月。

【分布及生境】产于华北、华中、华东、西南及陕西、甘肃、青海、辽宁、广东等地区。生于山坡、山谷、林下、山坡路旁。

【营养及药用功效】富含蛋白质、胡萝卜素、维生素、矿物质等。有祛风活血、散瘀止痛的功效。

【食用部位及方法】嫩茎叶。春、夏季采集，将其放到开水中焯一下，便可炒食、蘸酱、腌渍或做成什锦袋菜。

叶片长椭圆形或披针形，羽状深裂

外层总苞片顶端有紫红色的膜质附片

菊苣

【别名】蓝花菊苣

【学名】*Cichorium intybus*

【科属】菊科，菊苣属。

【识别特征】多年生草本；茎直立，分枝开展或极开展，茎枝有条棱。基生叶莲座状，倒披针状长椭圆形，大头状倒向羽状深裂，茎生叶较小。头状花序多数，总苞圆柱状，舌状小花蓝色，有色斑。瘦果倒卵状，外层瘦果压扁。花果期 5~10 月。

【分布及生境】产于北京、黑龙江、辽宁、山西、新疆、江西等地区。生于滨海荒地、河边、水沟边或山坡。

【营养及药用功效】含氨基酸、矿物质、菊糖及芳香族物质。有清热解毒、利尿消肿的功效，是一种保健蔬菜。

【食用部位及方法】嫩茎叶。采摘后将其洗净，可直接生食，做拌菜，也可沸水焯一下，蘸酱食用。

茎直立，分枝开展或极开展

头状花序，舌状小花蓝色

蒙古马兰

【别名】裂叶马兰

【学名】*Aster mongolicus*

【科属】菊科，马兰属。

【识别特征】多年生草本；茎直立，中部以上分枝开展。茎中部叶倒披针形，羽状深裂。头状花序多数，排列成伞房花序，总苞半球形，总苞片边缘白色，膜质，具缘毛；舌状花1层，淡蓝色，管状花黄色。瘦果扁，具边肋。花期7~8月；果期9月。

【分布及生境】产于我国北方地区。生于山坡、灌丛、田边。

【营养及药用功效】含蛋白质、脂肪、胡萝卜素、维生素等。有清热解毒、凉血、止血、利湿的功效。

【食用部位及方法】嫩茎叶。春、夏季采集，将其放到开水中焯一下，清水浸泡后，便可炒食或蘸酱食用。

茎直立，中部以上分枝开展　　　茎中部叶倒披针形，羽状深裂

美花风毛菊

【别名】球花风毛菊

【学名】*Saussurea pulchella*

【科属】菊科，风毛菊属。

【识别特征】多年生草本；根状茎纺锤形。茎直立，上部分枝。叶披针形或条形，羽状浅裂或全缘。头状花序，多数在茎枝顶端排列成密伞房状或圆锥状，有长梗；总苞球形，总苞片多层，先端有膜质、粉紫色、圆形具小齿的附片，小花淡紫色。花期7~8月；果期8~9月。

【分布及生境】产于东北及华北各地区。生于灌丛、草原、林缘、沟谷草甸及河岸。

【营养及药用功效】富含蛋白质、胡萝卜素、维生素、矿物质等。有祛风、清热、除湿、止痛的功效。

【食用部位及方法】嫩茎叶。春、夏季采集，将其放到开水中焯一下，便可炒食、蘸酱、腌渍或做成什锦袋菜。

总苞片先端有膜质、粉紫色附片

叶披针形或条形，羽状浅裂或全缘

467

泥胡菜

【别名】猪兜菜

【学名】*Hemisteptia lyrata*

【科属】菊科，泥胡菜属。

【识别特征】一年生草本；茎单生，疏被蛛丝毛。基生叶倒披针形，大头羽状深裂。头状花序在茎枝顶端排成伞房花序，总苞片多层，外层背面有紫红色鸡冠状附片，小花两性，花冠红或紫色。瘦果楔形或扁斜楔形，冠毛2层。花果期5~8月。

【分布及生境】除新疆、西藏外，全国各地均有分布。生于山坡、山谷、林缘、林下、草地、荒地、田间、河边、路旁等处。

【营养及药用功效】富含蛋白质、胡萝卜素、维生素、矿物质等。有消肿散结、清热解毒的功效。

【食用部位及方法】嫩茎叶。春、夏季采集，将其放到开水中焯一下，清水浸泡后，便可炒食或蘸酱食用。

外层总苞片背面有紫红色鸡冠状附片

基生叶倒披针形，大头羽状深裂

水飞蓟

【别名】老鼠筋

【学名】*Silybum marianum*

【科属】菊科，水飞蓟属。

【识别特征】一年生或二年生草本；全部茎枝有白色粉质复被物。基生叶莲座状，绿色，具大型白色花斑，无毛，边缘有针刺。头状花序较大，生枝端，总苞片6层，中外层附属物，边缘有坚硬的针刺，小花红紫色。瘦果压扁，冠毛刚毛状。花果期5~10月。

【分布及生境】原产于西欧和北非，在陕西、甘肃、黑龙江和河北等地栽培。

【营养及药用功效】含多种维生素、矿物质、胡萝卜素等。有清热利湿、疏肝利胆的功效。

【食用部位及方法】嫩茎叶。春季采摘，将其洗净，入沸水中焯几分钟，再用清水浸泡，挤去水后可凉拌、煮汤，亦可热炒。

基生叶具大型白色花斑

总苞片边缘有坚硬的针刺

窄叶蓝盆花

【别名】蒙古山萝卜

【学名】*Scabiosa comosa*

【科属】忍冬科，蓝盆花属。

【识别特征】多年生草本；基生叶成丛，茎生叶对生，长圆形，一至二回狭羽状全裂。头状花序单生或3出，半球形，总苞片6~10片，披针形，花萼5裂，细长针状；花冠蓝紫色，中央花冠筒状，先端5裂，裂片等长，边缘花二唇形。瘦果长圆形。花期7~8月；果期9月。

【分布及生境】产于东北及河北、内蒙古等地区。生于干燥沙质地、沙丘、干山坡及草原上。

【营养及药用功效】含维生素、蛋白质、碳水化合物、多种矿物质等。有清热泻火的功效。

【食用部位及方法】嫩茎叶。春季采摘，清水洗净后，在开水中略焯一下捞出，晒干后冬天烀咸菜吃。

基生叶成丛，茎生叶对生　　　　花冠蓝紫色，边缘花二唇形

兔儿伞

【别名】铁灯台

【学名】*Syneilesis aconitifolia*

【科属】菊科，兔儿伞属。

【识别特征】多年生草本；下部叶盾状圆形，掌状深裂，裂片7~9，每裂片再次2~3浅裂；余叶苞片状，披针形，无柄或具短柄。头状花序在茎端密集成复伞房状，具数枚线形小苞片，总苞筒状，总苞片长圆形，花冠淡粉白色。花期6~7月；果期8~10月。

【分布及生境】产于东北、华北及华中各地区。生于山坡荒地、林缘、路旁。

【营养及药用功效】含多种维生素、蛋白质、矿物质等。有祛风除湿、解毒活血、消肿止痛的功效。

【食用部位及方法】嫩茎叶。春季采集，清洗后，经过水煮和清水浸泡后，可凉拌、炖汤、做馅或蘸酱吃。

下部叶盾状圆形，掌状深裂　　　　总苞筒状，总苞片长圆形

齿苞风毛菊

【学名】*Saussurea odontolepis*

【科属】菊科，风毛菊属。

【识别特征】多年生草本；茎直立，单生。叶片长椭圆形，羽状深裂或几全裂，侧裂片约 7 对；上部及最上部茎叶与中部茎叶同形并等样分裂，有叶柄。头状花序在茎枝顶端排成伞房花序，总苞卵状钟形，外层总苞片长椭圆形，顶端急尖，有小尖头，边缘有栉齿，小花紫色。花果期 8~9 月。

【分布及生境】产于辽宁、吉林。生于林缘、草地。

【营养及药用功效】含蛋白质、胡萝卜素、矿物质等。有祛风除湿、理气止痛的功效。

【食用部位及方法】嫩茎叶。春季采集，洗净后，在开水中焯一下捞出，可以凉拌、涮火锅或蘸酱菜。

叶片长椭圆形，羽状深裂或几全裂

外层总苞片顶端急尖，有小尖头，边缘有栉齿

（四）穗状花序

红蓼

【别名】东方蓼

【学名】*Persicaria orientalis*

【科属】蓼科，蓼属。

【识别特征】一年生草本；高达 2 米。叶宽椭圆形，托叶鞘被长柔毛，常沿顶端具绿色草质翅。穗状花序微下垂，数个花序组成圆锥状，花被 5 深裂，淡红或白色，花被片椭圆形。瘦果包于宿存花被内。花期 6~9 月；果期 8~10 月。

【分布及生境】产于全国各地（除西藏外）。生于沟边湿地、村边路旁。

【营养及药用功效】含胡萝卜素、维生素、多种矿物质等。有祛风利湿、健脾消积、活血止痛的功效。

【食用部位及方法】嫩茎叶。春、夏季采集，洗净后放入开水中焯一下捞出，可凉拌、炒食或与面粉混合后蒸食。

穗状花序微下垂

托叶鞘被长柔毛，常沿顶端具绿色草质翅

细叶穗花

【别名】细叶婆婆纳

【学名】*Pseudolysimachion linariifolium*

【科属】车前科，兔尾苗属。

【识别特征】多年生草本；茎直立，单生，常不分枝。叶条形至条状长椭圆形，下端全缘而中上端边缘有三角状锯齿。花序长穗状，花冠蓝色、紫色，少白色。蒴果心形。花期6~9月；果期7~10月。

【分布及生境】产于东北及内蒙古等地区。生于草甸、草地、灌丛及疏林下。

【营养及药用功效】含纤维素、维生素、矿物质等。有清热解毒、止咳化痰、利尿的功效。

【食用部位及方法】嫩茎叶。春、夏季采集，洗净、焯水、浸泡后，可凉拌、炒食、做汤或做馅食用。

总状花序单枝或数枝复出

蒴果心形

管花腹水草

【别名】柳叶婆婆纳

【学名】*Veronicastrum tubiflorum*

【科属】车前科，草灵仙属。

【识别特征】多年生直立草本；茎不分枝。叶互生，无柄，条形，单条叶脉，叶缘疏生细尖锯齿。花序顶生，单枝，花序轴及花梗多少被细柔毛；花萼裂片披针形，具短睫毛，花冠蓝色。蒴果卵形，顶端急尖。花期7~8月；果期8~9月。

【分布及生境】产于东北地区。生于湿草地和灌丛中。

【营养及药用功效】富含胡萝卜素、维生素、矿物质等。有清热解毒的功效。

【食用部位及方法】嫩茎叶。春、夏季采集，洗净、焯水、浸泡后，可凉拌、炒食、做汤或做馅食用。

花序顶生，单枝

叶互生，无柄，条形

草本威灵仙

【别名】轮叶婆婆纳

【学名】*Veronicastrum sibiricum*

【科属】车前科，草灵仙属。

【识别特征】多年生草本；根多而须状。根状茎横走，茎不分枝。叶4~6枚轮生，矩圆形至宽条形。花序顶生，长尾状，花萼裂片不超过花冠半长，钻形，花冠淡紫色。蒴果卵状，种子椭圆形。花期7~9月；果期8~10月。

【分布及生境】产于东北、华北及陕西、甘肃、山东等地区。生于路边、山坡草地及山坡灌丛内。

【成分及药用功效】含威灵仙苷、灵仙新苷、白头翁素等。有祛风除湿、清热解毒的功效。

【毒性】茎叶有毒。不可以食用。

叶4~6枚轮生，宽条形

花序顶生，长尾状，花冠淡紫色

落新妇

【别名】小升麻

【学名】*Astilbe chinensis*

【科属】虎耳草科，落新妇属。

【识别特征】多年生草本；茎无毛。基生叶为二至三回三出羽状复叶；茎生叶 2~3，较小。圆锥花序，下部第一回分枝与花序轴呈 15~30 度角斜上，花序轴密被褐色卷曲长柔毛，几无花梗；花密集，萼片 5，卵形，花瓣 5，淡紫色至紫红色，线形。花期 7~8 月；果期 9~10 月。

【分布及生境】产于全国大部分地区。生于山谷、溪边、林下、林缘和草甸等处。

【营养及药用功效】富含多种维生素、蛋白质、矿物质等。有散瘀止痛、祛风除湿、清热止咳的功效。

【食用部位及方法】嫩茎叶。春季采集，沸水焯后，换清水浸泡，可炒食、煮汤、炝拌、盐渍等。

圆锥花序，下部第一回分枝与花序轴呈 15~30 度角斜上

花密集，花瓣紫红色，线形

四、花橙红色至褐色

尖萼楼斗菜

【别名】血见愁

【学名】*Aquilegia oxysepala*

【科属】毛茛科，楼斗菜属。

【识别特征】多年生草本；上部有分枝。基生叶数枚，为二回三出复叶；茎生叶数枚，具短柄，向上渐变小。花3~5朵，较大而美丽，微下垂，苞片三全裂，萼片紫色，稍开展，狭卵形，花瓣黄白色，雄蕊与瓣片近等长，花药黑色。花期5~6月；果期7~8月。

【分布及生境】产于辽宁、吉林、黑龙江、内蒙古等地区。生于山地、杂木林边和草地中。

【营养及药用功效】富含多种维生素、蛋白质、矿物质等。有调经、活血的功效。

【食用部位及方法】嫩茎叶。春季采集，沸水焯后，换清水浸泡，可炒食、速冻、做馅、做蘸酱菜。

萼片紫色，稍开展，狭卵形

叶数枚，为二回三出复叶

有斑百合

【别名】山灯子花

【学名】*Lilium concolor* var. *pulchellum*

【科属】百合科，百合属。

【识别特征】多年生草本；鳞茎卵球形。茎直立，叶散生，条形。花1~5朵排成近伞形或总状花序；花被片深红色或橘红色，内面有紫色斑点，矩圆状披针形。蒴果长圆形。花期6~7月；果期8~9月。

【分布及生境】产于东北、华北及山东等地区。生于阳坡草地和林下湿地。

【营养及药用功效】含蛋白质、胡萝卜素、多种维生素、矿物质等。有滋补、强壮、止咳之功效。

【食用部位及方法】嫩茎叶。春季采集，开水中煮过捞出，反复浸泡后，便可腌渍、炒食、调拌凉菜和蘸酱食用。

叶散生，条形

花被片橘红色，内面有紫色斑点

480

卷丹

【学名】 *Lilium lancifolium*

【科属】百合科，百合属。

【识别特征】多年生草本；鳞茎宽卵状球形，白色。茎带紫色条纹，具白色绵毛。叶螺旋状散生，矩圆状披针形或披针形，无柄，上部叶腋有珠芽。花下垂，橙红色，有紫黑色斑点，花被片披针形，反卷。蒴果狭长卵形。花期7~8月；果期9~10月。

【分布及生境】产于全国大部分地区。生于山坡灌木林下、草地，路边或水旁。

【营养及药用功效】含蛋白质、脂肪、还原糖、维生素等。有润肺止咳、清心安神的功效。

【食用部位及方法】鳞茎。秋季采集，清洗干净，剥下鳞片，投入沸水中烫一下，蒸熟后食用。

花被片反卷且橙红色，有紫黑色斑点

上部叶腋有珠芽

山丹

【别名】细叶百合

【学名】*Lilium pumilum*

【科属】百合科，百合属。

【识别特征】多年生草本；鳞茎卵形或圆锥形，白色。叶散生茎中部，线形。花单生或数朵成总状花序，花鲜红色，无斑点，花被片反卷，蜜腺两侧有乳头状突起。蒴果长圆形。花期7~8月；果期9~10月。

【分布及生境】产于东北、华北、西北及河南、山东等地区。生于向阳山坡、草地或林缘疏林下。

【营养及药用功效】含淀粉和蛋白质、维生素、胡萝卜素等。有润肺止咳、滋阴补阳、清心安神、补中益气之功效。

【食用部位及方法】鳞茎。秋季采集，清洗干净，剥下鳞片，投入沸水中烫一下，蒸熟后食用。

花鲜红色，无斑点，花被片反卷　　叶散生茎中部，线形

东北百合

【别名】轮叶百合

【学名】*Lilium distichum*

【科属】百合科，百合属。

【识别特征】多年生草本；茎高 60~120cm，叶 1 轮共 7~20 枚，生于茎中部，还有少数散生叶，倒卵状披针形至矩圆状披针形。花 2~12 朵，排列成总状花序；苞片叶状；花淡橙红色，具紫红色斑点，花被片稍反卷。花期 7~8 月；果期 8~9 月。

【分布及生境】产吉林和辽宁省。生山坡林下、林缘、路边或溪旁。

【营养及药用功效】含有丰富的淀粉、蛋白质、胡萝卜素、维生素 B₁等。有润肺止咳，清心安神之功效。

【食用部位及方法】鳞茎可供食用或酿酒。入药中药称"百合"，水煎服。

叶 1 轮共 7~20 枚生于茎中部

花淡橙红色，具紫红色斑点

苦马豆

【别名】羊尿泡

【学名】*Sphaerophysa salsula*

【科属】豆科，苦马豆属。

【识别特征】多年生草本；奇数羽状复叶，有小叶 5~10 对，倒卵形至倒卵状长圆形，小叶柄短。总状花序常较叶长，生 6~16 花，小苞片线形至钻形；花冠初呈鲜红色，后变紫红色，旗瓣瓣片近圆形，向外反折。荚果椭圆形至卵圆形，膨胀。花期 5~8 月，果期 6~9 月。

【分布及生境】产东北、华北、西北。生于山坡、草原、荒地、沙滩、戈壁绿洲、沟渠旁及盐池周围等处。

【营养及药用功效】有利尿、消肿的功能。

【食用部位及方法】全草入药。夏、秋季采收，切段，洗净，晒干。水煎服。

奇数羽状复叶，小叶 5~10 对　　花冠初呈鲜红色，后变紫红色

484

地榆

【别名】黄瓜香

【学名】*Sanguisorba officinalis*

【科属】蔷薇科，地榆属。

【识别特征】多年生草本；茎直立，有棱。基生叶为单数羽状复叶，长椭圆形或矩圆状卵形，茎生叶少，小叶狭长。穗状花序密集顶生，呈圆柱形或卵球形，直立；小苞片披针形，萼裂片呈花瓣状，紫红色，椭圆形，顶端常具短尖，无花瓣。瘦果褐色。花果期8~9月。

【分布及生境】产于吉林、陕西、甘肃、河南、四川、云南等地。生于山坡草甸、灌丛林及沟谷。

【营养及药用功效】含胡萝卜素、维生素、矿物质等。有凉血止血、解毒敛疮的功效。

【食用部位及方法】嫩叶。春季采集，沸水焯后，换清水浸泡，可做拌菜、炒食、做汤和腌菜，也可做色拉。

穗状花序密集顶生，呈圆柱形

基生叶为单数羽状复叶

红花变豆菜

【学名】*Sanicula rubriflora*

【科属】伞形科，变豆菜属。

【识别特征】多年生草本；根茎短。茎直立，无毛，下部不分枝。基生叶多数，肾状圆形，掌状 3~5 裂。总苞片 2，叶状，无柄，每片 3 深裂；伞形花序三出，中间的伞幅长于两侧的伞幅；小总苞片 3~7，倒披针形或宽线形，小伞形花序多花，花瓣淡红色至紫红色。花果期 6~9 月。

【分布及生境】产于黑龙江、吉林、辽宁、内蒙古等地区。生于山间林下、阴湿及腐殖质较多的地方。

【营养及药用功效】含胡萝卜素、维生素、蛋白质、多种矿物质。有清热利湿、活血解毒的功效。

【食用部位及方法】嫩茎叶。春、夏季采摘，可以炒菜、做汤或者凉拌。

小伞形花序多花，花瓣紫红色

基生叶肾状圆形，掌状 3~5 裂

毛穗藜芦

【别名】马氏藜芦

【学名】*Veratrum maackii*

【科属】藜芦科，藜芦属。

【识别特征】多年生草本；茎较纤细，基部稍粗。叶折扇状，长矩圆状披针形至狭长矩圆形，基部收狭为柄。圆锥花序，总轴和枝轴密生绵状毛；花多数，疏生，花被片黑紫色，开展或反折，近倒卵状矩圆形，全缘。蒴果直立。花期7~8月；果期8~9月。

【分布及生境】产于东北及内蒙古、山东等地区。生于山地林下或高山草甸。

【药用成分及功效】含藜芦碱、原藜芦碱、伪藜芦碱，有剧毒。有涌吐风痰、杀虫疗疮、止痒的功效。

【毒性】全草有毒，以根和茎毒性最强。不可食用。

蒴果直立

茎较纤细，基部稍粗

山牛蒡

【学名】*Synurus deltoides*

【科属】菊科，山牛蒡属。

【识别特征】多年生草本；茎直立，单生，粗壮。叶片卵形，两面异色，边缘有粗大锯齿，下面灰白色。头状花序大，下垂，总苞被稠密而蓬松的蛛丝毛，总苞片有时变紫红色，花冠紫红色。瘦果长椭圆形，有果缘。花期8~9月；果期9~10月。

【分布及生境】产于东北及河北、内蒙古、河南、浙江、安徽、江西、湖北、四川等地区。生于山坡林缘、林下或草甸。

【营养及药用功效】含胡萝卜素、维生素、多种矿物质等。有清热解毒、消肿的功效。

【食用部位及方法】幼苗、嫩茎叶。春季采摘，清水洗净后，在开水中略焯一下捞出，可凉拌、炒食、做汤或做馅食用。

叶片卵形，两面异色

总苞被稠密而蓬松的蛛丝毛

五、花绿色或花瓣不明显

（一）有花瓣

1. 花瓣 1

半夏

【别名】地老星

【学名】*Pinellia ternata*

【科属】天南星科，半夏属。

【识别特征】多年生草本；块茎圆球形，具须根。叶 2~5 枚，有时 1 枚。叶柄基部具鞘，有珠芽；幼苗叶片为全缘单叶，老株叶片 3 全裂。花序柄长于叶柄，佛焰苞绿色或绿白色，肉穗花序，附属器绿色变青紫色。浆果卵圆形，黄绿色。花期 7~8 月；果期 8~9 月。

【分布及生境】产于全国各地（除黑龙江、内蒙古、新疆、青海、西藏外）。生于草坡、荒地、玉米地、田边或疏林下。

【成分及药用功效】含草酸钙针晶、生物碱、凝集素蛋白等物质。有燥湿化痰、降逆止呕、消痞散结的功效。

【毒性】全草有毒，尤以块茎含量最多。不可以食用。

佛焰苞绿色，肉穗花序　　　　浆果卵圆形，黄绿色

东北南星

【别名】山苞米

【学名】*Arisaema amurense*

【科属】天南星科，天南星属。

【识别特征】多年生草本；块茎小，近球形。叶1，叶柄长，叶片鸟足状分裂，裂片5，倒卵形。花序柄短于叶柄，佛焰苞管部漏斗状，白绿色，檐部直立，卵状披针形，渐尖，绿色或紫色具白色条纹，肉穗花序单性。浆果红色，卵形，种子4。花期6~7月；果期8~9月。

【分布及生境】产于东北、华北及河南、山东、宁夏等地区。生于林间空地、林缘、林下及沟谷。

【成分及药用功效】含三萜皂苷和生物碱类。有燥湿化痰、祛风定惊、消肿散结的功效。

【毒性】全草有毒，尤以块茎的毒性最大。不可以食用。

佛焰苞管部漏斗状

浆果红色，卵形

细齿南星

【别名】朝鲜南星

【学名】*Arisaema peninsulae*

【科属】天南星科，天南星属。

【识别特征】多年生草本；块茎扁球形。叶2，叶柄外鞘筒状；叶片鸟足状分裂，裂片5~14，长椭圆形，全缘或具细齿，裂片从中间到两侧渐小。佛焰苞圆柱形，紫色至深紫色，有白色条纹，边缘略外卷；肉穗花序单性，花药深紫色，附属器紫色，棒状，具纵条纹。花期6~7月；果期8~9月。

【分布及生境】产于东北及河北、河南等地区。生于林下、林缘及灌丛中。

【成分及药用功效】含三萜皂苷和生物碱类。有祛风化痰、消肿止痛的功效。

【毒性】全草有毒，尤以块茎的毒性最大。不可以食用。

叶片鸟足状分裂，裂片 5~14

佛焰苞紫色有白色条纹

2. 花瓣 5

地梢瓜

【别名】女青

【学名】*Cynanchum thesioides*

【科属】夹竹桃科，鹅绒藤属。

【识别特征】直立半灌木；茎自基部多分枝。叶对生，线形。伞形聚伞花序腋生，花冠绿白色，副花冠杯状。蓇葖纺锤形，种毛白色绢质。花期 5~8 月；果期 8~10 月。

【分布及生境】产于东北、华北及河南、山东、陕西、甘肃、新疆、江苏等地区。生于山坡、沙丘或干旱山谷、荒地、田边等处。

【营养及药用功效】富含蛋白质、碳水化合物、维生素和矿物质等。有益气、清热降火、通乳、生津止渴、消炎止痛的功效。

【食用部位及方法】春、夏季采集嫩茎叶，用沸水焯熟，投凉，浸泡后可炒食、炖食或凉拌；夏、秋季采集果实，可直接食用。

茎自基部多分枝　　　　　蓇葖纺锤形

轮叶八宝

【别名】轮叶景天

【学名】*Hylotelephium verticillatum*

【科属】景天科，八宝属。

【识别特征】多年生草本；茎直立。下部常为3叶轮生或对生，叶片长圆状披针形，叶下面常带苍白色。聚伞状伞房花序，顶生；花密生，花瓣5，淡绿色至黄白色，长圆状椭圆形，花柱短。蓇葖果。花期7~8月；果期9月。

【分布及生境】产于四川、湖北、安徽、江苏、浙江、甘肃、陕西、河南、山东、山西、河北、辽宁、吉林等地。生于山坡草丛中或沟边阴湿处。

【营养及药用功效】含不饱和脂肪酸和黄酮类物质。有活血化瘀、解毒消肿的功效。

【食用部位及方法】嫩茎叶。春、夏季采集，经开水焯、凉水漂后，可晒干炝咸菜吃。

花瓣5，淡绿色至黄白色

下部常为3叶轮生或对生

3. 花瓣 6

二苞黄精

【学名】*Polygonatum involucratum*

【科属】天门冬科，黄精属。

【识别特征】多年生草本；根状茎细圆柱形。叶互生，卵形、卵状椭圆形至矩圆状椭圆形。花序具 2 花，顶端具 2 枚叶状苞片；花梗极短，花被绿白色至淡黄绿色。浆果直径约 1 厘米，具 7~8 颗种子。花期 5~6 月；果期 8~9 月。

【分布及生境】产于黑龙江、吉林、辽宁、河北、山西、河南等地。生于林下或阴湿山坡。

【营养及药用功效】含蛋白质、活性物质、多种微量元素。有平肝熄风、养阴明目、清热凉血、生津止渴的功效。

【食用部位及方法】根。秋季采集，洗净晒干后，泡水代茶饮，也可用于炖汤。

叶互生，卵状椭圆形至矩圆状椭圆形

花序具 2 花，顶端具 2 枚叶状苞片

495

五叶黄精

【学名】*Polygonatum acuminatifolium*

【科属】天门冬科，黄精属。

【识别特征】多年生草本；根状茎细圆柱形。茎高 20~30 厘米，仅具 4~5 叶。叶互生，椭圆形至矩圆状椭圆形，具叶柄。花序具 1~2 花，花梗中部以上具一膜质的微小苞片，花被白绿色。花期 5~6 月；果期 8~9 月。

【分布及生境】产于吉林、辽宁、河北等地。生于林下、林缘及路旁等处，常聚生成片生长。

【营养及药用功效】含蛋白质、生命活性物质、多种微量元素。有养阴润燥、生津止渴的功效。

【食用部位及方法】根。秋季采集，洗净后，泡水代茶饮，也可用于炖汤。

仅具 4~5 叶，叶互生

花序具 1~2 花，花被白绿色

热河黄精

【别名】多花黄精

【学名】*Polygonatum macropodum*

【科属】天门冬科，黄精属。

【识别特征】多年生草本；茎斜生，具 10~15 枚叶。叶互生，椭圆形。花序具 2~7 花，伞形，花被黄绿色。浆果黑色，具 3~9 颗种子。花期 5~6 月；果期 8~10 月。

【分布及生境】产于辽宁、吉林、内蒙古、河北、山东、山西等地区。生于林下、灌丛或山坡背阴处。

【营养及药用功效】含蛋白质、生命活性物质、多种微量元素。有延缓衰老、补气养阴、健脾降压、益肾填精的功效。

【食用部位及方法】春季采集嫩茎叶，洗净后，在开水中焯一下后，可凉拌、炒食或做火锅的配料；秋季采集根，洗净晒干后，代茶饮，也可用来炖汤。

茎斜生，具 10~15 枚叶　　花序具 2~7 花，伞形，花被黄绿色

497

玉竹

【别名】葳蕤

【学名】*Polygonatum odoratum*

【科属】天门冬科，黄精属。

【识别特征】多年生草本；茎斜生。叶互生，椭圆形至卵状矩圆形。花序具 1~4 花，花被黄绿色至白色。浆果蓝黑色，具 7~9 颗种子。花期 5~6 月；果期 7~9 月。

【分布及生境】产于全国大部分地区。生于林下或山野阴坡。

【营养及药用功效】含蛋白质、生命活性物质、多种维生素、矿物质等。有养阴、润燥、除烦、止渴的功效。

【食用部位及方法】春季采集嫩茎叶，洗净后，在开水中焯烫后，可凉拌、炒食或做火锅配料；秋季采集根，洗净晒干后，代茶饮，也可用于炖汤。

花被黄绿色至白色

叶互生，椭圆形至卵状矩圆形

石刁柏

【别名】芦笋

【学名】*Asparagus officinalis*

【科属】天门冬科，天门冬属。

【识别特征】多年生直立草本；高达1米。茎平滑，分枝柔弱。叶状枝3~6枚成簇，纤细，常稍弧曲。花每1~4朵生，绿黄色，花梗关节位于上部，雄花花丝中部以下贴生于花被片上，雌花较小。浆果熟时红色，有2~3颗种子。花期5~6月；果期9~10月。

【分布及生境】原产于欧洲，在河南、四川、福建等省有分布，全国各地有栽培。

【营养及药用功效】富含蛋白质、胡萝卜素、维生素等。有舒筋、活血的功效。

【食用部位及方法】嫩茎叶。春季采集，将其放到开水中焯一下，便可炒食、蘸酱、腌渍或做成什锦袋菜。

花每1~4朵腋生，绿黄色　　　　浆果熟时红色

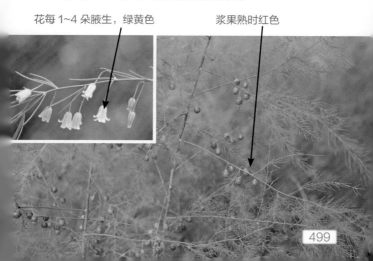

兴安天门冬

【学名】*Asparagus dauricus*

【科属】天门冬科，天门冬属。

【识别特征】多年生直立草本；茎和分枝有条纹，有时幼枝具软骨质齿。叶常斜立，和分枝成锐角，稍扁圆柱形，伸直或稍弧曲，有时有软骨质齿；鳞叶基部无刺。花朵黄绿色；雄花花梗和花被近等长，关节生于近中部。浆果红色，有2~4颗种子。花期5~6月；果期7~9月。

【分布及生境】产于东北、华北及陕西、山东、江苏等地区。生于沙丘或干燥山坡上。

【营养及药用功效】含蛋白质、胡萝卜素、维生素等。有舒筋、活血的功效。

【食用部位及方法】嫩茎叶。春季采集，将其放到开水中焯一下，便可炒食、蘸酱、腌渍或做成什锦袋菜。

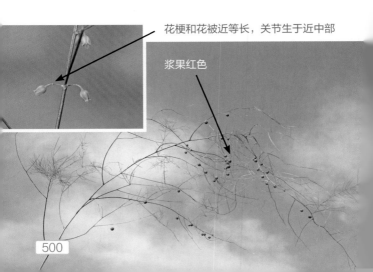

花梗和花被近等长，关节生于近中部

浆果红色

尖被藜芦

【别名】光脉藜芦

【学名】*Veratrum oxysepalum*

【科属】藜芦科，藜芦属。

【识别特征】多年生草本；植株高达 1 米。叶椭圆形或矩圆形，基部无柄，抱茎。圆锥花序，密生或疏生多数花，花序轴密生短绵状毛；花被片背面绿色，内面白色，矩圆形至倒卵状矩圆形，雄蕊长为花被片的 1/2~3/4。花期 7 月；果期 8 月。

【分布及生境】产于辽宁、吉林和黑龙江等地。生于山坡、林下或湿草甸。

【成分及药用功效】含天目藜芦碱、绿藜芦碱等生物碱。有涌吐风痰、杀虫疗疮、止痒的功效。

【毒性】有剧毒。不可食用，也不能与其他中药材配伍。

叶椭圆形，基部无柄，抱茎

花被片背面绿色，
内面白色

（二）无花瓣

1. 叶不裂

扯根菜

【别名】干黄草

【学名】*Penthorum chinense*

【科属】扯根菜科，扯根菜属。

【识别特征】多年生草本；叶互生，披针形至狭披针形，边缘具细重锯齿。聚伞花序具多花，苞片卵形至狭卵形，花小型，黄白色，萼片6，无花瓣。蒴果红紫色。种子多数，卵状长圆形。花期7~8月；果期9~10月。

【分布及生境】产于全国大部分地区。生于林下、灌丛草甸及水边。

【营养及药用功效】含蛋白质、粗纤维、烟酸、维生素等，有助于增强人体免疫功能。有活血、清热、解毒、利湿、散瘀的功效。

【食用部位及方法】嫩茎叶。春、夏季采集，放到水中煮开，捞出投凉，多次浸泡后，便可腌渍、炒食、凉拌或做什锦袋菜等。

叶互生，披针形至狭披针形　　　　花黄白色，萼片6，无花瓣

盐地碱蓬

【别名】海英菜

【学名】*Suaeda salsa*

【科属】苋科，碱蓬属。

【识别特征】一年生草本；茎自基部多分枝，常具红紫色条纹。叶片肉质条状半圆柱形。花两性或兼雌性，3~5朵簇生于叶腋呈间断穗状花序；花被片5，半球形，果时基部呈翅状凸起。胞果包于花被内。种子卵形，黑色，有光泽。花果期8~10月。

【分布及生境】产于东北、华北、西北及江浙等地。生于盐碱地。

【营养及药用功效】含蛋白质、胡萝卜素、维生素、多种矿物质等。有清热、消积的功效。

【食用部位及方法】夏季采集嫩茎叶，洗净后放入开水中略焯一下捞出，可凉拌、炒食、做汤或做馅；秋季割取此菜，可熬制成盐用，胜于海水盐。

叶片肉质条状半圆柱形

胞果包于花被内

碱蓬

【学名】*Suaeda glauca*

【科属】苋科，碱蓬属。

【识别特征】一年生草本；茎直立，浅绿色，上部多分枝。叶丝状条形，光滑无毛。花单生或 2~5 朵团集，黄绿色，雌花花被裂片果时增厚，呈五角星状。胞果包在花被内，果皮膜质。种子黑色。花果期 7~9 月。

【分布及生境】产于华北、西北及山东、黑龙江、江苏、浙江、河南等地区。生于海滨、荒地、渠岸、田边等含盐碱的土壤上。

【营养及药用功效】含蛋白质、胡萝卜素、维生素、多种矿物质等。有清热、消积的功效。

【食用部位及方法】夏季采集嫩茎叶，洗净后，放入开水中略焯一下捞出，可凉拌、炒食、做汤或做馅。秋季割取此菜，可熬制成盐用，胜于海水盐。

叶丝状条形，光滑无毛

雌花花被裂片果时增厚，呈五角星状

无翅猪毛菜

【学名】*Kali komarovii*

【科属】苋科，猪毛菜属。

【识别特征】一年生草本；茎直立，基部分枝，具色条。叶互生，叶片半圆柱形，顶端有小短尖。花序穗状，生枝条的上部，苞片条形，小苞片长卵形，果时苞片和小苞片增厚，紧贴花被，花被片果时变硬，革质，外形呈杯状。胞果倒卵形。花期7~8月；果期8~9月。

【分布及生境】产于东北及河北、山东、江苏、浙江等地区。生于海滨、河滩砂质土壤。

【营养及药用功效】含蛋白质、脂肪、粗纤维、碳水化合物、维生素、矿物质等。有平肝、降压的功效。

【食用部位及方法】嫩茎叶。春季采集，将其放到开水中焯一下，捞出后便可炒食、蘸酱、腌渍或晒成干菜冬季食用。

叶互生，叶片半圆柱形

小苞片长卵形，果时增厚

猪毛菜

【别名】扎蓬棵

【学名】*Kali collinum*

【科属】苋科，猪毛菜属。

【识别特征】一年生草本；茎自基部分枝，枝绿色，有白色或紫红色条纹。叶片为丝状圆柱形，生短硬毛。花序为穗状，花被片果时变硬，自背面中上部生鸡冠状突起，向中央折曲成平面，紧贴果实，有时在中央聚集成小圆锥体。花期7~9月；果期9~10月。

【分布及生境】产于东北、华北、西北、西南及西藏、河南、山东、江苏等地区。生于村边、路边及荒芜场所。

【营养及药用功效】含蛋白质、脂肪、粗纤维、碳水化合物、维生素、矿物质等。有平肝降压的功效。

【食用部位及方法】嫩茎叶。春季采集，用开水焯熟后凉拌、做汤等，也可以进行晒干储存，吃的时候再泡发。

花被片果时变硬，自背面中上部生鸡冠状突起

茎自基部分枝，枝绿色，有白色或紫红色条纹

萹蓄

【别名】扁竹

【学名】*Polygonum aviculare*

【科属】蓼科，萹蓄属。

【识别特征】一年生草本；茎平卧、上升或直立。叶椭圆形或狭椭圆形，基部楔形，全缘。花单生或簇生于叶腋，花被5深裂，椭圆形，绿色，边缘白色或淡红色。瘦果卵形，具3棱，黑褐色，与宿存花被近等长或稍超过。花期5~7月；果期6~8月。

【分布及生境】产于全国各地。生于田边路边、沟边湿地。

【营养及药用功效】含胡萝卜素、多种维生素、矿物质等。有通经利尿、清热解毒的功效。

【食用部位及方法】嫩茎叶。春、夏季采集，洗净后放入开水中焯一下捞出，清水浸泡后，可凉拌、炒食或与面粉混合后蒸食。

叶狭椭圆形，基部楔形，全缘

花被5深裂，椭圆形，绿色，边缘白色

酸模

【别名】酸溜溜

【学名】*Rumex acetosa*

【科属】蓼科，酸模属。

【识别特征】多年生草本；基生叶箭形，全缘或微波状。花序狭圆锥状，顶生，雌雄异株；花被片6，成2轮，雄花内花被片椭圆形，外花被片较小，雄蕊6，雌花内花被片果时增大，外花被片椭圆形，反折。瘦果椭圆形，具3锐棱，黑褐色，有光泽。花期5~7月；果期6~8月。

【分布及生境】产于南北各地区。生于山坡、林缘、沟边、路旁。

【营养及药用功效】含胡萝卜素、多种维生素、多种矿物质。有清热凉血、利尿的功效。

【食用部位及方法】幼苗，嫩茎叶。春、夏季采集，洗净后可直接生食，也可以凉拌或炒食。

【毒性】有文献记载全草有毒，请谨慎食用。

花序狭圆锥状；顶生

雌花内花被片果时增大

皱叶酸模

【别名】土大黄

【学名】*Rumex crispus*

【科属】蓼科，酸模属。

【识别特征】多年生草本；茎直立。基生叶披针形或狭披针形，边缘皱波状。花序狭圆锥状，花两性，淡绿色，外花被片椭圆形，内花被片果时增大，边缘近全缘，网脉明显。瘦果卵形，具3锐棱，暗褐色，有光泽。花期5~6月；果期6~7月。

【分布及生境】产于东北、华北、西北、西南及山东、河南、湖北等地区。生于河滩、沟边湿地。

【营养及药用功效】含胡萝卜素、维生素、多种矿物质等。有清热解毒、活血散瘀的功效。

【食用部位及方法】嫩茎叶。春、夏季采集，洗干净，在开水中焯后，可凉拌、炒食或做馅食用。

【毒性】有文献记载全草有毒，请谨慎食用。

基生叶披针形，边缘皱波状

内花被片宽卵形，网脉明显

羊蹄

【别名】酸模

【学名】*Rumex japonicus*

【科属】蓼科，酸模属。

【识别特征】多年生草本；高达 1 米。基生叶长圆形或披针状长圆形，边缘微波状。花序圆锥状，花两性，多花轮生；花梗细长，外花被片椭圆形，内花被片果时增大，宽心形，先端渐尖，基部心形，具不整齐小齿。瘦果宽卵形，具 3 锐棱。花期 5~6 月；果期 6~7 月。

【分布及生境】产于全国大部分地区。生于田边路旁、河滩、沟边湿地。

【营养及药用功效】含胡萝卜素、维生素、多种矿物质等。有清热解毒、活血散瘀的功效。

【食用部位及方法】嫩茎叶。春、夏季采集，洗干净，在开水中焯后，可凉拌、炒食或做馅食用。

【毒性】有文献记载全草有毒，请谨慎食用。

内花被片宽心形，具不整齐小齿

基生叶长圆形，边缘微波状

长叶酸模

【学名】*Rumex longifolius*

【科属】蓼科，酸模属。

【识别特征】多年生草本。基生叶长圆状披针形或宽披针形，边缘微波状，下面沿叶脉具乳头状小突起；托叶鞘膜质，破裂。花序圆锥状，花两性，多花轮生，内花被片果时增大，圆肾形或圆心形，边缘全缘。瘦果狭卵形，具2锐棱，褐色有光泽。花期6~7月；果期7~8月。

【分布及生境】产于东北、华北、西北及山东、河南、湖北、四川等地区。生于山谷水边、山坡林缘。

【营养及药用功效】含胡萝卜素、维生素、多种矿物质等。有清热解毒、活血散瘀的功效。

【食用部位及方法】嫩茎叶。春、夏季采集，洗干净，在开水中焯后，可凉拌、炒食或做馅食用。

【毒性】有文献记载全草有毒，请谨慎食用。

花序圆锥状；多花轮生

托叶鞘膜质，破裂

轴藜

【学名】Axyris amaranthoides

【科属】苋科，轴藜属。

【识别特征】一年生草本；高 20~80 厘米。茎直立，粗壮，分枝多在茎中部以上。叶披针形或窄椭圆形，下面常密生星状毛。雄花花序生于枝端，雄蕊 3；雌花花被具 3 个花被片，花被片宽卵形或长圆形，胞果长 2~3 毫米，无毛，顶端附属物冠状。花果期 8~9 月。

【分布及生境】产于东北、西北及河北、山西等地区。生于山坡、草地、荒地、河边、田间或路旁。

【营养及药用功效】富含胡萝卜素、维生素、蛋白质、多种矿物质等。有清肝明目、祛风消肿的功效。

【食用部位及方法】幼苗，嫩茎叶。春、夏季采集，将其放到开水中焯一下，捞出在凉水中浸泡 1~2 小时后便可炒食、蘸酱、腌渍或晒成干菜冬季食用。

雄花花序生于枝端

茎直立，粗壮，分枝多

反枝苋

【别名】西风谷

【学名】*Amaranthus retroflexus*

【科属】苋科，苋属。

【识别特征】一年生草本；茎粗壮，密被短柔毛。叶片菱状卵形，两面有柔毛。圆锥花序粗壮，顶生或腋生；苞片白色，钻形，背面有1条伸出顶端的白色芒尖，花被片有1条淡绿色中脉。胞果扁卵形。种子近球形，棕黑色。花期7~8月；果期8~9月。

【分布及生境】产于东北、华北、西北等地。生于农田、山坡、荒地。

【营养及药用功效】含蛋白质、脂肪、碳水化合物、胡萝卜素、维生素、多种矿物质等。有清热解毒的功效。

【食用部位及方法】幼苗，嫩茎叶。春、夏季采集，洗净后在开水中略焯一下捞出，可凉拌、炒食或做馅食用。

圆锥花序粗壮，顶生

叶片菱状卵形

凹头苋

【别名】野苋

【学名】*Amaranthus blitum*

【科属】苋科，苋属。

【识别特征】一年生草本；株高 10~30 厘米，株体淡绿色或暗紫色。茎平卧上升，从基部分枝。叶片菱状卵形或卵形，顶端凹缺，叶柄较长。花簇生叶腋，穗状花序。胞果球形或宽卵形，不裂，微皱缩而近平滑。花期 7~8 月；果期 8~9 月。

【分布及生境】产于全国各地。生于田野、人家附近的杂草地上。

【营养及药用功效】含蛋白质、脂肪、碳水化合物、胡萝卜素、多种维生素、多种矿物质等。有清热、解毒的功效。

【食用部位及方法】嫩茎叶。春、夏季采集，洗净后放入开水中略焯一下捞出，可凉拌、炒食或做馅食用。

胞果宽卵形，微皱缩而近平滑

叶片菱状卵形或卵形，顶端凹缺

北美苋

【学名】*Amaranthus blitoides*

【科属】苋科，苋属。

【识别特征】一年生草本；茎大部分伏卧，全体无毛或近无毛。叶片密生，倒卵形、匙形至矩圆状倒披针形，顶端圆钝或急尖，具细凸尖。花呈腋生花簇，比叶柄短，有少数花花被片4，有时5，卵状披针形至矩圆披针形，具尖芒，柱头3，顶端卷曲。胞果椭圆形，比最长的花被片短。花期8~9月；果期9~10月。

【分布及生境】产于辽宁。生于田野、路旁杂草地上。

【营养及药用功效】含蛋白质、脂肪、碳水化合物、胡萝卜素、多种维生素、多种矿物质等。有清热、利窍的功效。

【食用部位及方法】嫩茎叶。春、夏季采集，洗净后放入开水中略焯一下捞出，可凉拌、炒食或做馅食用。

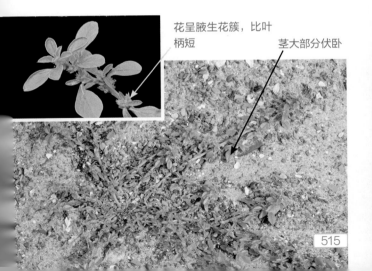

花呈腋生花簇，比叶柄短

茎大部分伏卧

515

繁穗苋

【别名】老鸦谷

【学名】*Amaranthus cruentus*

【科属】苋科，苋属。

【识别特征】一年生草本；茎直立，粗壮，稍具钝棱。叶片菱状卵形或椭圆状卵形，先端锐尖或尖凹，有小凸尖，基部楔形，有柔毛。圆锥花序直立或后期下垂，花穗顶端尖；苞片及花被片顶端芒刺明显；花被片和胞果等长。花期6~7月；果期9~10月。

【分布及生境】全国各地栽培或野生。生于人家附近的杂草地上或田野间。

【营养及药用功效】含胡萝卜素、维生素、多种矿物质等。有清热解毒、明目的功效。

【食用部位及方法】嫩茎叶。春、夏季采集，洗净后放入开水中略焯一下捞出，可凉拌、炒食或做馅食用。

圆锥花序直立或后期
下垂，花穗顶端尖

苞片及花被片顶端芒刺
明显

地肤

【别名】扫帚菜

【学名】*Bassia scoparia*

【科属】苋科，沙冰藜属。

【识别特征】一年生草本；被具节长柔毛。叶扁平，线状披针形或披针形，基部渐窄成短柄。花两性兼有雌性，常 1~3 朵簇生上部叶腋；花被近球形，5 深裂，裂片近角形，翅状附属物边缘微波状。胞果扁，果皮膜质，稍有光泽。花期 6~9 月；果期 7~10 月。

【分布及生境】产于全国各地。生于田边、路旁、荒地等处。

【营养及药用功效】是一种含高胡萝卜素和高钾、铜的半野生蔬菜。有清热利湿、祛风止痒的功效。

【食用部位及方法】嫩茎叶。春季采集，将其放到开水中焯一下，捞出在凉水中浸泡 1~2 小时后便可炒食和做馅食用。

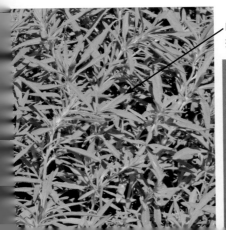

叶扁平，线状披针形或披针形

花被 5 深裂，翅状附属物边缘微波状

平车前

【别名】车轱辘菜

【学名】*Plantago depressa*

【科属】车前科，车前属。

【识别特征】一年生或二年生草本；直根长，具多数侧根，根茎短。叶基生呈莲座状，叶片大多为椭圆形。穗状花序细圆柱状，上部密集，基部常间断，花序梗有纵条纹，花萼、花冠无毛，花药卵状椭圆形，新鲜时绿白色。花期5~7月；果期7~9月。

【分布及生境】产于全国各地。生于草地、河滩、沟边、草甸、田间及路旁。

【营养及药用功效】含多种维生素、蛋白质、矿物质等。有清热利尿、清肝明目的功效。

【食用部位及方法】嫩叶。春、夏季采集，经过水煮和清水浸泡后，可蘸酱、腌渍、炒食、调拌凉菜等。

叶基生呈莲座状，叶片大多为椭圆形

花药卵状椭圆形，新鲜时绿白色

车前

【别名】车轮草

【学名】*Plantago asiatica*

【科属】车前科，车前属。

【识别特征】多年生草本；须根多数。叶基生呈莲座状，叶片呈卵形，基部逐渐狭窄成柄，叶柄与叶片长度相等。花葶有毛，花为淡绿色，苞片为三角形，花冠管卵形，花柱为条形。蒴果纺锤形。种子细小，为黑褐色。花果期 4~10 月。

【分布及生境】产于全国各地。生于草地、沟边、河岸湿地、田边、路旁或村边空旷处。

【营养及药用功效】含蛋白质、矿物质和胡萝卜素等。有利尿、降压、镇咳的功效。

【食用部位及方法】幼嫩植株。春季采摘，沸水煮后，可凉拌、蘸酱、炒食、做馅、做汤或和面蒸食。

花为淡绿色，苞片为三角形

叶基生呈莲座状，叶片呈卵形

大车前

【别名】大叶车前

【学名】*Plantago major*

【科属】车前科，车前属。

【识别特征】多年生草本；根状茎短粗，具须根。基生叶直立，叶片宽卵形，叶柄明显长于叶片。花茎直立，花密生，苞片卵形，花冠裂片椭圆形，花药紫色。蒴果椭圆形。种子棕褐色。花期6~8月；果期7~9月。

【分布及生境】产于东北、华北各地区。生于草地、草甸、河滩、沟边、沼泽地、山坡路旁、田边或荒地。

【营养及药用功效】含粗纤维、矿物质、维生素、胡萝卜素等。有清热利尿、祛痰、凉血、解毒功能。

【食用部位及方法】幼嫩植株。春季采收，沸水煮后，可凉拌、蘸酱、炒食、做馅、做汤或和面蒸食。

基生叶直立，叶片宽卵形　　　　花密生，花药紫色

铁苋菜

【别名】海蚌含珠

【学名】*Acalypha australis*

【科属】大戟科，铁苋菜属。

【识别特征】一年生草本；茎直立，多分枝。叶对生，卵状披针形。穗状花序腋生，雄花多数，生于花序的上部，带紫红色；雌花生于花序的基部，通常 3 花生于叶状苞片内，苞片三角状卵形。蒴果近球形，表面有毛瘤状凸起。种子卵形，灰褐色。花果期 5~8 月。

【分布及生境】产于全国大部分地区。生于平原或山坡较湿润耕地和空旷草地。

【营养及药用功效】含蛋白质、胡萝卜素、多种维生素和矿物质等。有清热解毒、利水消肿的功效。

【食用部位及方法】嫩茎叶。春、夏季采集，洗净后，在开水中焯一下捞出，可做凉拌菜、炒食、炖汤等。

雄花多数，生于花序的上部

蒴果近球形，表面有毛瘤状凸起

狼毒大戟

【别名】狼毒

【学名】*Euphorbia fischeriana*

【科属】大戟科，大戟属。

【识别特征】多年生草本；根肉质。茎叶互生，无柄。总苞叶同茎生叶，常5枚；次级总苞叶常3枚，苞叶2枚，三角状卵形。雄花多枚，雌花1枚。蒴果卵球状，被白色长柔毛。花果期5~7月。

【分布及生境】产于东北及山东等地区。生于草原、干燥丘陵坡地、多石砾干山坡。

【药用功效】全草含刺激性乳汁，皮肤接触后，能引起水泡。根入药，有破积杀虫、除湿止痒的功效。

【药用部位及方法】根。春、秋季收集，除去泥土，洗净，晒干备用。

【毒性】全株有毒，根毒性大。不可以接触或食用。

茎叶互生，无柄

蒴果卵球状，被白色长柔毛

墙草

【别名】小花墙草

【学名】*Parietaria micrantha*

【科属】荨麻科，墙草属。

【识别特征】一年生铺散草本；茎肉质，纤细，多分枝。叶膜质，卵形或卵状心形，基部圆形或浅心形。花杂性，聚伞花序数朵；苞片条形，着生于花被的基部，绿色。两性花具梗，花被片 4 深裂，褐绿色。果实坚果状，卵形。花期 6~7 月，果期 8~10 月。

【分布及生境】产东北、华北、西北及安徽、四川、湖南、湖北、贵州、云南等地。生于石砬子裂缝间，岩石下阴湿地上。

【营养及药用功效】有消肿去毒的功能。用于脚底深部脓肿、痈疽、疔疮、背痈等。

【食用部位及方法】根及叶入药。夏、秋季采收，洗净，晒干。水煎服；外用鲜品捣烂敷患处。

苞片条形，着生于花被的基部

叶膜质，卵形或卵状心形

2. 叶浅裂
中亚滨藜

【学名】*Atriplex centralasiatica*

【科属】苋科，滨藜属。

【识别特征】一年生草本；茎常基部分枝，被粉粒。叶卵状三角形或菱状卵形，具疏锯齿。雌雄花混合成簇，雌花的苞片近半圆形至平面钟形，边缘近基部以下合生。胞果扁平，宽卵形或圆形，果皮与种子贴伏。花期7~8月；果期8~9月。

【分布及生境】产于华北、西北及辽宁、吉林等地区。生于戈壁、荒地、海滨及盐土荒漠。

【营养及药用功效】含蛋白质、脂肪、碳水化合物、胡萝卜素、多种维生素、多种矿物质等。有祛风、疏肝、明目、解郁的功效。

【食用部位及方法】嫩茎叶。春、夏季采集，洗净后放入开水中略焯一下捞出，可凉拌、炒食或做馅食用。

胞果扁平，宽卵形或圆形

茎常基部分枝，被粉粒

东亚市藜

【学名】*Oxybasis micrantha*

【科属】苋科，市藜属。

【识别特征】一年生草本；全株无粉。叶菱形至菱状卵形，茎下部叶近基部的 1 对锯齿较大呈裂片状。花序以顶生穗状圆锥花序为主，花簇由多数花密集而成，花被裂片 3~5。种子横生、斜生及直立，边缘锐。花期 8~9 月；果期 10 月。

【分布及生境】产于东北、西北及山东、河北、江苏、山西等地区。生于荒地、盐碱地、田边。

【营养及药用功效】含胡萝卜素、维生素、多种矿物质等。有清热利湿、止痒透疹、解毒消肿、杀虫的功效。

【食用部位及方法】幼苗，嫩茎叶。春、夏季采集，洗净后放入开水中略焯一下捞出，可凉拌、炒食或做馅食用。

花簇由多数花密集而成，花被裂片 3~5

全株无粉，叶菱状卵形

无毛山尖子

【别名】戟叶兔儿伞

【学名】*Parasenecio hastatus* var. *glaber*

【科属】菊科，蟹甲草属。

【识别特征】多年生草本；茎坚硬，直立。叶片三角状戟形，基部戟形或微心形，沿叶柄下延成具狭翅的叶柄。头状花序多数，下垂，总苞片外面无毛；小花 8~15，花冠淡白色，花药伸出花冠。瘦果圆柱形。花期 7~8 月；果期 9 月。

【分布及生境】产于华北及辽宁、陕西、宁夏等地区。生于山坡林下、林缘或路旁。

【营养及药用功效】含胡萝卜素、维生素、多种矿物质等。有解毒、消肿、利水的功效。

【食用部位及方法】嫩茎叶。春、夏季采集，清水洗净后，放入开水中焯一下，可凉拌、蘸酱、炒食或做馅。

叶片三角状戟形

头状花序下垂，总苞片外面无毛

藜

【别名】灰菜

【学名】*Chenopodium album*

【科属】苋科，藜属。

【识别特征】一年生草本；茎直立，具条棱及绿色或紫红色色条。叶片菱状卵形，叶缘有不规则齿。穗状花序，顶生或腋生，花被裂片 5，雄蕊 5。胞果近球形包于花被内。种子双凸镜状，黑色，有光泽，表面具浅沟纹。花果期 5~10 月。

【分布及生境】产于全国各地。生于路旁、荒地及田间。

【营养及药用功效】含蛋白质、矿物质、氨基酸等。有清热利湿、杀虫、止痒之功效。

【食用部位及方法】幼苗，嫩茎叶。春、夏季采集，清水洗净后，可凉拌、做馅或热炒，也可以晒干存放。

【毒性】部分人食用后会产生日光过敏性皮炎，伴局部疼痒，全身不适。食用需谨慎。

叶片菱状卵形，叶缘有不规则齿　　　穗状花序，顶生或腋生

小藜

【别名】小灰菜

【学名】*Chenopodium ficifolium*

【科属】苋科，藜属。

【识别特征】一年生草本；茎直立，具条棱及绿色色条。叶片卵状矩圆形，通常三浅裂；中裂片两边近平行，先端钝或急尖并具短尖头，边缘具深波状锯齿。花两性，数个团集，排列于上部的枝上形成较开展的顶生圆锥状花序。花期8~9月，果期9~10月。

【分布及生境】产于除新疆、西藏、海南外全国各地。生于林缘、荒地、山坡及村屯附近。

【营养及药用功效】有祛湿，清热解毒的功能。用于疮疡肿毒、疥癣、风瘴等。

【食用部位及方法】全草入药。夏末秋初采收，切段，洗净，晒干。水煎服；外用鲜品捣烂敷患处。

叶片卵状矩圆形，通常三浅裂

花两性，数个团集

灰绿藜

【别名】灰菜

【学名】*Oxybasis glauca*

【科属】苋科，红叶藜属。

【识别特征】一年生草本；茎平卧或外倾。叶片披针形或长圆状卵形，肥厚，叶缘具缺刻状齿，中脉明显，上面无粉，下面有粉呈灰绿色。花于叶腋处集成短穗，或顶生为间断的穗状花序，花被裂片3~4，浅绿色。胞果顶端露出于花被外。花果期6~10月。

【分布及生境】产于东北、华北、西北等地区。生于农田、菜园、村旁、水边等有轻度盐碱的土壤上。

【营养及药用功效】含胡萝卜素、维生素、多种矿物质等。有清热祛湿、解毒消肿、杀虫止痒的功效。

【食用部位及方法】幼苗、嫩茎叶。春、夏季采集，清水洗净后，放入开水中略焯一下捞出，可凉拌、炒食或做馅。

茎平卧或外倾　　　　　　　　　　叶下面有粉呈灰绿色

独行菜

【别名】辣辣菜

【学名】*Lepidium apetalum*

【科属】十字花科，独行菜属。

【识别特征】一年生或二年生草本；茎直立，具分枝。基生叶莲座状，狭披针形，羽状浅裂或深裂，有叶柄；茎生叶小，无叶柄。总状花序顶生，花小，花瓣退化，萼片早落。短角果，圆形扁平，先端微缺。种子椭圆形，棕红色。花期 4~8 月；果期 5~9 月。

【分布及生境】产于东北、华北、西北、西南等地。生于山坡、山沟、路旁及村庄附近。

【营养及药用功效】含胡萝卜素、维生素、多种矿物质等。有止咳化痰、强心、利尿的功效。

【食用部位及方法】幼苗、嫩茎叶。春季采摘，清水洗净后，在开水中略焯一下捞出，可凉拌、炒食、做汤或做馅食用。

茎直立，具分枝　　　　　　　　总状花序顶生，花瓣退化

苍耳

【学名】*Xanthium strumarium*

【科属】菊科，苍耳属。

【识别特征】一年生草本；茎被灰白色糙伏毛。叶三角状卵形或心形，基部稍心形或平截。雄头状花序球形，总苞片长圆状披针形；雌头状花序椭圆形，淡黄绿或带红褐色。瘦果2，倒卵圆形，表面疏生细钩刺。花期7~8月；果期9~10月。

【分布及生境】产于全国各地。生于空旷干旱山坡、旱田边盐碱地、干涸河床及路旁。

【药用功效】含有毒蛋白、苍耳苷。有祛风散热、解毒杀虫、通鼻窍的功效。

【药用部位及制法】果实。秋季采收成熟带总苞的果实，干燥后，除去梗、叶等杂质。

【毒性】全株有毒，果实及种子毒性最大。不可以食用。

叶三角状卵形，基部平截

雌头状花序椭圆形，淡黄绿色

透茎冷水花

【别名】肥肉草

【学名】*Pilea pumila*

【科属】荨麻科，冷水花属。

【识别特征】一年生草本；茎无毛。叶近膜质，同对的近等大，菱状卵形或宽卵形，有牙齿，两面疏生透明硬毛；托叶卵状长圆形。花雌雄同株，常同序，雄花常生于花序下部，花序蝎尾状，密集，生于几乎每个叶腋，外面近先端有短角。花期6~8月；果期8~10月。

【分布及生境】产于东北、华北、华中及华南等地。生于山坡林下或岩石缝的阴湿处。

【营养及药用功效】富含胡萝卜素、维生素、多种矿物质等。有利尿、解热和安胎之效。

【食用部位及方法】嫩茎叶。春、夏季采集，经开水焯、凉水漂后，可炒食、凉拌或做汤等。

叶近膜质，同对的近等大　　　　花序蝎尾状，密集

狭叶荨麻

【别名】螫麻子

【学名】*Urtica angustifolia*

【科属】荨麻科，荨麻属。

【识别特征】多年生草本；叶披针形或披针状线形，生细糙伏毛和具粗而密的螫毛。雌雄异株，花序圆锥状，有时近穗状，花被片4，疏生小刺毛和细糙毛。瘦果卵圆形，双凸透镜状。花期6~8月；果期8~9月。

【分布及生境】产于东北、华北及陕西等地区。生于山地、河谷、溪边或台地潮湿处。

【营养及药用功效】含矿物质、胡萝卜素和维生素等，叶绿素高于其他蔬菜。有祛风湿、止惊风、解毒、通便的功效。

【食用部位及方法】嫩茎叶。春、夏季采集，经开水焯、凉水漂后，可炒食、凉拌、做汤等。

【毒性】螫毛有毒，采摘时避免螫伤皮肤。

叶披针形或披针状线形 ——

花序圆锥状，有时近穗状 ——

533

宽叶荨麻

【别名】齿叶荨麻

【学名】*Urtica laetevirens*

【科属】荨麻科，荨麻属。

【识别特征】多年生草本；叶卵形或披针形，疏生刺毛和细蜇毛。雌雄同株，雄花序近穗状，雌花序生下部叶腋，小团伞花簇稀疏地着生于序轴上，花被片4。瘦果卵形，双凸透镜状。花期6~8月；果期8~9月。

【分布及生境】产于全国大部分地区。生于山谷、溪边或山坡林下阴湿处。

【营养及药用功效】含多种维生素、胡萝卜素、多种微量元素等。有祛风定惊、消食通便之功效。

【食用部位及方法】嫩茎叶。春、夏季采集，经蒸煮或水烫处理后，可以做成凉拌菜、汤菜、烤菜、荨麻汁、饮料和调料等。

【毒性】蜇毛有毒，采摘时避免蜇伤皮肤。

小团伞花簇生于序轴上，
花被片4

叶常卵形或披针形

滨藜

【学名】*Atriplex patens*

【科属】苋科，滨藜属。

【识别特征】一年生草本；高20~60厘米。茎直立，具绿色色条及条棱。叶互生，叶片披针形至条形，几全缘。花序穗状，花序轴有密粉，雌花的苞片果时菱形至卵状菱形。种子二型，扁平，圆形。花果期8~10月。

【分布及生境】产于东北、西北及河北、内蒙古等地区。生于含轻度盐碱的湿草地、海滨、沙土地等处。

【营养及药用功效】含多种生物碱、草酸盐、氰苷以及萜烯类化合物。有清热燥湿的功效。

【毒性】为有毒植物，部分人接触或食用后有过敏反应。不可以食用。

叶互生，叶片披针形至条形　　　　雌花的苞片果时菱形至卵状菱形

菊叶香藜

【学名】*Dysphania schraderiana*

【科属】苋科，腺毛藜属。

【识别特征】一年生草本；有浓烈气味。叶片长圆形，顶端钝或渐尖，基部狭楔形，边缘羽状浅裂至羽状深裂。复二歧聚伞花序腋生，花两性，花小，花被5深裂。胞果扁球形，果皮膜质。花期7~9月；果期9~10月。

【分布及生境】产于我国北部和西南部各地区。生于林缘草地、沟岸、河沿、人家附近。

【营养及药用功效】富含蛋白质、维生素、矿物质等。有祛风止痒、解痉平喘、清热利湿的功效。

【食用部位及方法】嫩茎叶。春、夏采集，洗净后，可以生吃做凉拌菜、蘸酱菜、做调料，也可以用鸡蛋、辣椒等炒食。口感独特、有一定药用价值与保健功效。

胞果扁球形，果皮膜质

叶片长圆形，边缘羽状深裂

无瓣薕菜

【别名】野油菜

【学名】*Rorippa dubia*

【科属】十字花科，薕菜属。

【识别特征】一年生草本；植株较柔弱，常呈铺散状分枝。单叶互生，倒卵状披针形，大头羽状分裂，顶裂片大；茎上部叶边缘具波状齿，无柄。总状花序顶生或侧生，花小，多数，具细花梗，无花瓣。长角果稍短而粗。花期4~6月；果期6~8月。

【分布及生境】产于华中、华南、西北（除青海、新疆外）等地区。生于路旁、田野。

【营养及药用功效】含维生素、蛋白质、碳水化合物、多种矿物质等。有解表健胃、止咳化痰、平喘消肿的功效。

【食用部位及方法】幼苗和嫩茎叶。春季采摘，清水洗净后，在开水中略焯一下捞出，可炒食、凉拌、做馅等。

长角果稍短而粗

总状花序花多数，无花瓣

3. 其他形裂叶

杂配藜

【别名】大叶藜

【学名】*Chenopodiastrum hybridum*

【科属】苋科，麻叶藜属。

【识别特征】一年生草本；稍被细粉粒。茎直立，具淡黄色或紫色条棱。叶宽卵形至卵状三角形。花两性兼有雌性，排成圆锥状花序；花被裂片5；雄蕊5。胞果双凸镜状；种子黑色，表面具明显的圆形深洼或呈凹凸不平。花果期7~9月。

【分布及生境】原产于欧洲及西亚，现广布于全国大部分地区。生于林缘、山坡灌丛间、沟沿等处。

【营养及药用功效】含胡萝卜素、维生素、多种矿物质等。有通经活血的功效。

【食用部位及方法】嫩茎叶。春、夏季采集，清水洗净后，放入开水中略焯一下捞出，可凉拌、炒食或做馅。

叶宽卵形至卵状三角形

胞果双凸镜状

柱毛独行菜

【别名】鸡积菜

【学名】*Lepidium ruderale*

【科属】十字花科，独行菜属。

【识别特征】一年生或二年生草本；茎单一，多分枝，具短柱状毛。基生叶有长柄，长圆形，二回羽状分裂；茎生叶无柄，线形。总状花序在果期延长，萼片窄卵状披针形，外面无毛，无花瓣，雄蕊2。短角果卵形或近圆形，果梗弧形。种子卵形，近平滑。花果期5~7月。

【分布及生境】产于东北、华北、西北及西南地区。生于河岸、沙地或杂草地。

【营养及药用功效】含胡萝卜素、维生素、多种矿物质等。有止咳、化痰、强心、利尿的功效。

【食用部位及方法】幼苗。春季采摘，清水洗净后，在开水中略焯一下捞出，可凉拌、炒食、做汤或做馅食用。

总状花序在果期延长

基生叶长圆形，二回羽状分裂

539

黄花蒿

【别名】青蒿

【学名】*Artemisia annua*

【科属】菊科，蒿属。

【识别特征】一年生草本；有浓烈的挥发性香气。茎叶宽卵形，三至四回栉齿状羽状深裂，每侧有裂片 5~10 枚。头状花序球形，下垂或倾斜，在分枝上排成总状花序；总苞片 3~4 层，花深黄色，雌花 10~18 朵，花柱线形，先端 2 叉。花期 8~9 月；果期 9~10 月。

【分布及生境】产于全国各地区。生于山坡、林缘、撂荒地及沙质河岸等处。

【营养及药用功效】含蛋白质、碳水化合物、矿物质等。有清热凉血、截疟、退虚热、解暑的功效。

【食用部位及方法】嫩茎叶。春季采集，洗净后，在开水中焯一下捞出，可以拌凉菜、涮火锅或蘸酱菜。

上部分枝排成总状花序

头状花序球形，下垂或倾斜

蒌蒿

【别名】柳叶蒿

【学名】*Artemisia selengensis*

【科属】菊科，蒿属。

【识别特征】多年生草本；茎直立。叶片羽状深裂，侧裂片1~2对，叶缘有锯齿，叶背面有灰白色毡毛；茎上部叶3裂或不裂。头状花序近钟状，密集在茎顶或叶腋排列成狭长圆锥状；花黄色，外层花雌性，内层花两性。瘦果长圆形，褐色。花果期7~10月。

【分布及生境】产于东北、华北、华中及华南各地区。生于沟边、河岸边、荒地。

【营养及药用功效】含有蛋白质、矿物质、胡萝卜素、维生素等。有止血、消炎、镇咳、化痰之功效。

【食用部位及方法】嫩茎叶。春季采集，洗净后在开水中焯一下捞出，放入凉水中反复漂洗，去除苦味后，可凉拌、炒食或腌制酱菜等。

叶片羽状深裂，叶缘有锯齿

头状花序近钟状，花黄色

小花鬼针草

【别名】一包针

【学名】*Bidens parviflora*

【科属】菊科，鬼针草属。

【识别特征】一年生草本；高 20~90 厘米。叶对生，二至三回羽状分裂，小裂片条形。头状花序单生茎端及枝端，具长梗，总苞筒状，外层苞片边缘被疏柔毛，无舌状花，花两性，6~12 朵，花冠筒状。花期 8~9 月；果期 9~10 月。

【分布及生境】产于东北、华北、西南及山东、河南、陕西、甘肃等地区。生于路边荒地、林下及水沟边。

【成分及药用功效】含有毒麦碱。有清热解毒、活血散瘀之功效。

【毒性】全草有毒，可引起人和牲畜中毒。不可以食用。

总苞筒状，无舌状花

叶对生，二至三回羽状分裂

大狼耙草

【别名】接力草

【学名】*Bidens frondosa*

【科属】菊科，鬼针草属。

【识别特征】一年生草本；茎直立，常带紫色。叶对生，具柄，为一回羽状复叶，小叶披针形。头状花序单生茎端和枝端，总苞钟状或半球形，匙状倒披针形，总苞片叶状，边缘有缘毛，无舌状花，筒状花两性。瘦果扁平，顶端芒刺2枚。花果期8~10月。

【分布及生境】原产北美洲，现在上海近郊逸为野生。生于水边湿地、沟渠及路边荒野。

【营养及药用功效】含挥发油、鞣质、纤维素、黄酮类成分。有强壮、清热解毒的功效。

【食用部位及方法】嫩茎叶。春季采集，沸水焯后，换清水浸泡，可做拌菜或炒食。

总苞片叶状，边缘有缘毛

叶为一回羽状复叶，小叶披针形

狼耙草

【别名】夜叉头

【学名】*Bidens tripartita*

【科属】菊科，鬼针草属。

【识别特征】一年生草本；茎高 20~150 厘米。叶对生，中部叶具柄，有狭翅；叶片无毛，通常 3~5 深裂，顶生裂片较大。头状花序单生茎端及枝端，具较长的花序梗，总苞盘状，外层苞片 5~9 枚，叶状，无舌状花，花两性。瘦果扁，通常 2 枚，两侧有倒刺毛。花果期 8~10 月。

【分布及生境】产于东北、华北、华东、华中、西南及陕西、甘肃、新疆等地区。生于路边荒野及水边湿地。

【营养及药用功效】含挥发油、鞣质、纤维素、黄酮类成分。有强壮、清热解毒的功效。

【食用部位及方法】嫩茎叶。春季采集，沸水焯后，换清水浸泡，可做拌菜或炒食。

叶通常 3~5 深裂，顶生裂片较大

外层苞片 5~9 枚，叶状

展枝唐松草

【别名】猫爪子

【学名】*Thalictrum squarrosum*

【科属】毛茛科，唐松草属。

【识别特征】多年生草本；植株无毛。茎下部及中部叶柄短，为二至三回羽状复叶，小叶坚纸质，楔状倒卵形。圆锥花序伞房状，近二歧状分枝，花淡黄绿色，花丝丝状，花药长圆形，具小尖头。瘦果近纺锤形，稍斜。花期7~8月；果期8~9月。

【分布及生境】产于东北、华北及陕西、甘肃、青海等地区。生于山坡、林缘、疏林下、草甸及灌丛中。

【营养及药用功效】富含多种维生素、蛋白质、矿物质等。有清热解毒、健胃、发汗的功效。

【食用部位及方法】嫩茎叶。春季采集，沸水焯后，换清水浸泡，可炒食、煮汤、炝拌、盐渍等。

圆锥花序伞房状

花淡黄绿色，花丝丝状

箭头唐松草

【别名】水黄连

【学名】*Thalictrum simplex*

【科属】毛茛科，唐松草属。

【识别特征】多年生草本；茎高54~100厘米。茎生叶向上近直展，为二回羽状复叶，小叶菱状宽卵形；茎上部叶渐变小。圆锥花序，分枝与轴呈45度角斜上升；萼片4，早落，花药狭长圆形，顶端有短尖头。花期7~8月；果期8~9月。

【分布及生境】产于东北及河北、山西、内蒙古等地区。生于林缘、灌丛、林缘及草甸等处。

【营养及药用功效】含粗脂肪、粗蛋白、粗纤维等。有清湿热、解毒的功效。

【食用部位及方法】嫩茎叶。春季采集，沸水焯后，换清水浸泡，可晒干食用。

【附注】根有毒，全草含少量生物碱，请谨慎食用。

圆锥花序，分枝与轴呈45度角斜上升

二回羽状复叶，小叶菱状宽卵形

唐松草

【别名】草黄连

【学名】*Thalictrum aquilegiifolium* var. *sibiricum*

【科属】毛茛科，唐松草属。

【识别特征】多年生草本；高 60~150 厘米。茎生叶为三至四回三出复叶。圆锥花序伞房状，有多数密集的花；萼片白色或外面带紫色，宽椭圆形，早落，花药长圆形，花丝丝状。瘦果倒卵形，宿存柱头。花期 6~7 月；果期 7~8 月。

【分布及生境】产于东北、华北及浙江、山东等地区。生于草原、山地、林边、草坡或林中。

【成分及药用功效】含苄基异喹啉类生物碱等物质。有清热、泻火、燥湿、解毒的功效。

【毒性】全株有毒，尤其以根的毒性最大。不可以食用。

花药长圆形，花丝丝状

茎生叶为三至四回三出复叶

549

| 第四部分 |

蕨类植物

东北蹄盖蕨

【别名】猴腿蹄盖蕨

【学名】*Athyrium brevifrons*

【科属】蹄盖蕨科，蹄盖蕨属。

【识别特征】多年生土生植物；直立或斜升。叶簇生，叶片卵形至卵状披针形，叶柄基部密被深褐色、披针形的大鳞片，小羽片基部的近对生，阔披针形。孢子囊群长圆形、弯钩形或马蹄形，生于基部上侧小脉。

【分布及生境】产于东北及内蒙古、河北等地区。生于杂木林、针阔混交林下及林缘湿润处。

【营养及药用功效】含多种维生素、氨基酸、矿物质等。有清热解毒、驱杀蛔虫、收敛止血的功效。

【食用部位及方法】嫩叶柄。春季采集，将其放到开水焯一下，捞出在凉水中浸泡，便可腌渍、炒食、凉拌菜或蘸酱食用，也可做罐头及什锦袋菜等。

孢子囊群弯钩形

叶簇生，卵状披针形

桂皮紫萁

【别名】分株紫萁

【学名】*Osmundastrum cinnamomeum*

【科属】紫萁科，桂皮紫萁属。

【识别特征】多年生土生植物；根状茎顶端有叶丛簇生。叶二型；不育叶长圆形或狭长圆形，渐尖头，二回羽状深裂，裂片的15对，长圆形，圆头。孢子叶比营养叶短而瘦弱，遍体密被灰棕色茸毛，背面满布暗棕色的孢子囊。

【分布及生境】产于东北、华北及西南地区。生于林下、林缘、灌木丛、沟谷边及湿地。

【营养及药用功效】含多种维生素、氨基酸、矿物质等。有清热解毒、止血镇痛、利尿、杀虫的功效。

【食用部位及方法】嫩叶柄。春季采集，将其放到开水焯一下，捞出在凉水中浸泡，便可腌渍、炒食、凉拌菜或蘸酱食用，也可做罐头及什锦袋菜等。

孢子叶密被灰棕色茸毛

【别名】小叶贯众

【学名】*Matteuccia struthiopteris*

【科属】球子蕨科，荚果蕨属。

【识别特征】多年生土生植物；叶簇生，二形：不育叶片椭圆披针形，二回深羽裂；能育叶较不育叶短，有粗壮的长柄，叶片倒披针形，一回羽状，两侧强度反卷成荚果状，呈念珠形，孢子囊群圆形。

【分布及生境】产于东北、华北、西南及西藏等地区。生于林下溪流旁、灌木丛中、林间草地及林缘等肥沃阴湿处。

【营养及药用功效】含多种维生素、氨基酸、矿物质等。有清热解毒、凉血止血、驱虫杀虫的功效。

【食用部位及方法】嫩叶柄。春季采集，将其放到开水焯一下，捞出在凉水中浸泡，便可腌渍、炒食、凉拌菜或蘸酱食用，也可做罐头及什锦袋菜等。

能育叶一回羽状，两侧反卷成荚果状

蕨

【别名】拳头菜

【学名】*Pteridium aquilinum* var. *latiusculum*

【科属】碗蕨科，蕨属。

【识别特征】多年生土生植物；根状茎长而横走。叶远生，叶柄长，叶片阔三角形，三回羽状；羽片 4~6 对，对生或近对生，小羽片约 10 对，互生，披针形。叶轴及羽轴均光滑，各回羽轴上面均有深纵沟 1 条，沟内无毛。

【分布及生境】产于全国各地。生于腐殖质肥沃的林下、荒山坡、林缘及灌丛等处。

【成分及药用功效】含原蕨苷，该成分被世界卫生组织评为 2B 类致癌物。有清热、滑肠、通便、降气的功效。

【毒性】全草有毒，不建议食用。也有文献认为在加热煮熟的过程中，有毒物质会被破坏，不必过度担心。

叶片阔三角形，三回羽状

新蹄盖蕨

【别名】水蕨菜

【学名】*Cornopteris crenulatoserrulata*

【科属】蹄盖蕨科，角蕨属。

【识别特征】多年生土生植物；叶远生。叶柄与叶片近等长，叶片三角状卵形，顶部渐尖，基部阔楔形，二回羽状，羽片10~15 对，阔披针形或长圆状披针形。孢子囊群圆形或椭圆形，背生于小脉中部。孢子二面型。

【分布及生境】产于东北地区。生于植被较为原始的林下、灌丛、高山草甸、林缘等处。

【营养及药用功效】含多种维生素、氨基酸、矿物质等。有清热解毒、杀虫的功效。

【食用部位及方法】嫩叶柄。春季采集，将其放到开水焯一下，捞出在凉水中浸泡，便可腌渍、炒食、凉拌菜或蘸酱食用，也可做罐头及什锦袋菜等。

叶片三角状卵形

孢子囊群圆形或椭圆形

问荆

【别名】节节草

【学名】*Equisetum arvense*

【科属】木贼科，木贼属。

【识别特征】多年生中小型植物。枝二型：能育枝春季先萌发，鞘筒栗棕色，孢子散后枯萎；不育枝绿色，轮生分枝多，鞘筒狭长，鞘齿三角形。孢子囊穗圆柱形，顶端钝，成熟时柄伸长。

【分布及生境】产于全国各地。生于草地、河边、沟渠旁、耕地、撂荒地等砂质土壤中。

【营养及药用功效】含蛋白质、粗脂肪、氨基酸等。有清热利尿、止血、平肝明目、止咳平喘的功效。

【食用部位及方法】嫩孢子囊茎。春季采集，将其放入开水中煮 3~5 分钟，捞出在凉水中浸泡后，便可腌渍、炒食、凉拌或蘸酱食用。

【附注】营养生长期全草有毒，采摘时不要混入不育枝。

能育枝鞘筒栗棕色

不育枝轮生，分枝多

有柄石韦

【别名】长柄石韦

【学名】*Pyrrosia petiolosa*

【科属】水龙骨科，石韦属。

【识别特征】多年生岩生或附生植物；根状茎细长横走，幼时密被披针形棕色鳞片。叶远生，一型，具长柄，叶片椭圆形，急尖短钝头，基部楔形，下延，上面灰淡棕色，有洼点，疏被星状毛，下面被厚层星状毛，初为淡棕色，后为砖红色。孢子囊群布满叶片下面，成熟时扩散并汇合。

【分布及生境】产于东北、华北、西北、西南和长江中下游各地。生于向阳干燥的裸露岩石或石缝中。

【营养及药用功效】有利水通淋，清热止血，清肺泄热的功能。

【食用部位及方法】全草入药。四季采收。水煎服；外用捣烂敷患处。

孢子囊群布满叶片下面，成熟时扩散并汇合

叶片椭圆形，急尖短钝头

华北石韦

【别名】北京石韦

【学名】*Pyrrosia davidii*

【科属】水龙骨科，石韦属。

【识别特征】多年生岩生或土生植物。叶密生，一型；叶柄基部着生处密被鳞片，向上被星状毛，禾秆色；叶片狭披针形，向两端渐狭，短渐尖头，顶端圆钝，基部楔形，两边狭翅沿叶柄长下延，全缘。孢子囊群布满叶片下表面，成熟时孢子囊开裂而呈砖红色。

【分布及生境】产于华北、华中及辽宁、山东、陕西、甘肃等地。附生阴湿岩石上。

【营养及药用功效】有清热利尿，通淋的功能。用于治疗胸腔脓疡、肺热咳嗽、咽喉、跌打损伤、外伤出血等。

【食用部位及方法】全草入药。四季采收，洗净，晒干。水煎服或外敷。

叶基部楔形，两边狭翅沿叶柄长下延

叶密生，一型

乌苏里瓦韦

【学名】*Lepisorus ussuriensis*

【科属】水龙骨科，瓦韦属。

【识别特征】多年生岩生或附生植物；根状茎细长横走，密被鳞片。叶着生变化较大，叶柄禾秆色，或淡棕色至褐色；叶片线状披针形，向两端渐变狭，短渐尖头，或圆钝头，基部楔形，下延，干后边缘略反卷。孢子囊群圆形，位于主脉和叶边之间，彼此相距约等于 1~1.5 个孢子囊群体积。

【分布及生境】产于东北及河北、山东、河南、安徽等地。

【营养及药用功效】有祛风、利尿、止咳、活血的功能。

【食用部位及方法】全草入药。四季采收，洗净晒干或鲜用。水煎服。

孢子囊群圆形，相距 1~1.5 个
孢子囊群体积

叶片线状披针形，向两端渐变狭

过山蕨

【别名】马蹬草

【学名】*Asplenium ruprechtii*

【科属】铁角蕨科，过山蕨属。

【识别特征】多年生岩生植物；叶簇生；基生叶不育，较小，椭圆形，钝头，基部阔楔形；能育叶较大，叶片披针形，全缘或略呈波状，基部楔形或圆楔形以狭翅下延于叶柄，先端渐尖；叶脉网状，仅上面隐约可见。孢子囊群线形或椭圆形，在主脉两侧各形成不整齐的 1~3 行。

【分布及生境】产于东北及河北、山西、陕西、山东、江苏、江西、河南等地。生于湿润的岩石缝隙中。

【营养及药用功效】有止血消炎，活血散瘀的功能。用于外伤出血、子宫出血、血栓闭塞性脉管炎、神经性皮炎等。

【食用部位及方法】全草入药。春、夏秋三季采挖，洗净，晒干。水煎或泡茶饮。

能育叶较大，叶片披针形

【别名】间断球子蕨

【学名】*Onoclea sensibilis* var. *interrupta*

【科属】球子蕨科，球子蕨属。

【识别特征】多年生土生植物；叶二形：不育叶阔卵状三角形或阔卵形，长宽相等或长略过于宽，先端羽状半裂，向下为一回羽状，羽片5~8对，披针形，有短柄，边缘波状浅裂；能育叶低于不育叶，叶柄较不育叶柄粗壮，叶片强度狭缩，二回羽状，孢子囊群圆形，囊群盖膜质。

【分布及生境】产于东北三省及内蒙古、河北、河南等地。生于草甸或湿灌丛中。

【营养及药用功效】有清热解毒，祛风止血的功能。用于风湿骨痛、创伤出血、崩漏、肿痛等。

【食用部位及方法】根状茎入药，春、秋季采收，除去泥土，洗净，晒干。水煎服或捣烂外用敷患处。

不育叶阔卵状三角形或阔卵形

槐叶蘋

【别名】蜈蚣萍

【学名】*Salvinia natans*

【科属】槐叶蘋科，槐叶蘋属。

【识别特征】小型漂浮植物；茎细长而横走，被褐色节状毛。三叶轮生，上面二叶漂浮水面，形如槐叶，长圆形或椭圆形，近无柄；下面一叶悬垂水中，细裂成线状，被细毛，形如须根，起着根的作用。孢子果 4~8 个簇生于沉水叶的基部。

【分布及生境】产于长江流域和华北、东北以及新疆等地区。生于池沼、稻田、水泡子及静水溪河内。

【营养及药用功效】富含淀粉、蛋白质、脂肪等。有清热解毒、活血止痛、除湿消肿的功效。

【食用部位及方法】嫩苗。春、夏季采集，用开水焯后，浸泡在凉水中，可炒食、凉拌或制罐头。

孢子果 4~8 个簇生于沉水叶的基部

三叶轮生，上面二叶漂浮水面

562

第五部分

禾草类植物

菰

【别名】茭白

【学名】*Zizania latifolia*

【科属】禾本科，菰属。

【识别特征】多年生草本；具匍匐根状茎。秆高大直立，基部节上生不定根。叶鞘肥厚，叶舌膜质，叶片扁平宽大。圆锥花序，分枝多数，簇生，雄蕊6枚，花药长5~10毫米。颖果圆柱形。花期7~8月；果期8~9月。

【分布及生境】产于东北、华北、华中、华南及西南等地区。生于沼泽、池塘、水沟边及湿地等处。

【营养及药用功效】含碳水化合物、脂肪、微量元素、维生素、蛋白质等。有止渴、解烦热、调肠胃的功效。

【食用部位及方法】秋季采收果实，磨成米（菰米），可以煮食；春、秋季采挖根及根状茎，采收菌瘿（茭白），洗净，直接做菜吃。

雄蕊6枚，花药长5~10毫米

圆锥花序，分枝多数，簇生

【别名】东方香蒲

【学名】*Typha orientalis*

【科属】香蒲科，香蒲属。

【识别特征】多年生水生草本；地上茎粗壮，向上渐细。叶片条形，横切面呈半圆形，叶鞘抱茎。雌雄花序紧密连接，雌花序基部具 1 枚叶状苞片，花后脱落。小坚果椭圆形。花期 6~7 月；果期 7~8 月。

【分布及生境】产于东北、华北、华东及河南、陕西、广东、云南等地区。生于湖边、池塘边或河流、溪边等浅水中。

【营养及药用功效】富含蛋白质、矿物质、胡萝卜素、维生素等。有凉血止血、活血消瘀、通淋的功效。

【食用部位及方法】春季采集嫩茎叶；夏季采集花穗。用开水焯一下浸泡后，可炒食、腌渍、做什锦袋菜，也可拌凉菜、蘸酱或做汤。

叶片条形　　　　　　　　　　　　雌雄花序紧密连接

小香蒲

【别名】蒲草

【学名】*Typha minima*

【科属】香蒲科，香蒲属。

【识别特征】多年生沼生草本；地上茎细弱，矮小。叶通常基生，鞘状，短于花葶。雌雄花序远离，雄花序长 3~8 厘米，雌花序基部具 1 枚叶状苞片，花后脱落；雌花序长 1.6~4.5 厘米，叶状苞片明显宽于叶片。小坚果椭圆形，纵裂，果皮膜质。花期 6~7 月；果期 7~8 月。

【分布及生境】产于东北、华北及河南、山东、湖北、四川、陕西、甘肃、新疆等地区。生于池塘、水泡子、水沟边浅水处。

【营养及药用功效】同香蒲。

【食用部位及方法】同香蒲。

地上茎细弱

雌雄花序远离

【别名】狭叶香蒲

【学名】*Typha angustifolia*

【科属】香蒲科，香蒲属。

【识别特征】多年生水生或沼生草本；根状茎乳黄色，地上茎粗壮。叶片长条形，叶鞘抱茎。雌雄花序相距2.5~6.9厘米，雄花序轴具褐色扁柔毛，叶状苞片1~3枚，花后脱落，雌花序长15~30厘米，基部具1枚叶状苞片。小坚果长椭圆形。花期7~8月；果期8~9月。

【分布及生境】产于东北、华北、西北及河南、山东、江苏、台湾、湖北、云南等地区。生于湖泊、河流、沼泽、沟渠及池塘浅水处。

【营养及药用功效】同香蒲。

【食用部位及方法】同香蒲。

雌雄花序相距2.5~6.9厘米

叶片长条形

芦苇

【别名】大苇

【学名】*Phragmites australis*

【科属】禾本科，芦苇属。

【识别特征】多年生草本；根状茎十分发达。秆高 1~3 米。叶鞘长于节间，叶舌边缘密生一圈短纤毛，叶片披针状线形。圆锥花序大型，分枝多数，着生稠密下垂的小穗；小穗含 4 花，颖具 3 脉，雄蕊 3，花药黄色。花期 7~8 月；果期 8~9 月。

【分布及生境】产于全国大部分地区。生于江河沿岸、湖泽、池塘、沟渠附近等处。

【营养及药用功效】含纤维素、矿物质、维生素等。有清热、解毒、止血的功效。

【食用部位及方法】根。春、秋季采集，可以焯水后凉拌或炒肉等，其含有粗纤维能够促进胃肠的蠕动，如果经常便秘比较适合吃。

圆锥花序大型

每小穗含 4 花

【别名】葱蒲

【学名】*Schoenoplectus tabernaemontani*

【科属】莎草科，水葱属。

【识别特征】多年生草本；具许多须根。秆高大，圆柱状，基部具 3~4 个叶鞘，叶片线形。苞片 1 枚，为秆的延长，直立，钻状，常短于花序，长侧枝聚伞花序，假侧生，具 4~13 个辐射枝，小穗卵形，具多数花。小坚果倒卵形或椭圆形，双凸状。花果期 6~9 月。

【分布及生境】产于东北、西北和西南各地区。生于湖边浅水处或浅水塘边。

【营养及药用功效】含蛋白质、膳食纤维、胡萝卜素、微量元素等。有利水消肿的功效。

【附注】对污水中的重金属类有富集作用。所以不建议食用。

秆高大，圆柱状，平滑

聚伞花序假侧生，具 4~
13 个辐射枝

白茅

【别名】甜草根

【学名】*Imperata cylindrica*

【科属】禾本科，白茅属。

【识别特征】多年生草本；秆直立。叶舌膜质，紧贴其背部或鞘口具柔毛，秆生叶窄线形，质硬，被有白粉；分蘖叶片扁平，质地较薄。圆锥花序稠密，两颖草质及边缘膜质，具5~9脉，雄蕊2枚，花柱细长，基部多少连合，柱头2，紫黑色，羽状。花期7~8月；果期8~9月。

【分布及生境】产于东北、华北及山东、陕西、新疆等地区。生于山坡、路旁、草地及沟岸边。

【营养及药用功效】含葡萄糖、果糖、苹果酸、钾元素等。有凉血止血、清热利尿的功效。

【食用部位及方法】根状茎。春、秋季采挖根茎，除去须根和膜质叶鞘，切段，洗净，鲜食或泡水喝。

柱头2，紫黑色，羽状

分蘖叶片扁平，质地较薄

宽叶薹草

【别名】崖棕

【学名】*Carex siderosticta*

【科属】莎草科，薹草属。

【识别特征】多年生草本；营养茎和花茎有间距，花茎近基部的叶鞘无叶片，营养茎的叶长圆状披针形。花茎高达 30cm，苞鞘上部膨大似佛焰苞状。小穗 3~10 个，雄雌花序，线状圆柱形，具疏生的花。果囊倒卵形或椭圆形，具多条明显凸起的细脉。花期 5 月；果期 6 月。

【分布及生境】产于东北、华北及陕西、山东、安徽、浙江、江西等地。生于针阔叶混交林或阔叶林下或林缘等处。

【营养及药用功效】有补血、养血的功能。用于妇人血气亏虚、五劳七伤。

【食用部位及方法】根入药。春、秋季采收，洗净，除去杂质，晒干。煎服或焙干研末温酒调服。

营养茎的叶长圆状披针形

苞鞘上部膨大似佛焰苞状

狼尾草

【别名】小芒草

【学名】*Pennisetum alopecuroides*

【科属】禾本科，狼尾草属。

【识别特征】多年生草本；秆丛生，较粗壮，在花序下密生柔毛。叶鞘光滑，两侧压扁，叶舌具长约 2.5mm 纤毛；叶片线形，基部生疣毛。圆锥花序直立，主轴密生柔毛，刚毛粗糙；小穗通常单生，线状披针形，第二外稃与小穗等长，具 5~7 脉，花柱基部联合。花期 8~9 月，果期 9~10 月。

【分布及生境】产于除西北和内蒙古外全各地。生于田岸、荒地、道旁及小山坡上。

【营养及药用功效】有明目、散血的功能。用于目赤肿痛。

【食用部位及方法】全草入药。夏季采收，切段，晒干。水煎服。

圆锥花序直立，主轴密生柔毛

秆丛生，较粗壮

| 第六部分 |

水生植物

柳叶菜

【别名】水丁香

【学名】*Epilobium hirsutum*

【科属】柳叶菜科，柳叶菜属。

【识别特征】多年生粗壮草本；茎直立。叶无柄，并多少抱茎，披针状椭圆形。总状花序直立，花瓣呈玫瑰红色，宽倒心形，花药乳黄色，长圆形，柱头白色，4 深裂，裂片长圆形。蒴果长 2.5~9 厘米。花期 6~8 月；果期 7~9 月。

【分布及生境】产于东北及西北大部分地区。生于沟边、河岸及山谷的沼泽地。

【营养及药用功效】含矿物质、维生素及胡萝卜素等。具有活血、调经、消肿、解毒、利湿的功效。

【食用部位及方法】嫩茎叶。春季采集，将幼苗放入开水中焯一下，捞出后，在凉水中浸泡后晒干，冬季炒咸菜吃。

总状花序，花瓣玫瑰红色

柱头白色，4 深裂

柳叶鬼针草

【学名】*Bidens cernua*

【科属】菊科，鬼针草属。

【识别特征】一年生草本；高 10~90 厘米。茎直立，麦秆色或带紫色。叶对生，无柄，披针形至条状披针形，边缘具疏锯齿。头状花序单生茎、枝端，开花时下垂，外层苞片 5~8 枚，叶状，舌状花黄色。瘦果狭楔形，顶端芒刺 4 枚。花期 7~9 月；果期 8~10 月。

【分布及生境】产于东北、华北及四川、云南、西藏等地区。生于草甸及沼泽边缘，有时沉生于水中。

【营养及药用功效】含鞣质、抗坏血酸、胡萝卜素、黄酮类化合物和精油。有清热解毒、活血、利尿的功效。

【食用部位及方法】嫩茎叶。春、夏季采集，经开水焯烫、凉水浸泡后，可炒食、凉拌或做汤等。

外层苞片 5~8 枚，叶状

叶对生，无柄，披针形

石龙芮

【学名】*Ranunculus sceleratus*

【科属】毛茛科，毛茛属。

【识别特征】一年生草本；茎直立，上部多分枝。基生叶多数，叶片肾状圆形，3深裂不达基部；茎生叶多数，3全裂，裂片披针形。聚伞花序有多数花，花小，花瓣5，倒卵形，基部有短爪。聚合果长圆形，瘦果极多数，紧密排列。花果期5~8月。

【分布及生境】产于全国各地。生于水田、溪边、池塘边、湖泊、河流消落区等地。

【营养及药用功效】全草含原白头翁素，有毒。药用能消结核、截疟及治痈肿、疮毒、蛇毒和风寒湿痹。

【毒性】全草有毒，花毒性最大。不可以食用。

茎生3全裂，裂片披针形　　　　聚合果长圆形，瘦果紧密排列

水蓼

【别名】辣蓼

【学名】*Persicaria hydropiper*

【科属】蓼科，蓼属。

【识别特征】一年生草本；茎多分枝。叶披针形或椭圆状披针形，叶腋具闭花受精花，托叶鞘具缘毛。穗状花序下垂，花稀疏，花被5深裂，绿色，上部白或淡红色。瘦果卵形，具3棱，密被小点，包于宿存花被内。花期5~9月；果期6~10月。

【分布及生境】产于南北各地区。生于河滩、水沟边、山谷湿地。

【营养及药用功效】含胡萝卜素、多种维生素及矿物质。有清热、利尿、消炎、止泻的功效。

【食用部位及方法】幼株，嫩茎叶。春、夏季采集，洗净后放入开水中焯一下捞出，可凉拌或炒食。嫩茎叶有辛辣味，南方人常用水蓼与西红柿、辣椒等剁碎作蘸料食用。

穗状花序下垂

瘦果卵形，具3棱

雨久花

【别名】蓝鸟花

【学名】*Monochoria korsakowii*

【科属】雨久花科，雨久花属。

【识别特征】一年生水生草本；叶基生和茎生：基生叶宽卵状心形，叶柄膨大成囊状；茎生叶叶柄鞘状抱茎。总状花序顶生，花10余朵，花被片椭圆形，蓝色。蒴果长卵圆形，包于宿存花被片内。花期7~8月；果期9~10月。

【分布及生境】产于东北及内蒙古、山东、安徽、江苏、陕西等地区。生于池塘、湖沼靠岸的浅水处及稻田中。

【营养及药用功效】含矿物质、胡萝卜素、维生素等。有清热解毒、止咳平喘、祛湿消肿、明目的功效。

【食用部位及方法】嫩茎叶。春、夏季采集，用开水焯一下浸泡后，可腌渍、做什锦袋菜，也可拌凉菜、蘸酱、炒食或做汤。

茎生叶叶柄鞘状抱茎

花被片椭圆形，蓝色

东方泽泻

【别名】泽泻

【学名】*Alisma orientale*

【科属】泽泻科，泽泻属。

【识别特征】多年生水生或沼生草本；有块茎。叶多数，挺水叶宽披针形、椭圆形，先端渐尖，基部近圆形或浅心形，叶脉5~7条。花莛高，花序大型，具3~9轮分枝，每轮分枝3~9枚；花两性，花梗不等长，外轮花被片卵形，内轮花被片近圆形，比外轮大，白色或淡红色。花期6~7月；果期8~9月。

【分布及生境】产于东北、华东、西南以及河北、新疆、河南等地区。生于湖泊、水塘、稻田、沟渠及沼泽中。

【营养及药用功效】含生物碱和苷类。有止咳、通乳的功效。

【毒性】全株有毒，尤其以根部毒性最强。不可以食用。

挺水叶椭圆形，先端渐尖

内轮花被片近圆形，白色

荇菜

【别名】莕菜

【学名】*Nymphoides peltata*

【科属】睡菜科，荇菜属。

【识别特征】多年生水生草本；茎圆柱形，多分枝。上部叶对生，下部叶互生，叶片漂浮，近革质，圆形。花常多数，簇生节上，5数；花梗圆柱形，花冠金黄色，分裂至近基部，冠筒短，喉部具5束长柔毛。蒴果无柄，椭圆形，宿存花柱。花期6~8月；果期8~9月。

【分布及生境】产于全国绝大多数地区。生于水泡子、池塘及不甚流动的河溪中。

【营养及药用功效】含矿物质、胡萝卜素、维生素等。有清热解毒、消肿利尿、发汗透疹的功效。

【食用部位及方法】嫩茎叶。春、夏季采集，用开水焯一下浸泡后，可腌渍、做什锦袋菜，也可拌凉菜、蘸酱、炒食或做汤。

叶片漂浮，近革质，圆形

花冠金黄色，分裂至近基部

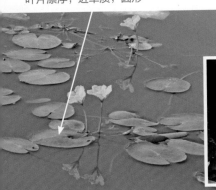

【别名】马尿花

【学名】*Hydrocharis dubia*

【科属】水鳖科，水鳖属。

【识别特征】浮水草本；匍匐茎发达。叶簇生，多漂浮，有时伸出水面，叶片心形或圆形，全缘。雄花序腋生，佛焰苞2枚，苞内雄花5~6朵，每次仅1朵开放，花瓣3，白色；雌佛焰苞小，苞内雌花1朵，萼片3，先端圆，花瓣3，白色，基部黄色，广倒卵形至圆形。花期8~9月；果期9~10月。

【分布及生境】产于东北、华北、华中、华南及西南各地区。生于湖泊及静水池沼中。

【营养及药用功效】含矿物质、胡萝卜素、维生素等。有清热、利湿的功效。

【食用部位及方法】嫩叶柄。夏、秋季采收，用开水焯后，浸泡在凉水中，可炒食、凉拌或制罐头。

叶片心形或圆形，全缘

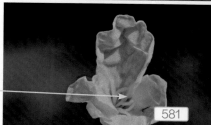

花瓣3，白色，基部黄色

欧菱

【别名】菱角

【学名】*Trapa natans*

【科属】千屈菜科，菱属。

【识别特征】多年生水生草本；叶二型：浮水叶聚生于茎顶，形成莲座状菱盘，叶片三角状菱形，叶柄膨大；沉水叶小，早落。花单生于叶腋，花瓣4，白色。果三角形，具2圆形肩刺角。花期7~8月；果期9~10月。

【分布及生境】产于东北及湖北、江西、福建、台湾、湖南等地区。生于池沼、湖泊及水泡子。

【营养及药用功效】富含淀粉、蛋白质、脂肪等。有健胃止痢、健脾、解酒、抗癌的功效。

【食用部位及方法】嫩苗、果实。春季采集嫩苗，用开水焯后，浸泡在凉水中，可炒食、凉拌或制罐头；秋季采收果实，可直接煮食，也可以制菱角粉，加工饼干或其他食品。

叶片三角状菱形

果三角形，具2圆形肩刺角

【别名】水白菜

【学名】*Pistia stratiotes*

【科属】天南星科，大藻属。

【识别特征】水生漂浮草本；有长而悬垂的根多数。叶簇生成莲座状，叶片常因发育阶段不同而形异，先端截头状或浑圆，基部厚，二面被毛，基部尤为浓密；叶脉扇状伸展，背面明显隆起呈褶皱状。佛焰苞白色，外被茸毛。花果期 5~11 月。

【分布及生境】原产于巴西。2023 年列入《重点管理外来入侵物种名录》。我国福建、台湾、广东、广西、云南各地有野生，全国各地有栽培。

【营养及药用功效】含蛋白质、脂肪、碳水化合物等。有消无名肿毒、跌打肿痛的功效。

【附注】无毒，但其对水体中的重金属有富集作用，所以不建议食用。

叶簇生成莲座状

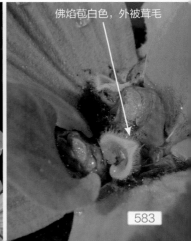

佛焰苞白色，外被茸毛

花蔺

【别名】蒲子莲

【学名】*Butomus umbellatus*

【科属】花蔺科，花蔺属。

【识别特征】多年生水生草本；有粗壮的横生根状茎。叶基生，三棱状条形，基部呈鞘状。花葶圆柱形，与叶近等长，伞形花序顶生，基部有苞片3枚。花两性，外轮花被片3，椭圆状披针形，绿色，稍带紫色；内轮花被片3，椭圆形，初开时白色，后变成淡红色或粉红色。蓇葖果，顶端具长喙。花期7~8月；果期8~9月。

【分布及生境】产于东北、华北及江苏、陕西、新疆等地区。生于池塘、湖泊浅水或沼泽中。

【营养及药用功效】根状茎含淀粉37%~40%。有清热解毒、止咳平喘的功效。

【食用部位及方法】根状茎。春、秋季采集，捣碎获取淀粉，煮食或酿酒。

伞形花序顶生

内轮花被片初开时白色，后变成淡红色

黑三棱

【别名】荆三棱

【学名】*Sparganium stoloniferum*

【科属】香蒲科，黑三棱属。

【识别特征】多年生水生或沼生草本；茎挺水。叶片具中脉，上部扁平，下部背面呈龙骨状凸起，基部鞘状。圆锥花序，雄性头状花序呈球形，雌花着生于子房基部，宿存。果实倒圆锥形，上部通常膨大呈冠状。花期 7~8 月；果期 8~9 月。

【分布及生境】产于东北、华北及江苏、江西、陕西、湖北、甘肃、云南、新疆等地区。生于池塘、沼泽及潮湿的环境中。

【营养及药用功效】含矿物质、胡萝卜素、维生素等。有破血行气、消积止痛的功效。

【食用部位及方法】嫩茎。春、秋两季采集，剥去外皮，去杂洗净，然后用沸水焯熟后，可凉拌、炒食或煮汤。

叶片具中脉，上部扁平

果实倒圆锥形

喜旱莲子草

【别名】水花生

【学名】*Alternanthera philoxeroides*

【科属】苋科，莲子草属。

【识别特征】多年生草本；茎基部匍匐，中空。叶矩圆形或倒披针形，革质。头状花序，单生于叶腋，总花梗长1~4厘米；花被片5，白色。胞果扁平，边缘具翅。花果期7~10月。

【分布及生境】原产于巴西，北京、江苏、浙江、江西、湖南、福建等地引种后，逸为野生。生于池沼、水沟内。

【营养及药用功效】含蛋白质、脂肪、纤维素、多种维生素、多种矿物质等。具清热解毒、凉血利尿的功效。

【食用部位及方法】幼苗、嫩茎叶。春、夏季采集，洗净后放入开水中略焯一下捞出，可凉拌、炒食或做馅食用。

花被片5，白色

叶对生，倒披针形

北水苦荬

【别名】珍珠草

【学名】*Veronica anagallis-aquatica*

【科属】车前科，婆婆纳属。

【识别特征】多年生草本；茎直立或基部倾斜。叶无柄，长卵形。总状花序多花，花梗与花序轴呈锐角，花冠浅蓝色，花瓣4。蒴果近圆形，长宽近相等。花期7~8月；果期8~9月。

【分布及生境】产于东北、华北及山东、江苏、陕西、宁夏、甘肃、江西、湖南、湖北、贵州、云南等地区。生于湿草地及水沟边等处。

【营养及药用功效】含多种维生素、胡萝卜素、矿物质等。有清热利湿、止血化瘀、解毒消肿的功效。

【食用部位及方法】嫩茎叶。春、夏季采摘，去杂洗净，用沸水浸烫一下，换冷水浸泡漂洗，再揉干水分，可凉拌、炖汤、炒食、煮食。

叶无柄，长卵形

花冠浅蓝色，花瓣4

野慈姑

【别名】犁头草

【学名】*Sagittaria trifolia*

【科属】泽泻科，慈姑属。

【识别特征】多年生水生草本；有地下茎。挺水叶箭形，叶柄基部渐宽，鞘状。花葶直立，挺水，花序总状或圆锥状，具分枝1~2枚，具花多轮，每轮2~3花；苞片3枚，花单性；花被片反折，外轮花被片椭圆形，内轮花被片白色，花药黄色。瘦果两侧压扁。花期7~8月；果期8~9月。

【分布及生境】产于南北各地区。生于湖泊、沼泽、稻田及沟渠等地。

【营养及药用功效】含碳水化合物、脂肪、微量元素、维生素、蛋白质等。有消肿、解毒的功效。

【食用部位及方法】球茎。春、秋季采集，清洗干净后，可做菜食用，也可以捣碎获取淀粉，煮食或酿酒。

内轮花被片白色，花药黄色

花序总状具花多轮

【别名】鸡头米

【学名】*Euryale ferox*

【科属】睡莲科，芡属。

【识别特征】一年水生草本；叶有二型：初生叶为沉水叶，呈箭形或椭圆肾形；次生叶为浮水叶，革质，为椭圆肾形至圆形。萼片披针形，外面密生稍弯硬刺；花瓣矩圆披针形，紫红色，呈数轮排列，向内渐变成雄蕊，无花柱，柱头红色，呈凹入的柱头盘。浆果球形，污紫红色，外面密生硬刺。花期7~8月，果期8~9月。

【分布及生境】产于南方地区，南北各省均有种植。生于池塘、湖沼中。

【营养及药用功效】富含蛋白质、维生素、矿物质等。有补脾止泄、益肾固精、除湿止带的功效。

【食用部位及方法】种子。秋季采收，将种子取出，除去杂质晒干。可以煮粥、磨粉做成糕点或者炖肉食用。

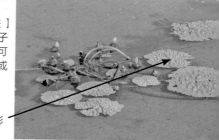

浮水叶革质，为椭圆肾形

萼片披针形，外面密生硬刺

莲

【别名】芙蕖

【学名】*Nelumbo nucifera*

【科属】莲科，莲属。

【识别特征】多年生水生草本；根状茎横生，肥厚。叶圆形，盾状，全缘稍呈波状。花瓣粉红色或白色，花药条形，花丝细长，着生在花托之下。坚果椭圆形或卵形，果皮革质，坚硬。花期7~8月，果期9~10月。

【分布及生境】南北各省均有种植。生于池沼、水泡子中。

【营养及药用功效】藕富含碳水化合物、维生素和多种矿物质。叶有解暑清热、散瘀止血、凉血的功效。种子有补脾止泻、益肾涩精、养心安神的功效。

【食用部位及方法】春、秋季采挖根状茎，即莲藕，可以炒菜或提取藕粉。秋季采集果实，获取种子，即莲子，可以熬粥。夏季采摘叶，可以泡水喝。

叶圆形，盾状，全缘稍呈波状

坚果椭圆形，果皮革质，坚硬

穿叶眼子菜

【别名】抱茎眼子菜

【学名】*Potamogeton perfoliatus*

【科属】眼子菜科，眼子菜属。

【识别特征】多年生沉水草本；茎圆柱形。叶卵形、卵状披针形，先端钝圆，基部心形，呈耳状抱茎，边缘波状，常具极细微的齿；基出3脉或5脉。穗状花序顶生，具花4~7轮，花小，淡绿色或绿色。果实倒卵形，顶端具短喙。花期7~8月，果期8~9月。

【分布及生境】产于东北、华北、华中及山东、陕西、宁夏、青海、贵州、云南等地。生于湖泊、池塘、灌渠、河流等水体，水体多为微酸性至中性。

【营养及药用功效】有渗湿解表的功能。用于湿疹、皮肤瘙痒等。

【食用部位及方法】全草入药，夏、秋季采收，除去杂质，洗净，鲜用或晒干。水煎服或熬水洗患处。

穗状花序顶生，具花4~7轮

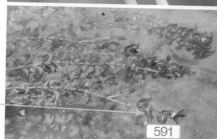

叶基部心形，呈耳状抱茎

591

竹叶眼子菜

【别名】箬叶藻

【学名】*Potamogeton wrightii*

【科属】眼子菜科，眼子菜属。

【识别特征】多年生沉水草本；叶条形或条状披针形，具长柄，先端钝圆而具小凸尖，基部钝圆或楔形，边缘浅波状，中脉显著，托叶大而明显。穗状花序顶生，具花多轮，密集或稍密集；花序梗膨大，花小，被片 4，绿色。果实倒卵形，两侧稍扁。花期 7~8 月，果期 8~9 月。

【分布及生境】产于全国南北各地。生于灌渠、池塘、河流等静、流水体，水体多呈微酸性。

【营养及药用功效】有清热解毒、利尿、消肿、止血、驱蛔虫的功能。

【食用部位及方法】全草入药。夏、秋季采收，除去杂质，洗净，鲜用或晒干。水煎服；外用捣烂敷患处。

叶条形或条状披针形，具长柄

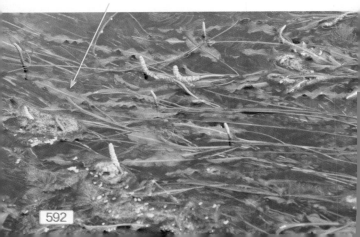

【别名】虾藻

【学名】*Potamogeton crispus*

【科属】眼子菜科，眼子菜属。

【识别特征】多年生沉水草本；茎稍扁，多分枝。叶条形，无柄，基部与托叶合生，但不形成叶鞘，叶缘多少呈浅波状，具疏或稍密的细锯齿；叶脉 3~5 条，平行。穗状花序顶生，具花 2~4 轮，花小，被片 4，淡绿色，雌蕊 4 枚，基部合生。花期 6~7 月，果期 7~8 月。

【分布及生境】产全国南北各地。生于沼泽、池塘、稻田及沟渠等处。

【营养及药用功效】有清热明目、渗湿利水、通淋、镇痛、止血、消肿、驱蛔虫的功能。

【食用部位及方法】全草入药。夏、秋季采收，除去杂质，洗净，晒干。水煎服。

穗状花序顶生，具花 2~4 轮

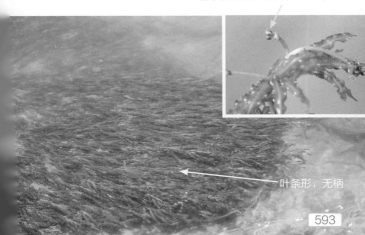

叶条形，无柄

苦草

【别名】蓼萍草

【学名】*Vallisneria natans*

【科属】水鳖科，苦草属。

【识别特征】沉水草本。具匍匐茎，先端芽浅黄色。叶基生，线形或带形，绿色或略带紫红色，先端圆钝，无叶柄；叶脉 5~9 条。花单性，雌雄异株；雄佛焰苞卵状圆锥形，成熟的雄花浮在水面开放；雌佛焰苞筒状，先端 2 裂。果实圆柱形。花果期 8~10 月。

【分布及生境】产于全国大部分地区。生于溪沟、河流、池塘、湖泊之中。

【营养及药用功效】含菠菜甾醇、β- 谷甾醇等。有清热解毒、止咳祛痰、养筋和血的功效。用于急、慢性支气管炎、咽炎、扁桃体炎、关节疼痛；外治外伤出血。

【食用部位及方法】全草入药。夏、秋季采收，除去杂质，洗净，晒干。水煎服。

雄佛焰苞卵状圆锥形

叶基生，线形或带形

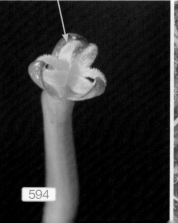

【学名】*Batrachium bungei*

【科属】毛茛科，水毛茛属。

【识别特征】多年生沉水草本植物；茎无毛。叶有短柄或长柄，叶片轮廓近半圆形或扇状半圆形，叶柄基部有宽或狭鞘。花梗无毛，萼片反折，卵状椭圆形，边缘膜质；倒卵形花瓣呈白色，基部黄色，花托有毛。聚合果卵球形，瘦果斜狭倒卵形。花果期5~10月。

【分布及生境】产于西北、西南及辽宁、河北、山西、江西、江苏等地。生于湖泊、山谷溪流、河湾缓流处、河滩积水地段、池塘、沟渠等水体。

【营养及药用功效】有清热解毒、消肿散结的功效。可用于治疗毒蛇咬伤、风湿关节肿痛、牙痛、疟疾等症状。

【食用部位及方法】全草入药。夏、秋季采收，除去杂质，洗净，晒干。水煎服。

叶片轮廓近半圆形或扇状半圆形

花瓣呈白色，基部黄色

参考文献

[1] 刘冰，林秦文，李敏. 中国常见植物野外识别手册（北京册）
    [M]. 北京：商务印书馆，2018.

[2] 刘全儒. 常见有毒和致敏植物[M]. 北京：化学工业出版社，
    2010.

[3] 李敏，宣晶，马欣堂. 中国野外观花系列手册[M]. 郑州：河
    南科学技术出版社，2015.

[4] 车晋滇. 220种野菜鉴别与食用手册[M]. 第2版. 北京：化学
    工业出版社，2018.

[5] 岳桂华，王以忠，于爱华. 500种野菜野外识别速查图鉴
    [M]. 北京：化学工业出版社，2015.

中文名索引

E

G

F

过山蕨 / 560

M

N

Z